"十四五"职业教育国家规划教材

"十三五"职业教育国家规划教材

首届全国机械行业职业教育优秀教材
江西省普通高等学校优秀教材

数控加工编程与操作

第 2 版

主　编　李河水　梁斯仁
副主编　范洪斌
参　编　吴在丞　彭实名
主　审　龚建国

机械工业出版社

本书为"十三五"和"十四五"职业教育国家规划教材。

本书的内容可满足课程教学及数控车铣加工 1+X 证书考试的要求，主要介绍数控车床、数控铣床及加工中心的使用、零件加工工艺制订、数控编程及机床操作相关知识。采用理实一体化教学思路设计教学模式。围绕典型零件，按照完成工作任务所需要的知识组织教学内容。本书共三个项目，包括十六个学习任务，其中数控车削安排五个任务，数控铣削安排六个任务、加工中心安排五个任务。每个项目的任务内容由浅入深、循序渐进。

本书理论联系实际，内容丰富翔实，有较高的实用价值。本书可用作高职院校数控技术、模具设计与制造、机械制造及自动化、智能制造装备技术及机电一体化技术等专业，以及技师学院、成人教育、各类数控编程与操作培训班的教材，也可作为从事数控技术研究、开发的工程技术人员的参考用书。

本书配有电子课件，凡使用本书作教材的教师可登录机械工业出版社教育服务网（http://www.cmpedu.com），注册后免费下载。或到智慧职教（https://mooc.icve.com.cn/course.html？cid = SKJJX448313）平台注册后免费使用。咨询电话：出版社 010-88379375，作者手机 13767112246。

图书在版编目（CIP）数据

数控加工编程与操作/李河水，梁斯仁主编．—2版．—北京：机械工业出版社，2018.6（2023.8重印）

首届全国机械行业职业教育优秀教材 江西省普通高等学校优秀教材

ISBN 978-7-111-59870-1

Ⅰ．①数… Ⅱ．①李… ②梁… Ⅲ．①数控机床-程序设计-高等职业教育-教材②数控机床-操作-高等职业教育-教材 Ⅳ．①TG659

中国版本图书馆 CIP 数据核字（2018）第 090527 号

机械工业出版社（北京市百万庄大街22号 邮政编码100037）
策划编辑：王英杰 责任编辑：王英杰 责任校对：张 薇
封面设计：陈 沛 责任印制：任维东
北京玥实印刷有限公司印刷
2023年8月第2版第14次印刷
184mm×260mm・17印张・409千字
标准书号：ISBN 978-7-111-59870-1
定价：50.00元

电话服务 网络服务
客服电话：010-88361066 机 工 官 网：www.cmpbook.com
　　　　　010-88379833 机 工 官 博：weibo.com/cmp1952
　　　　　010-68326294 金 书 网：www.golden-book.com
封底无防伪标均为盗版 机工教育服务网：www.cmpedu.com

关于"十四五"职业教育
国家规划教材的出版说明

为贯彻落实《中共中央关于认真学习宣传贯彻党的二十大精神的决定》《习近平新时代中国特色社会主义思想进课程教材指南》《职业院校教材管理办法》等文件精神，机械工业出版社与教材编写团队一道，认真执行思政内容进教材、进课堂、进头脑要求，尊重教育规律，遵循学科特点，对教材内容进行了更新，着力落实以下要求：

1. 提升教材铸魂育人功能，培育、践行社会主义核心价值观，教育引导学生树立共产主义远大理想和中国特色社会主义共同理想，坚定"四个自信"，厚植爱国主义情怀，把爱国情、强国志、报国行自觉融入建设社会主义现代化强国、实现中华民族伟大复兴的奋斗之中。同时，弘扬中华优秀传统文化，深入开展宪法法治教育。

2. 注重科学思维方法训练和科学伦理教育，培养学生探索未知、追求真理、勇攀科学高峰的责任感和使命感；强化学生工程伦理教育，培养学生精益求精的大国工匠精神，激发学生科技报国的家国情怀和使命担当。加快构建中国特色哲学社会科学学科体系、学术体系、话语体系。帮助学生了解相关专业和行业领域的国家战略、法律法规和相关政策，引导学生深入社会实践、关注现实问题，培育学生经世济民、诚信服务、德法兼修的职业素养。

3. 教育引导学生深刻理解并自觉实践各行业的职业精神、职业规范，增强职业责任感，培养遵纪守法、爱岗敬业、无私奉献、诚实守信、公道办事、开拓创新的职业品格和行为习惯。

在此基础上，及时更新教材知识内容，体现产业发展的新技术、新工艺、新规范、新标准。加强教材数字化建设，丰富配套资源，形成可听、可视、可练、可互动的融媒体教材。

教材建设需要各方的共同努力，也欢迎相关教材使用院校的师生及时反馈意见和建议，我们将认真组织力量进行研究，在后续重印及再版时吸纳改进，不断推动高质量教材出版。

机械工业出版社

前　言

为深入贯彻习近平新时代中国特色社会主义思想和党的二十大精神，落实党中央、国务院关于加强和改进新形势下大中小学教材建设的要求，教材须体现党和国家对教育的基本要求，体现国家和民族基本价值观，体现人类文化知识积累和创新成果。作者以教材建设为切入点，根据课程特点，深入挖掘蕴含在课程中有关职业素养等元素，精心设计项目任务的实施方案（如工艺方案、操作步骤或工作流程、程序编制等），教材字里行间中体现出企业所需的职业精神、精益求精的专业精神、工匠精神和劳模精神，通过教师言传身教，引导学生树立社会主义核心价值观，坚定"四个自信"，成为担当中华民族复兴大任的时代新人。弘扬劳动光荣、技能宝贵、创造伟大的时代风尚，以润物细无声方式实现知识目标、技能目标和素养目标。为此本书通过适当增加一些小故事或案例教学，并放在配套资源中；同时在教材适当地方修改课程内容，增加素养目标与内容。

本次改版保留了原来教材风格和特点：沿用理实一体化教学实施，先学后练，通过项目任务训练巩固所学知识；全书文字简洁，多用图表表达。对原书中自动编程部分使用的软件进行更新，由原来的2004版升级到2016版。对原书中每个项目学完后的技能训练部分中重复的表格进行调整，放在教材后作为附录进行说明。考虑到每个学校实训机床的数控系统不同，每个项目零件程序分别使用西门子、FANUC和华中数控等系统编程指令编程。新增零件程序以立体教材形式呈现，读者登录（https://www.icve.com.cn/）可进入平台使用。书后附录有SINUMERIK 808D数控车、数控铣系统常用编程指令一览表，FANUC 0i-M数控铣系统指令一览表，国内华中数控HNC-21T车系统指令一览表。因北京凯恩帝数控系统、广州数控系统的编程指令与FANUC系统基本相同，实际使用可参照FANUC系统来编程，故不一一列入。

教学建议：本书一定要以任务驱动、项目引导方式实施教学，学、练、做三位一体。教学时建议使用仿真软件与真实设备相结合进行教学，先在仿真软件上熟悉控制系统界面及操作，完成程序输入与仿真加工，然后在校内外实训设备上完成真实零件加工。考虑要理实一体化教学实施中项目任务完成的连续性，我们建议本课程按周6或周8学时安排，每周学时集中一次授课。

本书由江西现代职业技术学院李河水、梁斯仁担任主编，李河水负责全书的案例精选、教学内容组织与安排以及课程教学方法与手段设计，其他老师编写内容的修改与统稿。本书编写分工如下：李河水编写项目一中的任务一、任务二，项目二中的任务二、任务五，项目三中的任务四；吴在丞编写项目一中的任务三、任务四、任务五；江西制造职业技术学院范洪斌编写项目三中的任务一、任务二、任务三；梁斯仁编写项目二中的任务四、任务六，项目三中的任务五；彭实名编写项目二中的任务一和任务三。本书由龚建国教授担任主审。本次修订得到企业技术人员、数控专业老师及江西制造职业技术学院老师的大力支持，在此表示衷心的感谢。

由于编者水平有限，时间仓促，书中难免存在疏漏之处，希望读者给予指正。

编　者

二维码索引

页码	名称	二维码	页码	名称	二维码
2	01. 数控机床的发展史		39	09. G92 指令	
4	02. 机床坐标系与运动方向规定		41	10. 套类零件加工工艺制订	
5	03. FANUC 0i-T 数控系统操作面板		44	11. 螺纹套加工	
7	04. 数控车床操作面板		48	12. 加工顺序确定原则	
11	05. 外圆车刀对刀		49	13. G70 指令	
19	06. 数控车程序段格式		49	14. G73 指令轨迹	
29	07. 项目零件加工		49	15. G71 指令轨迹	
38	08. G90 单一固定循环		53	16. 零件的加工	

（续）

页码	名称	二维码	页码	名称	二维码
76	17. 数控铣结构组成		109	21. 加工中心固定循环典型动作	
85	18. 零件的加工		117	22. 盖板上孔加工	
90	19. 数控铣加工中心坐标系		157	23. 数控加工中心分类	
99	20. 平面与外轮廓零件的加工		166	24. 平面铣削对刀操作	

目　录

前言
项目一　数控车削编程与加工 ………………… 1
　任务一　数控车床认识与操作 …………………… 1
　　一、任务导入 …………………………………… 1
　　　（一）任务描述 ………………………………… 1
　　　（二）知识目标 ………………………………… 1
　　　（三）能力目标 ………………………………… 2
　　　（四）素养目标 ………………………………… 2
　　二、知识准备 …………………………………… 2
　　　（一）数控车床概述 …………………………… 2
　　　（二）FANUC 0i-T 数控车床操作面板
　　　　　 简介 …………………………………… 5
　　三、方案设计 …………………………………… 9
　　四、任务实施 …………………………………… 9
　　　（一）开机操作 ………………………………… 9
　　　（二）手动回参考点 …………………………… 9
　　　（三）输入程序 ………………………………… 10
　　　（四）装夹工件 ………………………………… 10
　　　（五）刀具的选择与安装 ……………………… 11
　　　（六）一把刀的对刀 …………………………… 11
　　　（七）程序校验 ………………………………… 12
　　　（八）自动加工 ………………………………… 13
　　　（九）关机 ……………………………………… 13
　　五、检查评估 …………………………………… 13
　　六、技能训练 …………………………………… 13
　任务二　使用基本指令的编程与加工 …………… 16
　　一、任务导入 …………………………………… 16
　　　（一）任务描述 ………………………………… 16
　　　（二）知识目标 ………………………………… 16
　　　（三）能力目标 ………………………………… 16
　　　（四）素养目标 ………………………………… 16
　　二、知识准备 …………………………………… 17
　　　（一）数控编程基础知识 ……………………… 17
　　　（二）粗加工进给路线设计方法 ……………… 20

　　　（三）数控车削编程特点 ……………………… 22
　　　（四）数控车削编程时的注意事项 …………… 22
　　　（五）数控车削基本 G 指令 …………………… 22
　　　（六）M 指令 …………………………………… 24
　　　（七）数控车床刀具补偿功能 ………………… 24
　　　（八）多把刀的对刀 …………………………… 24
　　三、方案设计 …………………………………… 25
　　　（一）分析零件图 ……………………………… 25
　　　（二）选择机床与夹具 ………………………… 25
　　　（三）制订加工方案 …………………………… 25
　　　（四）选择刀具及切削用量 …………………… 25
　　　（五）确定编程原点 …………………………… 25
　　　（六）设计毛坯粗加工的进给路线 …………… 25
　　　（七）坐标点的计算 …………………………… 25
　　四、任务实施 …………………………………… 27
　　　（一）编写零件的加工程序 …………………… 27
　　　（二）零件的加工 ……………………………… 29
　　五、检查评估 …………………………………… 32
　　六、技能训练 …………………………………… 33
　任务三　使用单一固定循环指令的编程与
　　　　　 加工 ……………………………………… 36
　　一、任务导入 …………………………………… 36
　　　（一）任务描述 ………………………………… 36
　　　（二）知识目标 ………………………………… 36
　　　（三）能力目标 ………………………………… 36
　　　（四）素养目标 ………………………………… 36
　　二、知识准备 …………………………………… 36
　　　（一）套类零件结构特点与技术要求 ………… 36
　　　（二）套类零件的加工方案 …………………… 37
　　　（三）数控车削孔类刀具介绍 ………………… 37
　　　（四）单一固定循环指令 ……………………… 38
　　　（五）螺纹切削参数的确定 …………………… 40
　　三、方案设计 …………………………………… 41
　　　（一）分析零件图 ……………………………… 41

（二）制订加工方案 ………………… 41
　　　（三）选择刀具与切削用量 …………… 41
　　　（四）确定编程原点 …………………… 41
　　　（五）确定毛坯粗加工的方法 ………… 41
　　　（六）数学处理 ………………………… 42
　　四、任务实施 ……………………………… 42
　　　（一）编写零件加工程序 ……………… 42
　　　（二）零件的加工 ……………………… 44
　　五、检查评估 ……………………………… 44
　　六、技能训练 ……………………………… 44
　任务四　使用复合固定循环指令的编程与
　　　　　加工 ………………………………… 47
　　一、任务导入 ……………………………… 47
　　　（一）任务描述 ………………………… 47
　　　（二）知识目标 ………………………… 47
　　　（三）能力目标 ………………………… 47
　　　（四）素养目标 ………………………… 47
　　二、知识准备 ……………………………… 47
　　　（一）数控车削工艺知识 ……………… 47
　　　（二）复合固定循环指令 ……………… 48
　　三、方案设计 ……………………………… 51
　　　（一）分析零件图 ……………………… 51
　　　（二）制订加工方案 …………………… 51
　　　（三）选择刀具与切削用量 …………… 51
　　　（四）确定编程原点 …………………… 51
　　　（五）确定毛坯粗加工的方法 ………… 51
　　　（六）数学处理 ………………………… 51
　　四、任务实施 ……………………………… 52
　　　（一）编写零件加工程序 ……………… 52
　　　（二）零件的加工 ……………………… 53
　　五、检查评估 ……………………………… 53
　　六、技能训练 ……………………………… 54
　任务五　使用宏程序的编程与加工 ………… 57
　　一、任务导入 ……………………………… 57
　　　（一）任务描述 ………………………… 57
　　　（二）知识目标 ………………………… 58
　　　（三）能力目标 ………………………… 58
　　　（四）素养目标 ………………………… 58
　　二、知识准备 ……………………………… 58
　　　（一）刀尖圆弧半径补偿 ……………… 58
　　　（二）宏程序编程 ……………………… 60
　　三、方案设计 ……………………………… 63
　　　（一）分析零件图 ……………………… 63

　　　（二）制订加工方案 …………………… 63
　　　（三）选择刀具及切削用量 …………… 63
　　　（四）确定编程原点 …………………… 64
　　四、任务实施 ……………………………… 64
　　　（一）编写零件加工程序 ……………… 64
　　　（二）零件的加工 ……………………… 68
　　五、检查评估 ……………………………… 68
　　六、技能训练 ……………………………… 68
项目二　数控铣削编程与加工 ………………… 75
　任务一　数控铣床认识与操作 ……………… 75
　　一、任务导入 ……………………………… 75
　　　（一）任务描述 ………………………… 75
　　　（二）知识目标 ………………………… 76
　　　（三）能力目标 ………………………… 76
　　　（四）素养目标 ………………………… 76
　　二、知识准备 ……………………………… 76
　　　（一）数控铣床的结构 ………………… 76
　　　（二）数控铣床的维护和保养 ………… 77
　　　（三）数控铣床的分类 ………………… 78
　　　（四）数控铣床的加工对象 …………… 78
　　　（五）华中系统数控铣床的控制面板 … 78
　　三、方案设计 ……………………………… 82
　　四、任务实施 ……………………………… 82
　　　（一）开机 ……………………………… 82
　　　（二）回参考点 ………………………… 82
　　　（三）设定主轴转速 …………………… 83
　　　（四）编辑程序 ………………………… 83
　　　（五）工件的装夹 ……………………… 84
　　　（六）刀具的安装 ……………………… 84
　　　（七）对刀 ……………………………… 84
　　　（八）程序校验与首件试切 …………… 85
　　　（九）零件的加工 ……………………… 85
　　　（十）关机 ……………………………… 86
　　五、检查评估 ……………………………… 86
　　六、技能训练 ……………………………… 86
　任务二　以平面和外轮廓为主的板类零件的
　　　　　编程与加工 ………………………… 89
　　一、任务导入 ……………………………… 89
　　　（一）任务描述 ………………………… 89
　　　（二）知识目标 ………………………… 89
　　　（三）能力目标 ………………………… 90
　　　（四）素养目标 ………………………… 90
　　二、知识准备 ……………………………… 90

（一）数控铣床的坐标系 ………… 90
　　（二）平面与外轮廓铣削加工方案的
　　　　设计 ……………………………… 91
　　（三）华中数控铣系统基本编程指令 … 92
　　（四）子程序 ……………………… 92
　三、方案设计 ……………………………… 96
　　（一）分析零件图 ………………… 96
　　（二）选择机床与夹具 …………… 96
　　（三）制订加工方案 ……………… 96
　　（四）设计进给路线 ……………… 96
　　（五）选择刀具与切削用量 ……… 97
　　（六）确定编程原点 ……………… 97
　四、任务实施 ……………………………… 97
　　（一）编写零件加工程序 ………… 97
　　（二）零件的加工 ………………… 99
　　（三）设备维护与保养 …………… 99
　五、检查评估 ……………………………… 99
　六、技能训练 …………………………… 100
任务三　以孔为主的盖板类零件的编程与
　　　　加工 …………………………… 103
　一、任务导入 …………………………… 103
　　（一）任务描述 ………………… 103
　　（二）知识目标 ………………… 103
　　（三）能力目标 ………………… 103
　　（四）素养目标 ………………… 103
　二、知识准备 …………………………… 103
　　（一）孔的加工方法 …………… 103
　　（二）孔加工进给路线的确定 … 105
　　（三）孔加工用刀具及切削用量的
　　　　选择 …………………………… 105
　　（四）孔加工固定循环指令 …… 108
　三、方案设计 …………………………… 114
　　（一）分析零件图 ……………… 114
　　（二）选择机床及夹具 ………… 114
　　（三）确定工件坐标系 ………… 114
　　（四）制订加工方案 …………… 114
　　（五）选择刀具与切削用量 …… 115
　四、任务实施 …………………………… 115
　　（一）编写零件加工程序 ……… 115
　　（二）零件的加工 ……………… 117
　五、检查评估 …………………………… 117
　六、技能训练 …………………………… 118
任务四　槽类零件的编程与加工 ………… 121

　一、任务导入 …………………………… 121
　　（一）任务描述 ………………… 121
　　（二）知识目标 ………………… 121
　　（三）能力目标 ………………… 121
　　（四）素养目标 ………………… 121
　二、知识准备 …………………………… 121
　　（一）型腔槽类零件的加工方法 … 121
　　（二）型腔槽类零件加工刀具的
　　　　选择 …………………………… 124
　　（三）SINUMERIK 802S系统基本指令
　　　　与挖槽循环指令 ……………… 124
　三、方案设计 …………………………… 127
　　（一）分析零件图 ……………… 127
　　（二）选择机床 ………………… 127
　　（三）选择夹具 ………………… 127
　　（四）制订加工方案 …………… 128
　　（五）选择刀具与切削用量 …… 128
　　（六）确定编程原点 …………… 128
　四、任务实施 …………………………… 128
　　（一）编写零件加工程序 ……… 128
　　（二）零件的加工 ……………… 129
　五、检查评估 …………………………… 129
　六、技能训练 …………………………… 130
任务五　具有对称轮廓的零件的编程与
　　　　加工 …………………………… 133
　一、任务导入 …………………………… 133
　　（一）任务描述 ………………… 133
　　（二）知识目标 ………………… 133
　　（三）能力目标 ………………… 133
　　（四）素养目标 ………………… 133
　二、知识准备 …………………………… 133
　　（一）镜像功能指令 G24、G25 … 133
　　（二）图形旋转指令 G68、G69 … 135
　三、方案设计 …………………………… 135
　　（一）分析零件图 ……………… 135
　　（二）选择机床和夹具 ………… 135
　　（三）确定工步 ………………… 135
　　（四）选择刀具与切削用量 …… 135
　　（五）设计刀具进给路线 ……… 136
　　（六）确定编程原点及编程思路 … 136
　四、任务实施 …………………………… 136
　　（一）编写零件加工程序 ……… 136
　　（二）零件的加工 ……………… 139

五、检查评估 139
　　六、技能训练 140
　任务六　具有非圆曲线轮廓的零件的编程与
　　　　　加工 143
　　一、任务导入 143
　　　（一）任务描述 143
　　　（二）知识目标 143
　　　（三）能力目标 143
　　　（四）素养目标 143
　　二、知识准备 143
　　　（一）计算参数 R 143
　　　（二）标记符 145
　　　（三）绝对跳转 145
　　　（四）有条件跳转 145
　　三、方案设计 146
　　　（一）分析零件图 146
　　　（二）选择机床 146
　　　（三）选择夹具 146
　　　（四）制订加工方案 146
　　　（五）选择刀具及切削用量 146
　　　（六）确定编程原点与编程思路 147
　　四、任务实施 147
　　　（一）编写零件加工程序 147
　　　（二）零件的加工 148
　　五、检查评估 148
　　六、技能训练 149

项目三　加工中心的编程与加工 155
　任务一　加工中心认识与操作 155
　　一、任务导入 155
　　　（一）任务描述 155
　　　（二）知识目标 157
　　　（三）能力目标 157
　　　（四）素养目标 157
　　二、知识准备 157
　　　（一）加工中心的分类 157
　　　（二）加工中心的组成 158
　　　（三）加工中心的结构特点 159
　　　（四）数控系统操作面板和机床操作
　　　　　面板 159
　　三、方案设计 164
　　四、任务实施 164
　　　（一）开机 164
　　　（二）返回参考点 164

　　　（三）首次转动主轴 164
　　　（四）程序的输入与编辑 164
　　　（五）工件的装夹 165
　　　（六）刀具的安装 165
　　　（七）刀库操作 166
　　　（八）对刀 166
　　　（九）刀具半径补偿的输入与修改 167
　　　（十）自动加工 167
　　　（十一）零件的检测 167
　　　（十二）关机 167
　　　（十三）去毛刺 168
　　五、检查评估 168
　　六、技能训练 168
　任务二　配合件的编程与加工 170
　　一、任务导入 170
　　　（一）任务描述 170
　　　（二）知识目标 173
　　　（三）能力目标 173
　　　（四）素养目标 173
　　二、知识准备 173
　　　（一）工艺基础部分 173
　　　（二）编程基础部分 174
　　三、方案设计 176
　　　（一）机床及夹具的选择 176
　　　（二）毛坯尺寸及精度 176
　　　（三）确定工件坐标系 176
　　　（四）设计加工方案 176
　　四、任务实施 177
　　　（一）编写零件加工程序 177
　　　（二）零件的加工 184
　　五、检查评估 185
　　六、技能训练 186
　任务三　薄壁件的编程与加工 190
　　一、任务导入 190
　　　（一）任务描述 190
　　　（二）知识目标 191
　　　（三）能力目标 191
　　　（四）素养目标 191
　　二、知识准备 191
　　　（一）镜像功能指令（G51.1、
　　　　　G50.1） 191
　　　（二）坐标系旋转指令（G68、
　　　　　G69） 192

（三）极坐标指令（G16、G15） …… 192
　三、方案设计 ………………………… 193
　　（一）选择机床及夹具 ……………… 193
　　（二）毛坯尺寸及精度 ……………… 193
　　（三）确定工件坐标系 ……………… 193
　　（四）设计加工方案 ………………… 193
　四、任务实施 ………………………… 194
　　（一）编写零件加工程序 …………… 194
　　（二）零件的加工 …………………… 201
　五、检查评估 ………………………… 202
　六、技能训练 ………………………… 202
任务四　箱体类零件的编程与加工 …… 205
　一、任务导入 ………………………… 205
　　（一）任务描述 ……………………… 205
　　（二）知识目标 ……………………… 206
　　（三）能力目标 ……………………… 206
　　（四）素养目标 ……………………… 206
　二、知识准备 ………………………… 206
　　（一）箱体类零件加工中定位基准的
　　　　　选择 ………………………… 206
　　（二）箱体类零件加工顺序的安排 …… 206
　　（三）箱体类零件的编程 …………… 207
　　（四）箱体类零件的定位与调整 …… 208
　三、方案设计 ………………………… 209
　　（一）分析零件图，了解生产纲领 …… 209
　　（二）制订零件加工工艺方案 ……… 209
　　（三）安排加工中心工序 …………… 210
　　（四）选择刀具及切削用量 ………… 210
　　（五）确定编程原点 ………………… 211
　四、任务实施 ………………………… 211
　　（一）编写零件加工程序 …………… 211
　　（二）零件的加工 …………………… 215
　五、检查评估 ………………………… 216
　六、课后思考 ………………………… 217
任务五　零件的自动编程与加工 ……… 217

　一、任务导入 ………………………… 217
　　（一）任务描述 ……………………… 217
　　（二）知识目标 ……………………… 217
　　（三）能力目标 ……………………… 218
　　（四）素养目标 ……………………… 218
　二、知识准备 ………………………… 218
　　（一）CAXA 制造工程师 2016 软件
　　　　　界面简介 …………………… 218
　　（二）等高线粗加工 ………………… 219
　　（三）扫描线精加工 ………………… 228
　三、方案设计 ………………………… 231
　　（一）分析零件图 …………………… 231
　　（二）选择机床类型 ………………… 231
　　（三）选择夹具 ……………………… 231
　　（四）制订加工方案 ………………… 231
　　（五）确定刀具及切削用量 ………… 231
　　（六）确定编程原点 ………………… 232
　四、任务实施 ………………………… 232
　　（一）生成轨迹 ……………………… 232
　　（二）传输程序 ……………………… 236
　　（三）加工中心操作及加工 ………… 237
　五、检查评估 ………………………… 237
　六、技能训练 ………………………… 238

附录 ………………………………… 242
　附录 A　任务完成检查考核表 ……… 242
　附录 B　任务完成综合评价表 ……… 242
　附录 C　SINUMERIK 808D 数控车系统
　　　　　指令集 ……………………… 243
　附录 D　HNC-21T 华中数控车系统
　　　　　指令集 ……………………… 247
　附录 E　SINUMERIK 808D 数控铣系统
　　　　　指令集 ……………………… 249
　附录 F　FANUC 0i 数控系统指令集 … 255

参考文献 …………………………… 258

项目一

数控车削编程与加工

任务一 数控车床认识与操作

一、任务导入

(一)任务描述

输入图 1-1 所示的轴的加工程序(见表 1-1),通过程序的输入与零件加工,学习 FANUC 系统数控车床的相关操作及零件的加工与检验。

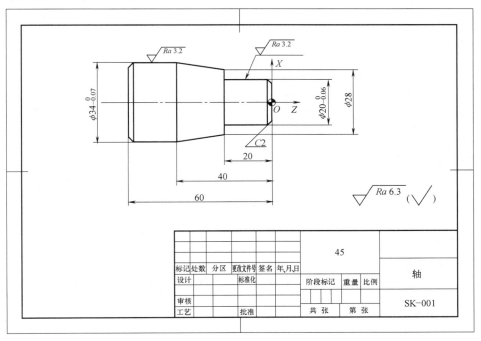

图 1-1 轴

(二)知识目标

1. 了解我国数控发展史,了解数控车床的结构、组成、分类及适用对象。

表 1-1 轴的加工程序

程　　序	说　　明
O2800;	程序名
N10　G21　G99　G97　G54　G00　X100.　Z300.　M08;	初始化,选择工件坐标系,快速定位到(100,300),开切削液
N30　T0100　M03　S600　F0.3;	换第一把刀,起动主轴,设定主轴转速和切削进给量
N50　G00　X37.　Z3.;	快速定位到 G71 固定循环起始点(37,3)
N60　G71　U3.　R0.5;	设定 G71 粗加工时的背吃刀量和退刀量
N80　G71　P90　Q150　U0.5　W0.3;	调用 N90~N150 程序段进行粗加工
N90　G00　X10.;	快速定位到(10,3)点
N100　G01　X20.　Z-2.;	倒角 C2
N110　Z-20.;	车外圆 φ20mm 至 Z-20
N120　X28.;	车端面
N130　X34.　Z-40.;	车锥面
N140　Z-58.;	车外圆 φ34mm 至 Z-58
N145　X24.　Z63.;	倒 C2 角
N150　G00　X37.　M05;	X 方向快退
N160　M00;	暂停(可检测尺寸或清理切屑)
N170　M03　S800　F0.16;	起动主轴,设置精车主轴转速和进给量
N180　G70　P90　Q150;	使用 G70 指令,调用 N90~N150 程序段进行轮廓精车
N190　G00　X100.　Z200.　M09;	刀具快速退出,关切削液
N200　M05;	主轴停
N210　M30;	程序结束

2. 熟悉 FANUC 系统数控车床控制面板各按键的功能与用途。
3. 熟悉数控车床坐标系。
4. 掌握数控车床常用操作步骤。
5. 掌握加工程序的校验方法。

（三）能力目标
1. 会操作装备典型数控系统的数控车床,完成零件加工的相关操作。
2. 会正确安装刀具与工件。
3. 掌握数控车床一把刀的对刀操作。

（四）素养目标
培养学生爱岗敬业、诚信友善、团结协作、责任担当及遵纪守法意识。

二、知识准备

（一）数控车床概述
目前,数控车床是使用比较广泛的数控机床,主要用于轴类、盘类等回转体零件的加工,能自动完成内外圆柱面、锥面、圆弧面及螺纹等轮廓的切削加工,并能进行切槽、钻孔、扩孔及铰孔等加工,适合复杂形状零件的加工。

1. 数控车床的分类

数控车床品种繁多，规格不一，一般根据以下几个方面进行分类。

（1）按车床主轴位置分类

1）卧式数控车床（见图1-2）。卧式数控车床又分为水平导轨卧式数控车床和倾斜导轨卧式数控车床。倾斜导轨卧式数控车床的倾斜导轨结构可以使车床具有更大的刚性，并易于排屑，如图1-3所示。

图1-2 卧式数控车床

图1-3 倾斜导轨卧式数控车床

2）立式数控车床（见图1-4）。立式数控车床的主轴垂直于水平面，其直径很大的回转工作台用来装夹工件。这类车床主要用于加工径向尺寸较大、轴向尺寸相对较小的大型复杂零件。

（2）按数控车床档次分类

1）经济型数控车床。经济型数控车床属于低档数控车床，采用开环控制进给。使用步进电动机和单片机对卧式车床的进给系统进行改造就可得到经济型数控车床，但它没有刀尖圆弧半径补偿和恒线速度控制功能。因此，这类数控车床的加工精度不高，适用于要求不高的回转类零件的车削加工。

2）普及型数控车床。普及型数控车床属于中档数控车床，配备通用数控系统，多采用半闭环控制，数控系统功能较强，自动化程度和加工精度也比较高，适用于加工尺寸公差等级为IT6~IT7的回转类零件。

3）全功能型数控车床。全功能型数控车床属于高档数控车床，配置专用的伺服驱动器，主轴一般采用能调速的直流或交流主轴控制单元来驱动，进给采用伺服电动机、半闭环或闭环控制，具有恒线速度控制功能和刀尖圆弧半径补偿功能。图1-5所示的车削中心属于全功能型数控车床。

此外，按刀架数量分类，数控车床可分为单刀架数控车床和双刀架数控车床；按刀架的位置分类，数控车床可分为前置刀架数控车床（见图1-6）和后置刀架数控车床（见图1-7）。

2. 数控车床的主要加工对象

数控车床与普通车床相比，比较适合加工如下零件：

（1）轮廓形状特别复杂或难以控制尺寸的回转体零件 由于数控车床具有直线和圆弧插补功能，部分车床的数控装置还有非圆曲线插补功能，所以可以车削由任意直线和平面曲线组成的形状复杂的回转体零件和难以控制尺寸的零件。

图 1-4 立式数控车床

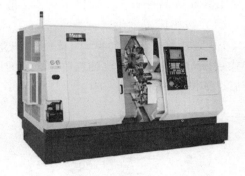

图 1-5 车削中心

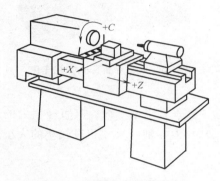

图 1-6 前置刀架数控车床

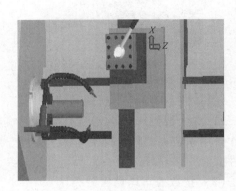

图 1-7 后置刀架数控车床

（2）精度要求较高的零件 数控车床是以数字信号形式控制的，数控装置每输出一个脉冲信号，机床移动部件即移动一个脉冲当量（一般为 0.001 mm），其尺寸控制精度可达 0.01 μm，表面粗糙度值可达 $Ra0.02$ μm。

（3）特殊的螺旋零件 如变螺距螺旋零件，在等螺距与变螺距或圆柱螺旋面与圆锥螺旋面之间做平滑过渡的螺旋零件，以及高精度的模数螺旋零件和端面螺旋零件。

（4）淬硬的工件 在大型模具加工中，有不少尺寸大而形状复杂的零件。这些零件热处理后的变形量较大，磨削加工困难，可以用陶瓷车刀在数控车床上对淬硬后的零件进行车削加工，以车代磨，提高加工效率。

（5）表面粗糙度值要求较低的回转体零件 由于数控车床具有恒线速度切削功能，因此能加工出表面质量很高的零件。数控车床还适于车削各部位表面粗糙度要求不同的零件，表面粗糙度要求较高的部位可以用减小进给量的方法来达到，而这在普通车床上是做不到的。

3. 数控车床的坐标系

数控车床是 XOZ 平面二维坐标系。Z 轴平行于车床主轴，远离工件的方向为 Z 轴正方向；X 轴平行于工件装夹面且在水平面内，加工时远离工件的方向为 X 轴的正方向。对车削中心来说，为满足车铣加工需要，还有一个围绕 Z 轴旋转的 C 轴，如图 1-6 所示。

（二）FANUC 0i-T 数控车床操作面板简介

1. 数控系统的操作面板

如图 1-8 所示，FANUC 0i-T 数控系统的操作面板由显示器和 MDI 键盘组成，各控制键及其功能见表 1-2。

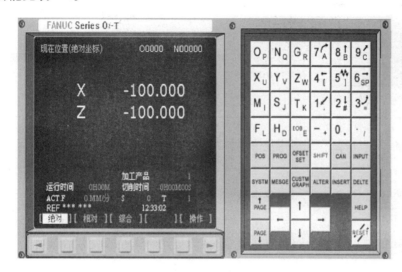

图 1-8　数控系统操作面板

表 1-2　控制键及其功能

键类别	英文键名	功能说明
功能键	POS	显示位置界面。位置显示有两种方式，用"PAGE"按键选择或用对应的软键切换
	PROG	显示程序界面，在编辑方式下，编辑和显示内存中的程序；在 MDI 方式下，输入和显示 MDI 数据
	OFFSET SETTING	显示参数输入界面。按一次进入坐标系设置界面，按两次进入刀具补偿参数界面。进入不同的界面以后，用"PAGE"按键切换
	SYSTEM	显示系统参数、故障诊断等界面
	MESSAGE	显示报警信息界面
	CUSTM GRAPH	显示图形参数设置界面
帮助键	HELP	当对 MDI 操作不明白时，按此键可获得帮助

（续）

键类别	英文键名	功能说明
复位键	RESET	使CNC系统复位或取消报警
数字/字母键	（数字字母键盘）	用于输入字母、数字或其他字符等，系统自动判别取字母还是取数字。使用"SHIFT"键进行切换，如O—P，7—A
编辑键	ALERT	替换键，用输入的数据替换光标所在的数据
	DELETE	删除键，删除光标所在的数据，也可以删除一个或全部程序
	INSERT	插入键，把输入区中的数据插入到当前光标之后的位置
	CAN	取消键，删除最后一个进入输入缓冲区的字符
	INPUT	输入键，当按下一个字母键或数字键时，相应的字母或数字被输入到缓冲区，并显示在屏幕底部。再按该键，数据即被输入到存储区，并且显示到屏幕上
	SHIFT	切换键，在键盘上，有些键具有两个功能，按下此键可以在这两个功能之间进行切换
	EOB	回车换行键，结束一行程序的输入并换行
光标键	↑	向上移动光标
	↓	向下移动光标
	←	向左移动光标
	→	向右移动光标
页面切换键	PAGE↑	向上翻页
	PAGE↓	向下翻页

2. 车床操作面板

数控车床的生产厂家不同，其操作面板的设计风格也不同，各功能旋钮及按键位置也不相同，但基本操作方法与原理相同。本书以 FANUC 0i-T 数控系统车床标准面板为例做介绍，如图 1-9 所示，数控车床操作面板根据按键功能的不同，大致分以下几类。

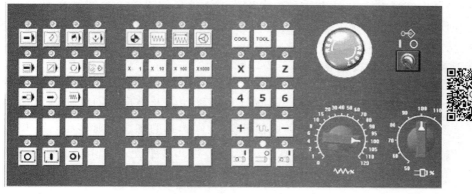

图 1-9　数控车床操作面板

（1）工作方式选择按键　工作方式选择按键及其功能见表 1-3。

（2）程序运行控制按键　程序运行控制按键包括程序启动与停止、进给保持及复位等按键。

1) 程序启动按键 ▯。按下此键，其指示灯亮，程序开始运行。当工作方式选择在 "AUTO" 或 "MDI" 位置时有效，其他工作方式下无效。

表 1-3　工作方式选择按键及其功能

图形符号	功能说明
	AUTO：自动加工按键。按此键后，可以按程序启动按键运行程序
	EDIT：编辑按键。可以对数控程序进行输入与编辑
	MDI：手动数据输入键。按此键可手动输入一段程序让机床自动执行，也可操作系统面板以设置必要的参数
	INC：增量进给
	HND：手摇脉冲方式按键。按此键可以通过操作手轮，在 X、Z 两个方向进行精确移动。对刀时常用此键
	JOG：手动方式按键。按此键可在两个方向上手动连续移动机床或点动机床
	REF：回参考点按键。按此键可手动返回参考点
	DNC：通过 RS-232 通信接口，用电缆线连接计算机和数控机床，选择加工程序进行边传输边加工

2）程序停止按键 ⬚。在程序运行中按下此键，其指示灯亮，程序停止运行。有的车床操作面板用进给保持按键代替该按键。

（3）机床主轴手动控制按键　机床主轴手动控制按键包括主轴正转按键 ⬚、主轴反转按键 ⬚ 及主轴停止按键 ⬚。机床在手动、手轮方式下，可通过这三个按键实现主轴正转、停止及反转操作。此前需用 MDI 指定主轴转速和旋向；否则，按当前模态运行主轴，若不指定主轴转速，则主轴将不能旋转。

（4）手动移动机床各轴按键或旋钮

1）轴与方向键 ⬚。在 JOG 方式下，选择机床移动轴及方向，即可使刀架移动，移动速度可通过进给倍率修调。若同时按下快移键 ⬚，则选择的轴将快速移动。在 INC 方式下，选择移动轴及方向，每按一下，刀架移动一个步距，步距大小可用增量倍率键（⬚、⬚、⬚、⬚）来确定。这里强调的是各轴正、负方向的判断：假设工件不动，刀具相对于静止的工件移动的前提下，刀具远离工件的方向为该轴的正方向，反之为负方向。

2）手摇脉冲手轮 ⬚。在 HND 方式下，可以使用手轮来移动各轴。当对刀需要进入工作区域时，使用车床操作面板各轴移动键显然不方便，此时选择手摇脉冲手轮方式比较方便。使用手摇脉冲手轮时要选择移动轴、方向及移动倍率。

（5）速度修调按键或旋钮

1）增量进给倍率选择按键 ⬚。在 INC 方式下，选择车床移动轴及方向时，每按一次，刀架移动一个步距，每一步的距离可由增量进给倍率选择按键确定：⬚ 为 0.001mm，⬚ 为 0.01mm，⬚ 为 0.1mm，⬚ 为 1mm。这四个按键配合移动轴及方向选择键可实现车床的粗、精调整。

2）进给倍率调节旋钮 ⬚。根据程序指定的进给速度调整进给倍率调节旋钮，调节范围为 0~120%。

3）主轴转速倍率调节旋钮 ⬚。根据程序指定的主轴转速，调整主轴转速倍率调节旋钮，调节范围为 50%~120%，每旋转一格修调 10%。

（6）程序调试控制开关及按键　程序调试控制开关及按键主要用于程序的检查与校验，包括机床空运行、单段及机床锁定等。程序调试键说明见表 1-4。

表 1-4　程序调试键说明

图形符号	解释	功能说明
⬚	单步执行开关	每按一次,程序启动并执行一条程序指令
⬚	程序段跳读	在自动方式按下此键，系统将跳过程序段开头带有"/"的程序。再按此键,跳读无效

（续）

图形符号	解释	功能说明
	程序停	自动方式下,遇有 M01 指令停止
	机床空运行	按下此键,键上指示灯亮,空运行有效,此时程序中进给速度无效,各轴按快移速度运动。再按此键,键上指示灯灭,空运行关。常用于加工前的程序校验
	手动示教	示教编程方式,用于教学演示
	程序重启动	由于刀具破损等原因自动停止后,按此键程序可以从指定的程序段重新启动
	机床锁定开关	按下此键,键上指示灯亮,机床锁定有效。此时机械不动,但屏幕显示程序运行。若再按一次,键上指示灯灭,程序锁定无效。用于机械不动的程序校验
	程序编辑锁定开关	置于 ◯ 位置时,可编辑或修改程序

三、方案设计

通过程序输入、调试及数控加工等任务的实施,让初学者对数控车床的操作过程有一个初步认识,熟悉数控车床的开机与关机、回参考点、手动移动刀架、程序的创建与编辑、工件与刀具的装夹、对刀及程序调试等相关操作,培养安全意识及遵守设备安全操作规程习惯。

四、任务实施

（一）开机操作

数控车床开机操作必须按使用说明书进行,操作顺序为:闭合总电源开关→数控系统上电→待系统显示正常画面后,释放急停按钮→检查刀架是否位于参考点附近（如在附近,手动方式向参考点相反方向移开）→手动返回参考点。

注意:在数控车床通电前,一定要检查其初始状态,如控制柜门、安全防护罩是否关好,切削液、润滑液的液位是否正常等;系统上电后,在未显示正常画面之前,不要按 CRT/MDI 操作面板上的按键,以免发生意外;起动液压或气压系统后,须检查冷却、润滑、液压及气压系统是否正常;此外,还要检查主电动机风扇、控制柜换气扇的运行是否正常。

（二）手动回参考点

若数控车床使用增量式位置检测元件,当出现断电重启、按下急停按钮或超程等情况时,各轴必须手动回参考点,以便建立机床坐标系。回参考点操作步骤如下:

1）待屏幕显示为正常画面时，检查刀架与参考点间的距离，如位置合理，按回参考点按键，此时键上指示灯亮。

2）X 轴回参考点。同时按 X 和 + 键，X 轴即以机床参数设定的速度向参考点方向移动，碰到减速开关后再减速寻找参考点。到达参考点位置后，运动停止，回参考点指示灯亮。

3）Z 轴回参考点。同时按 Z 和 + 键，进行 Z 轴回参考点，回参考点过程同 X 轴。

说明：

1）有些机床的两个轴只能依次回参考点，有些机床的两个轴可同时回参考点，这取决于机床参数设置。为安全起见，建议先 X 轴回参考点，再 Z 轴回参考点。

2）有些机床将轴和方向合为一个键，只要按下各轴正方向键即可回参考点。有些机床返回参考点过程中要一直按轴方向键，直到减速。

（三）输入程序

1）按 键，选择 EDIT 方式。

2）按 PROG 键，进入程序编辑界面，如图 1-10 所示。按"程序"软键，显示当前程序清单界面；按"LIB"软键，切换到程序目录界面。

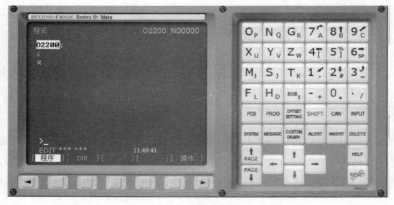

图 1-10　程序编辑界面

3）输入程序名。输入的程序名不可与已有程序名重复。

4）按 INSERT 键，程序创建完毕，开始输入程序。

5）输入程序段，程序段结束符为"；"，按 EOB 键完成输入。

6）按 INSERT 键换行后继续输入程序代码。

（四）装夹工件

图 1-1 所示的轴的毛坯为 45 钢棒料，直径为 $\phi 35\mathrm{mm}$。选用通用的自定心卡盘，用正爪装夹，将毛坯外圆和端面比较平整、规则的一头放入自定心卡盘内，用工件的端面和外圆定位，然后用扳手将毛坯夹紧，如图 1-11 所示。

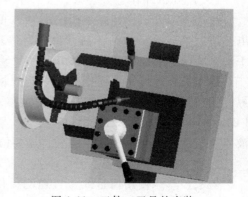

图 1-11　工件、刀具的安装

项目一　数控车削编程与加工

（五）刀具的选择与安装

根据加工要求，选择一把外圆车刀，粗车、精车各外圆和端面。刀具如图 1-11 所示，将其安装到刀架上时应注意：安装时刀杆不宜伸出过长，一般为刀杆高度的 1~1.5 倍；刀杆中心线应与进给方向垂直；车刀下垫铁要平整，垫铁数量控制在 2~3 片内，且垫铁应与刀架对齐；车刀至少要用两个螺钉紧固在刀架上，并逐个轮流拧紧；车刀的刀尖应与工件轴线等高。

思考：为什么应该这样做？

（六）一把刀的对刀

（1）以 MDI 方式起动主轴

1）按 ![键] 键，该键指示灯亮，选择 MDI 方式有效。

2）按功能键 ![PROG]，显示程序界面。

3）按"MDI"软键，进入 MDI 界面，如图 1-12 所示。

4）按 ![EOB] 键，输入程序段，如"M03　S400；"（按 ![EOB] 键即可自动输入"；"）。

5）按 ![INSERT] 键，"M03　S400；"程序代码被输入。

6）按程序启动按键 ![ ]，执行输入的程序（此时主轴正转）。

（2）手动移动车刀至工件附近

1）按 ![键] 键，该键指示灯亮，进入 JOG 工作方式。

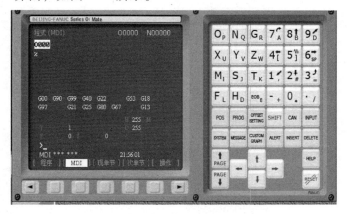

图 1-12　MDI 界面

2）选择移动轴，同时按 ![键] 键和方向键 ![—]，使刀架快速接近工件，移动速度可通过进给倍率调节旋钮来改变。

（3）手摇轮方式操作　当刀架移动到工件附近时，为安全起见，应将工作方式切换到增量工作方式或手摇轮方式。下面以手摇方式为例说明。

1）按 ![键] 键，键上指示灯亮，进入手摇脉冲工作方式。

2）选择移动倍率。

3）选择移动轴和方向，先试切工件外圆。背吃刀量以保证工件试切处被车圆为宜。试切完成后沿 Z 轴正方方向退出。

（4）手动方式下停止主轴

1）按 ![键] 键，选择 JOG 工作方式。

2）按 ![键] 键，该键上指示灯亮，主轴停转。

（5）测量试切处外圆直径　用游标卡尺测量试切处外圆的直径，并记录。

（6）输入 G54 的 X 向零点偏置值

1）按 [OFFSET SETTING] 键，进入参数设定界面。按"坐标系"软键，显示图1-13所示的界面。

2）用 [PAGE↓]、[PAGE↑]、[↓]和[↑]键配合，选择坐标系G54。

3）输入地址字X和试切直径值到输入区域。

4）按"测量"软键，工件坐标系原点在机床坐标系的X坐标值自动输入到G54的X寄存器中。

（7）试切工件端面 在手轮方式或增量方式下，沿Z方向移动刀架到端面，保证端面有一定的切削余量，然后沿X方向进给试切工件端面。

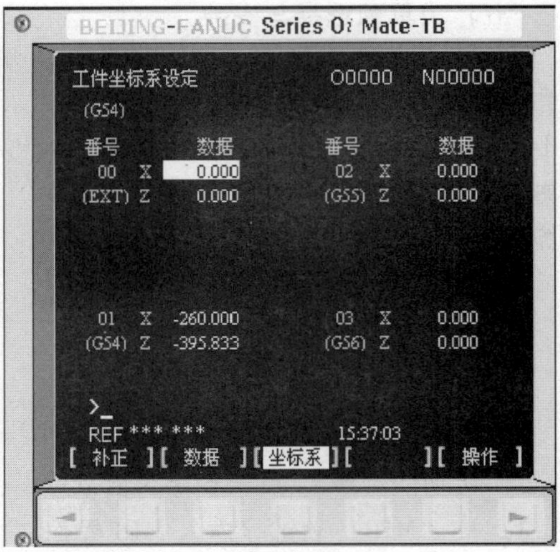

（8）输入G54的Z向零点偏置值

1）按 [OFFSET SETTING] 键，切换到工件坐标系设定界面。

2）在输入区域输入地址字Z和工件右端面在工件坐标系中的坐标值（此时为0）。

3）按"测量"软键，工件坐标系原点在机床坐标系的Z坐标值自动输入到G54的Z寄存器中。

图1-13 工件坐标系的设定界面

（七）程序校验

1）按编辑方式键 [✏]，调出要校验的程序名。

2）按功能键 [CUSTOM GRAPH]，显示图1-14所示的界面。

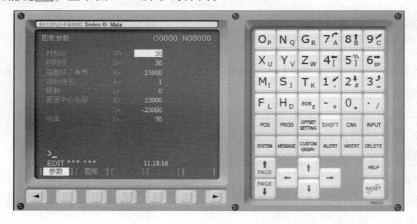

图1-14 图形参数设置界面

3）进行参数设置。

4）按空运行键 [→] → 按程序测试键 [→]。

5）按"图形"软键→按自动方式键 [→] →按程序启动键，即可进行程序校验，同时显示屏上会显示图形。

（八）自动加工

1) 按 ➡ 键，该键上指示灯亮，存储器运行方式有效。
2) 选择一个加工程序。
3) 按程序启动按键 ▣ （注意安全门要关好）。

（九）关机

机床保养完毕后，将刀架移到合理位置，将各开关或旋钮置于初始位置，按下急停按钮，切断数控系统电源，切断机床总电源。

五、检查评估

加工完后，按表1-5内容进行检查。

表1-5 零件检查内容与要求

序号	检查内容	要求	检具	结果
1	柱面直径	$\phi 20_{-0.06}^{0}$mm	游标卡尺	
2	$\phi 20_{-0.06}^{0}$mm 柱面长	20mm	游标卡尺	
3	倒角	$C2$mm	角度尺\游标卡尺	
4	锥面	$\phi 34_{-0.07}^{0}$mm、$\phi 28$mm、20mm	游标卡尺	
5	柱面直径	$\phi 34_{-0.07}^{0}$mm	游标卡尺	
6	$\phi 34_{-0.07}^{0}$mm 柱面长	20mm	游标卡尺	
7	$\phi 20_{-0.06}^{0}$mm 圆柱表面粗糙度	$Ra3.2\mu m$	表面粗糙度样块	
8	锥面表面粗糙度	$Ra6.3\mu m$	表面粗糙度样块	
9	$\phi 34_{-0.07}^{0}$mm 圆柱表面粗糙度	$Ra3.2\mu m$	表面粗糙度样块	
10	端面表面粗糙度	$Ra6.3\mu m$	表面粗糙度样块	
11	$\phi 20_{-0.06}^{0}$mm 轴台阶面表面粗糙度	$Ra6.3\mu m$	表面粗糙度样块	
12	其他表面粗糙度	$Ra6.3\mu m$	表面粗糙度样块	

六、技能训练

输入图1-15所示的轴的加工程序（见表1-6）。完成程序输入、对刀和刀补值输入、模拟加工和切削加工等相关操作。

表1-6 加工程序

程　序	说　明
O2200;	程序名
T0101;	选刀，建立刀补
G21　G99　G97　G40;	初始化
M03　S600　F0.3;	主轴正转，设定粗加工参数
G00　X37.　Z3.;	快速定位到循环起始点
G71　U2.　R0.5;	调用粗加工循环
G71　P10　Q70　U0.5　W0.3;	

（续）

程　序	说　明
N10　G00　X10.；	
N20　G01　X20.　Z-2.；	
N30　Z-15.；	
N40　G02　X28.　Z-20.　R25.；	描述轮廓加工轨迹
N50　G01　X30.　W-12.5.；	
N60　Z-42.5.；	
N70　G00　X37.；	
S800　F0.16；	设定精加工参数
G70　P10　Q70；	调用精车固定循环
G00　X100.　Z200.　M05；	快退到安全点
M30；	程序结束

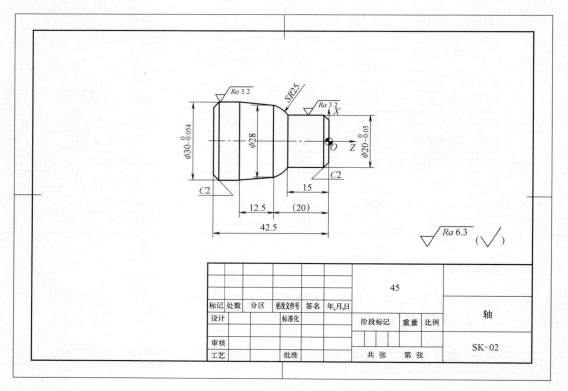

图 1-15　轴

1. 资讯

1）该零件有加工哪些部位？加工有何要求？

2）需要选用何种系统和何种类型的数控机床？

3）工件的材料是什么？其切削性能如何？

4）加工 45 钢时应选用什么刀具？是机夹可转位刀片还是整体刀具？

5）需选用几把刀具？刀具形状及几何角度有何要求？

6）如果毛坯是棒料，能否一次切削到图样尺寸？

7）粗加工用什么指令来完成？

8）找出程序中的 G 指令，并通过查找编程手册说明其作用。

9）加工此零件，数控车床要完成哪些相关操作？

10）对刀的目的是什么？

11）为什么一把刀对刀时要将对刀值填入该刀刀补地址中；其含义是什么？作用是什么？

12）零件加工完毕后，需要进行哪些检查？要用什么量具？如何测量？

13）操作数控车床时需要注意哪些安全事项？

2. 计划与决策

选择机床、夹具、刀具、量具及毛坯，确定工件定位与夹紧方案、工作步骤、安全措施、零件检查内容与方法、机床保养内容及小组成员工作分工等。

3. 实施

开机、关机	
工件、刀具装夹	
回参考点	
手动移动滑板	
MDI 程序编辑输入操作	
程序输入	
对刀并输入刀补值	
程序校验	
程序运行	

4. 检查
按附录 A 规定的检查项目和标准对技能训练进行检查与考核。

5. 评价与总结
按附录 B 规定的评价项目对学生技能训练进行评价。

任务二　使用基本指令的编程与加工

一、任务导入

（一）任务描述
试用 FANUC 数控系统的基本指令编制图 1-16 所示零件的加工程序，要求确定使用基本指令编程去除毛坯余量的粗加工进给路线，并编制零件的粗、精加工程序，加工出合格的零件。

（二）知识目标
1. 掌握数控车削编程基础知识。
2. 掌握数控车削编程基本指令的格式与应用。
3. 掌握零件毛坯粗车进给路线的设计方法。

（三）能力目标
1. 会根据零件图选择零件的加工方法，合理安排加工顺序。
2. 能根据零件结构特征选择刀具和机床类型、刀具及切削用量。
3. 会使用基本的编程指令编制零件加工程序。
4. 掌握数控车床多把刀的对刀方法。
5. 会对零件进行质量检验与判断。

（四）素养目标
掌握毛坯粗加工路线设计方法及运用编程灵活性，提高工作效率，增强安全意识。

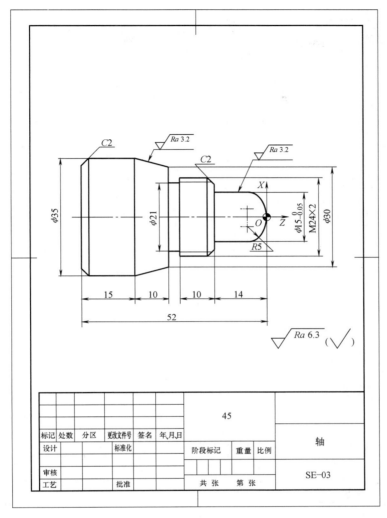

图 1-16 轴

二、知识准备

(一) 数控编程基础知识

1. 程序的结构与组成

先看一个加工程序示例,见表 1-7。

由表 1-7 可以看出:一个数控程序由开始符、程序名、程序主体、程序结束指令及结束符组成。程序开始符与程序结束符是同一个字符,单列一行(在 ISO 代码中是 "%",在 EIA 代码中是 "ER")。

(1) 程序名 程序名位于程序主体之前、程序开始符之后,它一般独占一行。程序名有两种形式:一种是以规定的英文字母(多用 O)开头,后面紧跟若干位数字,数字的位数一般在说明书中规定,常见的有两位和四位两种。这种形式的程序名也可称为程序号。程序名的另一种形式是由英文字母、数字或英文字母和数字混合组成的,中间还可以加入 "-"

表1-7 加工程序示例

程　序	说　明	程序结构	
%	开始符		
O2800;	程序名	程序名	
N10　G21　G99　G97　G54;	初始化,选择工件坐标系		准备程序段
N20　G00　X100.　Z300.　M08;	快速定位到(100,300),开切削液		
N30　T0100;	换第一把刀		
N40　M03　S600　F0.3;	起动主轴,设定主轴转速和切削进给量		
N50　G00　X37.　Z3.;	快速定位到G71固定循环起始点(37,3)		
N60　G71　U3.　R0.5;	设定G71粗加工时的背吃刀量和退刀量	程序主体	加工程序段
N80　G71　P90　Q150　U0.5　W0.3;	调用N90~N150程序段进行粗加工		
N90　G00　X10.;	快速定位到(10,3)点		
N100　G01　X20.　Z-2.;	倒角C2mm		
N110　Z-20.;	车外圆φ20mm至Z-20		
N120　X28.;	车端面		
N130　X34.　Z-40.;	车锥面		
N140　Z-60.;	车外圆φ34mm至Z-60		
N150　G00　X37.;	X方向快退		
N160　M00;	暂停(可检测尺寸或清理切屑)		
N170　M03　S800　F0.16;	起动主轴,设置精车主轴转速和进给量		
N180　G70　P90　Q150;	调用N90~N150程序段进行精加工		
N190　G00　X100.　Z200.　M09;	刀具快速退出,关切削液		结束程序段
N200　M05;	主轴停		
N210　M30;	程序结束	程序结束指令	
%	结束符		

号,这种形式使用户命名程序比较灵活。例如,在LC30型数控车床上加工零件图号为215的法兰第三道工序,其程序可命名为"LC30-FLANGE-215-3",这给程序使用、存储和检索等带来很大方便,特别能防止调错程序造成加工事故。程序名采用哪种形式取决于使用的数控系统。

（2）程序主体　程序主体是数控加工要完成的全部动作的指令集合,是整个程序的核心,由准备程序段、加工程序段和结束程序段三部分组成。每一部分均由若干行加工语句组成,每一行加工语句称为一个程序段,每个程序段由一个或多个指令字构成,每个指令字由地址符和数字组成,它代表机床的一个位置或一个动作,每个程序段结束用";"。

准备程序段包括初始化、建立工件坐标系、第一把刀具的选刀与换刀、建立刀补、主轴起动并设定转速和进给速度、切削液开、刀具快速接近工件等程序段内容。

结束程序段包括最后一把刀具远离工件、取消刀补、主轴停、切削液关等程序段内容。

加工程序段主要描述每把刀具对零件的加工过程,是零件加工方案的具体体现。它包括使用完的刀具取消刀补、退到换刀点更换新刀具和建立新刀补、改变切削用量等内容。

(3) 程序结束指令　程序有主程序和子程序之分,子程序结束用 M99 指令,主程序结束可用 M30 或 M02 指令。

2. 程序段的格式

每个程序段是由程序段编号,若干个指令(功能字)和程序段结束符号组成。程序段的格式是指程序段中的字、字符和数据的安排形式,一般采用字地址可变程序段格式,又称为字地址格式。在这种格式中,程序字长是不固定的,程序段中的程序字个数也是可变的,绝大多数数控系统允许程序字任意排序,故属于可变程序段格式。但是在大多数场合,为了书写、输入、检查和校对的方便,程序字在程序段中习惯按一定的顺序排列,如"N＿＿ G＿＿ X＿＿ Y＿＿ Z＿＿ F＿＿ S＿＿ T＿＿ M＿＿;"。

3. 字、字符与代码

字符是用来组织、控制或表示数据的一些符号,如数字、字母、标点符号及数学运算符等。字符是机器能进行存储或传送的记号,也是数控程序的最小组成单位。数控程序中常用的字符分为四类。一类是字母,它由 26 个大写英文字母组成;第二类是数字和小数点,它由 0～9 共 10 个阿拉伯数字及小数点组成;第三类是符号,由正(+)号和负(-)号组成;第四类是功能字符,它由程序开始符、程序段结束符、跳过任选程序段符、机床控制暂停符、机床控制恢复符和空格符等组成。

4. 常用编程指令（功能字）

功能字也叫程序字或指令,是机床数字控制的专用术语。它是一组有规定次序的代码符号,可以作为一个信息单元存储、传递和操作。

1)尺寸字。尺寸字也叫尺寸指令,主要用来指令机床上刀具运动目标点的坐标位置,由尺寸地址符及数字组成。地址符有三组。第一组以 X、Y、Z、U、V、W 等字母开头,后面紧跟"+"号(一般略去)或"-"号及一串数字,表示指令刀具要达到的直线坐标尺寸。该数字有以脉冲当量为单位的,也有以 mm 为单位的,可通过参数来设定。第二组以 A、B、C 等字母开头,后跟一组字符,表示指令刀具要达到的角度坐标尺寸;第三组以 I、J、K 开头,主要用来指令零件圆弧轮廓圆心的坐标尺寸。

2)准备功能字。准备功能字简称 G 功能,用来指定机床的运动方式,为数控系统的插补运算做准备,由准备功能地址符 G 和两位数字组成。G 功能的代号已标准化,有些多功能机床已有数字大于 100 的指令。常用的 G 指令包括坐标定位与插补、坐标系设定、固定循环加工及刀具补偿等。

3)进给功能字。进给功能字用以指定刀具相对工件的运动速度。进给功能字以地址符 F 开头,后跟一串数字,通常用直接指定法,即在 F 后按照预定的单位直接加上要求的进给速度。F 的单位视使用的指令而定。在 FANUC 0i-T 系统中,如使用指令"G98 F＿＿;"则 F 的单位为 mm/min;在进给速度与主轴转速有关时,如进行车螺纹时,则使用指令"G99 F＿＿;",F 的单位为 mm/r。数控车床上电后一般默认为 G99 指令。

4）主轴速度功能字。主轴速度功能字用以指定主轴旋转速度，以地址符 S 开头，后跟一串数字。通常用直接指定法，单位为 r/min 或 m/min。用"G97　S＿；"指令时，S 的单位为 r/min，通常开机即为 G97 状态。数控车削有恒线速度控制功能，一般用"G96　S＿；"指令，S 的单位为 m/min。

5）刀具功能字。当数控系统具有换刀功能时，刀具功能字用以选择替换的刀具，以地址符 T 开头，其后一般跟 2~4 位数字，如 T12、T0103，"1"或"01"代表刀具的编号，"2"或"03"为该刀具的刀补号。

6）辅助功能字。辅助功能字是用于指定机床加工操作时的机床辅助动作指令，以地址符 M 开头，其后跟两位数字（M00~M99）。常用的 M 指令包括主轴的转向与起停，切削液的开与停，指定机械的夹紧与松开，指定工作台等的固定直线位移或角位移，以及说明程序停止等。

7）模态指令和非模态指令。G 指令和 M 指令均有模态和非模态指令之分。

① 模态指令，也称续效指令，按功能分为若干组。模态指令一经在程序段中指定，便一直有效，直到出现同组的另一指令或被其他指令取消时才失效。与上一程序段相同的模态指令可省略不写。

② 非模态指令，为非续效指令，仅在出现的程序段中有效，下一段程序需要时必须重写（如 G04）。

例如：

N001　G91　G01　X10.　Y10.　Z-2.　F150　M03　S1500；

N002　X15.；

N003　G02　X20.　Y20.　I20.　J0；

N004　G90　G00　X0　Y0　Z100.　M02；

第一段出现了三个模态指令 G91、G01、M03，因它们不同组而均续效，其中 G91 功能延续到 N004 程序段中出现 G90 时失效；G01 功能在 N002 程序段中继续有效，直至 N003 程序段中出现 G02 时被取消；M03 功能直到 N004 程序段中 M02 生效时才失效。

（二）粗加工进给路线设计方法

1. 确定进给路线的主要原则

1）按已定工步顺序确定各表面加工进给路线。

2）所定进给路线（加工路线）应能保证零件轮廓表面的加工精度和表面粗糙度的要求。

3）寻求最短加工路线（包括空行程路线和切削路线），缩短加工时间，以提高加工效率。

4）要选择零件在加工时变形小的路线，对横截面积较小的细长零件或薄壁零件，应采用分几次进给加工到最后尺寸或按对称去余量法安排进给路线。

5）简化数值计算和减少程序段，减小编程工作量。

6）根据工件的形状、刚度、加工余量和机床工艺系统的刚度等情况确定进给次数。

7）合理设计刀具的切入与切出的方向。采用单向趋近定位方法，可消除传动系统反向间隙而产生的定位误差。

2. 确定粗加工进给路线

（1）常用的粗加工进给路线

1）矩形循环进给路线。图 1-17a 所示为利用数控系统具有的矩形循环功能安排的"矩形"循环进给路线。

2）三角形循环进给路线。图 1-17b 所示为利用数控系统具有的三角形循环功能安排的三角形循环进给路线。

3）沿轮廓形状等距线循环进给路线。图 1-17c 所示为利用数控系统具有的封闭式复合循环功能控制车刀沿着零件轮廓等距线循环的进给路线。

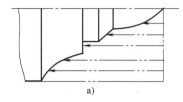
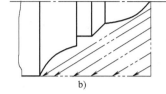
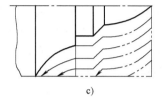

图 1-17 常用的粗加工循环进给路线
a）矩形循环进给路线　b）三角形循环进给路线　c）沿轮廓形状等距线循环进给路线

4）阶梯切削路线。车削大余量工件时，图 1-18a 所示为错误的阶梯切削路线，而按图 1-18b 所示 1~5 的顺序切削时，每次切削所留余量相等，因此这种路线是正确的阶梯切削路线。在背吃刀量相同的条件下，按图 1-18a 所示的进给路线加工时所剩的余量过多。

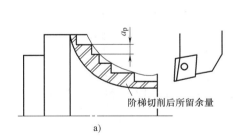
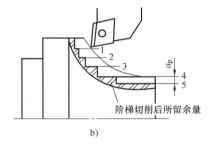

图 1-18 两种进给路线对比

5）双向切削进给路线。利用数控车床加工的特点，可以放弃常用的阶梯车削法，改用轴向和径向联动双向进给，即沿着工件毛坯轮廓进给，如图 1-19 所示。

（2）最短的粗加工切削进给路线　对常用的三种切削进给路线进行分析和判断可知，矩形循环进给路线的进给长度总和最短。因此，在同等条件下，其切削所需时间（不含空行程）最短，刀具的损耗最少。但它也有粗加工后的精车余量不够均匀的缺点，所以一般需安排半精加工。

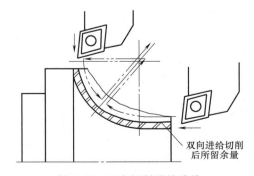

图 1-19 双向切削进给路线

(三) 数控车削编程特点

1) 车削加工中刀具只在 XZ 平面移动,所以一般数控车削编程坐标系为 XOZ;工件坐标系原点设在工件回转轴线上。

2) 数控车削编程一般采用直径编程,即 X 的编程值用直径值表示,增量坐标编程时,U 值是实际位移量的 2 倍。

3) FANUC 数控系统中,绝对坐标值编程使用的地址符为 X、Z,增量坐标编程使用的地址符为 U、W。

4) 使用 FANUC 数控系统进行数控车削编程时,在一个程序段中可采用绝对坐标或增量坐标编程,也可采用混合方式编程。

5) 尺寸字后的数据分为常用式小数点输入和计算器式小数点输入两种。在 FANUC 数控系统中,可通过参数设置为计算器式小数点输入。当控制系统选用常用式小数点输入时,若忽略了小数点,系统则认为是最小设定单位的整数。

6) 数控车削具有恒线速度控制功能,但系统上电后默认为 G97 指令状态,单位为 r/min。

7) 系统上电后默认的进给速度单位为 mm/r。

8) 使用固定循环可简化编程。由于车削加工常用棒料或锻料作为毛坯,加工余量较大。为了简化编程,常使用固定循环功能,可减少坐标点计算。

(四) 数控车削编程时的注意事项

1) 数控车床的机械结构各不相同,编程时应加以考虑。例如主轴变速为手动方式时,使用 S 指令无效;卧式车床使用手动换刀刀架时,不能用 T 指令;没装主轴编码器的数控车床不能用于车螺纹,G32、G92、G76 等车螺纹指令无效。

2) 数控系统的类型不同,使用的指令体系会有些差异,编程前应查阅相应的数控系统编程说明书。

3) 数控车床的技术参数决定其加工工艺范围,切忌使用超出其技术参数范围的指令值。

(五) 数控车削基本 G 指令

数控车削基本 G 指令见表 1-8。

表 1-8 数控车削基本 G 指令

G 指令	组	功 能	格 式	说 明
G96	02	恒线速度控制	G96 S__;	S 单位为 m/min
G97	02	恒转速控制	G97 S__;	S 单位为 r/min
G98	05	每分钟进给量	G98 F__;	F 单位为 mm/min
G99	05	每转进给量	G99 F__;	F 单位为 mm/r
G54	14	零点偏置	G54;	选择工件坐标系 1
G50	00	工件坐标系设定	G50 X__ Z__;	设定工件坐标系,X 坐标为直径值
G50	00	设定主轴最高转速	G50 S__;	恒线速度控制时,用于限制主轴最高转速

（续）

G指令	组	功　能	格　式	说　明
G00		快速定位	G00　X___　Z___;绝对坐标	1. 刀具以点位控制的方式快速移动到坐标值指定的目标位置 2. 各轴移动速度由参数来设定 3. 如两个坐标轴同时移动,刀具移动轨迹是几条线段的组合,不一定是一条直线 4. 可绝对坐标编程、增量坐标编程或混合坐标编程 5. 不能用于切削加工 6. 快速进给速度可用进给倍率旋钮修调
			G00　U___　W___;增量坐标	
			G00　X___　W___;混合坐标	
			G00　X___;X轴快速进给	
			G00　Z___;Z轴快速进给	
G01		直线插补	G01　X___　Z___　F___;车锥面	1. 刀具以直线插补方式按给定的进给速度从当前点移动到坐标值给定的目标点,各轴的进给速度为F在此轴的分量 2. 用于直线轮廓的切削加工时,F进给速度不能为零,如之前已指定,则模态有效,可在此程序段中不指定 3. 可绝对坐标编程、增量坐标编程或混合坐标编程。格式中X、Z为目标点的绝对坐标值,U、W为到目标点的增量移动值,其算法分别为U(终点X值-起点X值),W(终点Z值-起点Z值)
			G01　U___　W___　F___;车锥面	
			G01　X___　W___　F___;车锥面	
			G01　U___　Z___　F___;车锥面	
			G01　X___　F___;车端面	
			G01　Z___　F___;车外圆	
G02	01	顺圆插补	G02　X___　Z___　R___　F___;	1. 顺(逆)圆插补判断:沿着Y轴向其负方向看去,顺时针插补为G02,逆时针插补为G03 2. 模态指令。指令中的X、Z为圆弧终点绝对坐标值;U、W为圆弧终点相对圆弧起点的增量坐标值,即圆弧终点X绝对坐标值减去圆弧起点X绝对坐标值、圆弧终点Z绝对坐标值减去圆弧起点Z绝对坐标值。R为圆弧半径,I、K为圆心相对圆弧起点在X、Z方向的增量坐标,F为进给速度(或进给量),各轴进给速度为F在该方向上的进给分量 3. 该指令还可采用混合坐标编程 4. 使用R编程时,由于相同的圆弧起点和终点可对应两段半径为R的圆弧,故应用R和-R区分。当圆弧圆心角大于180°时,R取负值;当圆弧圆心角小于或等于180°时,R取正值
			G02　U___　W___　R___　F___;	
			G02　X___　Z___　I___　K___　F___;	
			G02　U___　W___　I___　K___　F___;	
G03		逆圆插补	G03　X___　Z___　R___　F___;	
			G03　U___　W___　R___　F___;	
			G03　X___　Z___　I___　K___　F___;	
			G03　U___　W___　I___　K___　F___;	
G32		螺纹插补	G32　X___　Z___　F___;车锥螺纹	模态指令。X、Z为螺纹终点绝对坐标值,可用U、W进行增量坐标编程,也可进行混合坐标编程,F为螺纹导程
			G32　Z___　F___;车柱螺纹	
			G32　W___　F___;车柱螺纹	
G04	00	延时	G04　X___;	X后用小数表示,单位为s
			G04　P___;	P后用整数表示(不能带小数点),单位为ms

（六）M 指令

常用的 M 功能指令见表 1-9。

表 1-9　M 功能指令

M 功能	含义	说　明
M00	程序停止	当程序运行到 M00 时，自动停止运行，所有的模态信息保持不变。可进行手动换刀，人工挂档变速，完毕后可按程序启动键，程序向下继续执行。编程时一般将 M00 指令安排在程序中间
M01	计划停止	在机床操作面板上的"选择停止"按钮按下后，执行到 M01 指令时，程序自动停止运行，所有的模态信息保持不变。M01 指令用于工件测量、清屑。按程序启动键，程序向下继续执行。编程时一般将 M01 指令安排在程序中间
M02	程序结束	主轴停，切削液关，自动运行停止，机床复位。编程时一般将 M02 指令安排在程序末尾，光标不返回程序开头处
M03 M04	主轴顺/逆时针旋转	判断方法：按标准规定，工件不动，刀具相对于静止的工件旋转，沿刀具（或工件）轴向坐标轴的正方向向负方向看去，顺时针旋转为 M03，逆时针旋转为 M04（数控铣符合规定）；对数控车床而言，由于是工件旋转，刀具不旋转，沿着 Z 轴由正方向向负方向看去（即从尾座向主轴箱看去，工件逆时针旋转（相当于刀具相对静止工件顺时针旋转）为 M03，反之为 M04
M05	主轴停止	
M07	2 号切削液开	
M08	1 号切削液开	
M09	切削液关	
M30	程序结束	自动运行停止，主轴停。切削液关，机床复位，光标返回至程序开头。编程时一般将 M30 指令安排在程序末尾

（七）数控车床刀具补偿功能

数控车床具有刀具补偿功能，使用多把刀具加工时，由于刀具形状长短不一，安装位置有误差，刀具磨损，以及刀尖圆弧半径的存在，刀架换刀时前一把刀具刀尖位置与后一把刀具刀尖位置之间会产生误差，所以在数控加工时只有通过刀具补偿功能消除误差，才能加工出符合图样要求的零件。刀具补偿功能分为刀具长度补偿和刀尖圆弧半径补偿，其中刀具长度补偿又分为刀具几何补偿及磨损补偿。刀具几何补偿是对刀具形状及刀具安装位置误差的补偿，刀具磨损补偿是对刀具产生的磨损进行补偿，两种偏移补偿值可分别设定。

（八）多把刀的对刀

多刀加工的对刀操作包括绝对对刀法和基准刀对刀法（又叫相对对刀法）。绝对对刀法比较简单，其操作方法为：用每把刀具分别试切（或碰）与工件坐标原点有确定关系的基准面或点（或工件坐标系原点），记下每把刀具刀位点在机床坐标系中的绝对坐标值。用公式

$$X = X_{机床坐标系坐标值} - X_{工件坐标系坐标值}$$
$$Z = Z_{机床坐标系坐标值} - Z_{工件坐标系坐标值}$$

计算每把刀的刀补值，然后将计算结果分别填入对应刀具的刀补号 X、Z 寄存器中。其中，

$X_{机床坐标系坐标值}$为刀补点在试切面(或点)处机床坐标系的坐标值,其他变量类推。基准刀对刀法分两步:先选一把刀作为基准刀,通过基准刀进行对刀,建立工件坐标系;然后用非基准刀去碰对刀点(或对刀基准面),找出非基准刀刀位点相对基准刀刀位点在各坐标轴方向上的差值,将该差值作为这把刀的刀补值分别输入到对应的刀补号 X、Z 地址中。

三、方案设计

(一)分析零件图

如图 1-16 所示,轴加工要求较高的部位是表面粗糙度值为 $Ra3.2\mu m$、有公差要求的是 $\phi15mm$ 外圆。对该部位加工时在安排粗加工之后还要安排精加工。本零件的毛坯为 $\phi40mm\times80mm$ 的棒料。

(二)选择机床与夹具

选择机床与夹具应根据零件形状、尺寸、精度要求及现有条件进行。本零件为带圆弧的回转类零件,选择经济型数控车床和通用的自定心卡盘即可满足加工要求。工件装夹以毛坯一端面和外圆定位。

思考:选择数控机床时应考虑哪些因素?

(三)制订加工方案

假如将零件的所有加工内容都安排在数控车床上进行,其加工顺序如下:

车端面→从右至左粗加工各面→从右至左精加工各面→切槽→车螺纹→切断。

思考:如将这个零件加工改为用普通车床和数控车床配合加工,如何制订其工艺路线?

(四)选择刀具及切削用量(见表 1-10)

表 1-10 刀具及切削用量

序号	加工内容	刀具号	刀具规格		主轴转速	进给速度/(mm/r)
			类型	材料		
1	粗车外圆	T0100	93°外圆车刀	硬质合金	600r/min	0.35
2	精车外圆	T0100	93°外圆车刀		80m/min	0.15
3	切槽	T0202	切断刀	高速工具钢	500r/min	0.08
4	车外螺纹	T0303	60°外螺纹车刀	硬质合金	300r/min	2

(五)确定编程原点

设定编程原点在零件右端面中心处。

(六)设计毛坯粗加工的进给路线

零件毛坯为棒料,如果规定使用基本指令编程,在设定工件坐标系后,粗加工的进给路线设计至关重要。一般轴类零件的粗加工进给路线设计有三种,采用矩形循环的进给路线时,空行程和进给路线最短,坐标点计算简单。粗加工时,每次进给的背吃刀量一般取相等值,半精加工与精加工余量不同,半精加工余量一般取 0.5~1.0mm,精加工余量一般取 0.2~0.5mm。根据图样要求。本零件按粗车和精车两个工步加工各外圆和端面,外圆和端面的精加工余量分别为 1.0mm 和 0.5mm。先平行于 Z 轴进给将毛坯加工成阶梯轴,如图 1-20 细双点画线所示;然后再通过斜线进给加工圆弧、倒角及锥面,如图 1-21 所示。

(七)坐标点的计算

去毛坯余量进给路线设计的关键在于确定控制刀路轨迹的坐标点。坐标点的确定有两种

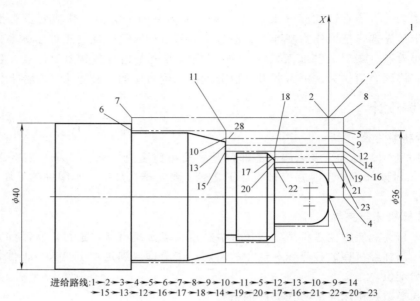

进给路线:1→2→3→4→5→6→7→8→9→10→11→5→12→13→10→9→14
→15→13→12→16→17→18→14→19→20→17→16→21→22→20→23

图 1-20 粗加工进给路线设计

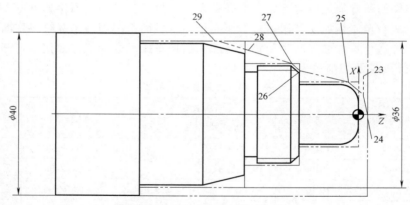

进给路线:23→24→25→26→27→28→29

图 1-21 加工倒角进给路线设计

方法。

（1）计算法 车外圆的第一刀将 $\phi 40\mathrm{mm}$ 的外圆车到 $\phi 36\mathrm{mm}$，Z 方向尺寸比工件总长略大些。然后车出 $\phi 25\mathrm{mm}$ 的阶梯轴，Z 方向长度为 26.5mm，粗加工余量为 36mm－25mm＝11mm，将第二次、第三次、第四次进给的背吃刀量分别定为 4mm、4mm 及 3mm，故第二次、第三次及第四次进给刀路的 X 坐标值分别为 $\phi 32\mathrm{mm}$、$\phi 28\mathrm{mm}$ 及 $\phi 25\mathrm{mm}$；最后车削 $\phi 16\mathrm{mm}$ 外圆，Z 方向长度为 13.5mm，此阶梯轴的粗加工余量为 25mm－16mm＝9mm，按加工余量等分处理，故第五刀、第六刀及第七刀的进给刀路的 X 轴坐标值分别为 $\phi 22\mathrm{mm}$、$\phi 19\mathrm{mm}$ 及 $\phi 16\mathrm{mm}$。再逐点求出关键点坐标。

（2）作图法 用 CAD 画出工件的零件图和毛坯轮廓，在平面内设计其粗加工的进给路线。然后用坐标点查询方法找出各点坐标值。如果没有绘图软件，可以在有格子的图样上画出零件图，然后确定各点的坐标值。表 1-11 为用计算法算出的刀具轨迹坐标点。

表 1-11 刀具轨迹坐标点

点序号	坐标值	点序号	坐标值	点序号	坐标值
1	(90,160)	11	(36,-26.5)	21	(16,3)
2	(42,0)	12	(28,3)	22	(16,-13.5)
3	(-1,0)	13	(28,-26.5)	23	(19,1)
4	(-1,3)	14	(25,3)	24	(10,1)
5	(36,3)	15	(25,-26.5)	25	(16,-4)
6	(36,-55)	16	(22,3)	26	(21,-13)
7	(42,-55)	17	(22,-13.5)	27	(26,-16)
8	(42,3)	18	(25,-13.5)	28	(32,-26)
9	(32,3)	19	(19,3)	29	(37,-39)
10	(32,-26.5)	20	(19,-13.5)		

四、任务实施

（一）编写零件的加工程序

加工程序见表 1-12。

表 1-12 加工程序

程　　序	说　　明
O2000;	程序名
N10　G99　G97　G21　G54　G00　X90.　Z160;	初始化,快速接近 1 点
N20　T0100;	在 1 点换刀
N30　M03　S600;	主轴正转,转速为 600r/min
N40　G00　X42.　Z0　M08;	快速接近工件到 2 点
N50　G01　X-1.　F0.35;	车端面 3 点
N60　G00　Z3.;	Z 轴方向退至 4 点
N70　　　　X36.;	X 方向进刀至 5 点
N80　G01　Z-55.　F0.3;	车外圆到 6 点
N90　G00　X42.;	X 轴方向退至 7 点
N100　　　Z3.;	Z 轴方向退至 8 点
N110　　　X32.;	X 方向进刀至 9 点
N120　G01　Z-26.5;	车外圆到 10 点
N130　　　X36.;	X 轴方向退至 11 点
N140　G00　Z3.;	Z 轴方向退至 5 点
N150　　　X28.;	X 方向进刀至 12 点
N160　G01　Z-26.5;	车外圆到 13 点
N170　　　X32.;	X 轴方向退至 10 点

（续）

程　　序	说　　明
N180　G00　Z3.;	Z轴方向退至9点
N190　　　X25.;	X方向进刀至14点
N200　G01　Z-26.5;	车外圆到15点
N210　　　X28.;	X轴方向退至13点
N220　G00　Z3.;	Z轴方向退至12点
N230　　　X22.;	X方向进刀至16点
N240　G01　Z-13.5;	车外圆到17点
N250　　　X25.;	X轴方向退至18点
N260　G00　Z3.;	Z轴方向退至14点
N270　　　X19.;	X方向进刀至19点
N280　G01　Z-13.5;	车外圆到20点
N290　　　X22.;	X轴方向退至17点
N300　G00　Z3.;	Z轴方向退至16点
N310　　　X16.;	X方向进刀至21点
N320　G01　Z-13.5;	车外圆到22点
N330　　　X19.;	X轴方向退至20点
N340　G00　Z1.;	Z轴方向退至23点
N350　　　X10.;	快速定位至24点
N360　G01　X16.　Z-4.;	倒角至25点
N370　G00　X21.　Z-13.;	快速定位至26点
N380　G01　X26.　Z-16.;	倒角至27点
N390　G00　X32.　Z-26.;	快速定位至28点
N400　G01　X37.　Z-39.;	直线插补至29点
N410　G96　G00　Z3.　S80;	快退,选择恒线速度控制
N420　G50　S3000;	设定主轴最高转速
N430　　　X0;	快进至工件中心
N440　G01　Z0　F0.15;	开始精车轮廓
N450　　　X5.;	车端面
N460　G03　X14.975　Z-5.　R5.;	车圆弧
N470　G01　Z-14.;	车柱面
N480　　　X20.;	车台阶面
N490　　　X23.75　Z-16.;	倒角
N500　　　Z-27.;	车螺纹柱面
N510　　　X30.;	车台阶面
N520　　　X35.　W-10.;	车锥面
N530　　　W-15.;	车柱面

（续）

程　　　序	说　　　明
N540　G00　X42.;	X方向退出
N550　　　　X90.　Z160.;	快退至换刀点
N560　G97　S500　T0202;	换第二把刀
N570　G00　X36.　Z-27.;	快进至切槽附近
N580　G01　X21.　F0.08;	切槽
N590　G04　X2.0;	延时
N600　G00　X42.;	X方向退出
N610　　　　X90.　Z160.;	快退至换刀点
N620　T0303　S300;	换第三把刀
N630　G00　X26.　Z-12.;	快进至车螺纹附近
N640　　　　X22.85;	车螺纹第一刀
N650　G32　W-13.5　F2;	
N660　G00　X26.;	
N670　　　　Z-12.;	
N680　　　　X22.25;	车螺纹第二刀
N690　G32　W-13.5　F2;	
N700　G00　X26.;	
N710　　　　Z-12.;	
N720　　　　X21.65;	车螺纹第三刀
N730　G32　W-13.5　F2;	
N740　G00　X26.;	
N750　　　　Z-12.;	
N760　　　　X21.25;	车螺纹第四刀
N770　G32　W-13.5　F2;	
N780　G00　X26.;	
N790　　　　Z-12.;	
N800　　　　X21.15;	车螺纹第五刀
N810　G32　W-13.5　F2;	
N820　G00　X26.;	
N830　　　　Z-12.;	
N840　G00　X90.　Z160.　M09;	快退至换刀点
N850　M05;	
N860　M30;	

（二）零件的加工

数控车床开关机、回参考点、输入程序、装夹工件与刀具、程序校验与首件试切及零件加工等操作内容详见任务一，这里主要介绍多把刀加工中使用基准刀的对刀操作。

基准刀的对刀操作分两步：通过使用基准刀对刀建立工件坐标系，然后通过对刀求出非基准刀与基准刀的 X、Z 方向差值，将其作为刀补值输入到对应刀的刀具几何补偿号中。

（1）手动移动基准刀至工件附近

1）按 键，该键指示灯亮，进入 JOG 工作方式。

2）选择移动轴，同时按 键和方向键 ，刀架快速接近工件，移动速度可通过进给倍率修调旋钮来改变。

（2）MDI 方式起动主轴

1）按 键，该键指示灯亮，MDI 方式有效。

2）按功能键 ，显示程序界面。

3）按"MDI"软键，进入 MDI 界面，如图 1-12 所示。

4）按 键，输入程序段，如"M03S400"（";"按 键）。

5）按 键，"M03S400;"程序被输入。

6）按 程序启动按键，执行输入的程序，此时主轴正转。

（3）接近工件并试切　在刀具接近工件时，改为增量工作方式或手摇轮方式。以手摇轮方式为例：

1）按 键，该键指示灯亮，进入手摇脉冲工作方式。

2）选择移动倍率。

3）选择移动轴和方向。先试切工件外圆，背吃刀量以保证工件试切处车圆为准，沿 $-Z$ 方向试切外圆，完毕后沿 $+Z$ 方向退出。

（4）手动方式下使主轴停止

1）按下 键，选择 JOG 工作方式。

2）按 键，指示灯亮，主轴停转。

（5）试切处直径的测量　用游标卡尺测量试切处直径，并记录。

（6）X 坐标相对值清零　按位置功能键 ，并按"相对"软键，显示相对位置界面。按 键，按"ORIGIN"软键，如图 1-22 所示，则 U 坐标清零。

（7）输入基准刀的 G54 的 X 轴零点偏置值

1）按 键，进入参数设定界面。按"坐标系"软键，显示图 1-23 所示工件坐标系界面。

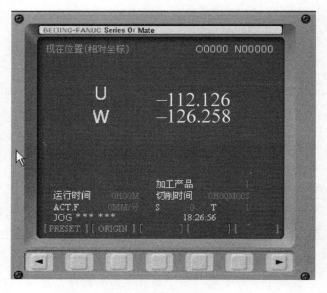

图 1-22　U 坐标清零

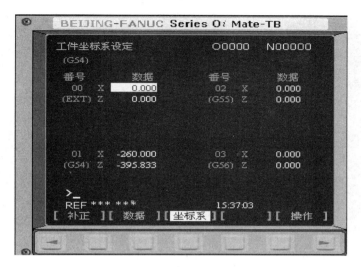

图 1-23 工件坐标系界面

2) 用 PAGE↓、PAGE↑ 与 ↓、↑ 键配合选择坐标系 G54。

3) 在输入区域输入地址字 X 和试切直径值。

4) 按"测量"软键,工件坐标系原点在机床坐标系的 X 坐标值自动输入 G54 的 X 寄存器中。

(8) 试切工件端面　在手摇轮方式或增量方式下,沿 -Z 方向移动刀架到端面,保证端面有一定的切削余量,然后改为 -X 方向进给试切工件端面。试切完毕后沿 +X 方向退出。

(9) Z 坐标相对值清零　按位置功能键 POS,切换到坐标显示界面,按"相对"软键,显示相对位置界面,输入"W",按"ORIGIN"软键,W 坐标清零。

(10) 输入基准刀的 G54 的 Z 轴零点偏置值。

1) 按 OFFSET SETTING 键,切换到参数输入界面。

2) 在输入区域输入地址字 Z 和工件右端面在工件坐标系坐标值(此时为 0)。

3) 按"测量"软键,工件坐标系原点在机床坐标系的 Z 坐标值自动输入 G54 的 Z 寄存器中。

(11) 基准刀快退并换刀　按 键,在 JOG 方式下,选择移动轴,同时按 键和方向键 +,刀架快速远离工件。按手动换刀按钮,换第二把刀。

(12) 第二把刀快速接近工件　在 JOG 方式下,选择移动轴,同时按 键和方向键 -,使第二把刀快速接近工件。

(13) 以增量方式或手摇轮方式去碰工件的端面与外圆　按 键,选择步进倍率及移动轴,先使非基准刀碰端面,记下 W 值,后碰工件试切外圆,记下 U 值。

(14) 将相对基准刀具的增量值输入该刀具的补偿地址中。

1) 按 OFFSET SETTING 键,进入参数设定界面,按"补正"软键,再按"形状"软键,显示图 1-24 所示的刀补输入界面。

2) 用光标键 ↓ 和 ↑ 选择补偿号,如 G002。

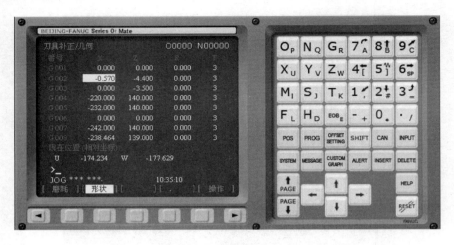

图 1-24 刀补输入界面

3）用光标键 ← 和 → 将光标移至 X、Z 处，分别输入 U 和 W 值。

4）按 INPUT 键，把输入的补偿值输入到指定的位置上。

第三把刀的刀补值求法与第二把刀相同。

五、检查评估

仿真验证如图 1-25 所示。零件的检查主要包括零件的形状、尺寸和表面粗糙度的检验，有几何公差要求的还要检查几何误差。表 1-13 为本零件的检查内容与要求。

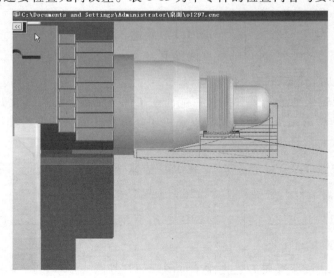

图 1-25 仿真验证

表 1-13 零件检查内容与要求

序号	检查内容	要求	检具	结果
1	端部倒圆圆柱直径	$\phi 15_{-0.05}^{0}$ mm	游标卡尺	
2	端部倒圆圆柱长度	14mm	游标卡尺	

（续）

序号	检查内容	要求	检具	结果
3	螺纹及倒角	M24×2，C2mm	螺纹量规	
4	螺纹长度	10mm	游标卡尺	
5	退刀槽直径	ϕ21mm	游标卡尺	
6	退刀槽宽度	3mm	游标卡尺	
7	锥面长度	10mm	游标卡尺	
8	柱面直径	ϕ35mm	游标卡尺	
9	总长	52mm	游标卡尺	
10	端面倒圆圆柱表面粗糙度	$Ra3.2\mu m$	表面粗糙度样块	
11	端面倒圆表面粗糙度	$Ra3.2\mu m$	表面粗糙度样块	
12	锥面粗糙度	$Ra3.2\mu m$	表面粗糙度样块	
13	其他表面粗糙度	$Ra6.3\mu m$	表面粗糙度样块	

六、技能训练

试分析图 1-26 所示的零件，按资讯提示完成零件加工工艺分析及程序的编制，并在 FANUC 数控系统车床上加工出来。

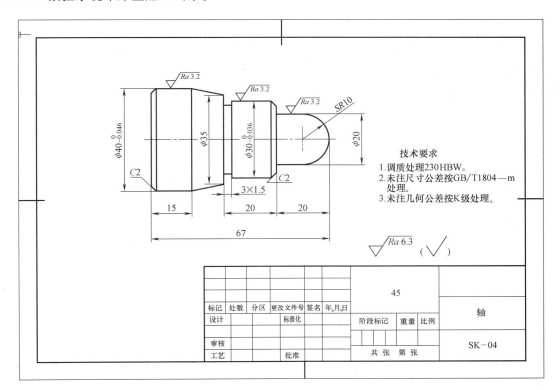

图 1-26 轴

1. 资讯

1）该零件有何特征，是哪类零件？能否用普通车床加工？如不能，请说明原因，并说明选用何种类型的数控车床。

2）需要加工哪些部位？哪些部位加工要求较高？

3）工件的材料是什么？其切削加工性能如何？毛坯应选何种类型？

4）加工时需要用哪几把刀具？刀片形状、刀杆形状及几何角度有何要求？

5）选择切削用量时需考虑哪些因素？

6）如何安排该零件的加工顺序？列出其工艺路线。

7）如果毛坯是棒料，那么能否一刀切削到图样尺寸？

8）使用基本编程指令时如何设计粗加工进给路线？控制加工轨迹的坐标点如何确定？

9）建立工件坐标系有哪几种方法？如不用工件坐标系设定指令，能否设定工件坐标系？

10）轴前端圆球面及柱面表面粗糙度要求一致，应采用什么方法编程？

11）多把刀的对刀操作有哪几种？

12）零件加工完毕后需要进行哪些检查？要用什么量具？如何测量？

2. 计划与决策

选择机床、夹具、刀具、量具及毛坯类型，确定工件定位与夹紧方案、工步划分、安全措施、工件坐标系、粗加工的毛坯余量、坐标点、零件检查内容与方法、机床的保养内容及小组成员工作分工等。

3. 实施

（1）程序编制

（2）完成相关操作

机床运行前的检查	
工件装夹与找正	
程序输入	
装刀，对刀，输入 G54 坐标值和刀补值	
程序校验与模拟加工轨迹录屏	
零件加工	
量具选用，零件检查并记录	
机床、工具、量具保养与现场清扫	

4. 检查

按附录 A 规定的检查项目和标准对技能训练进行检查与考核。

5. 评价与总结

按附录 B 规定的评价项目对学生技能训练进行评价。

任务三　使用单一固定循环指令的编程与加工

一、任务导入

（一）任务描述

试用 FANUC 系统的单一固定循环指令编制如图 1-27 所示螺纹套的加工程序，要求确定零件的加工顺序、正确选择刀具与切削用量，确定工件定位与夹紧方案，加工出合格的产品。毛坯尺寸为外径 $\phi40mm$、内孔 $\phi20mm$、长 80mm。

（二）知识目标

1. 掌握内外轮廓均需加工的零件加工工艺制订方法。
2. 掌握数控车削单一固定循环指令的格式与应用。
3. 掌握内螺纹大、小径编程尺寸的计算方法及加工余量的分配。
4. 了解数控车削内孔及内槽刀具的种类及应用场合。

（三）能力目标

1. 会根据零件图的要求选择零件的加工顺序，制订符合图样要求的加工方法。
2. 会根据零件轮廓特征正确选择刀具。
3. 会查阅数控加工工艺资料，正确确定每把刀具的切削用量。

（四）素养目标

通过套类零件加工精度控制方案优化，培养学生质量、成本、效率意识。

二、知识准备

（一）套类零件结构特点与技术要求

套类零件主要起支承或导向作用，由于功用不同，其形状结构和尺寸有很大的差异。套类零件一般具有以下结构特点：外圆直径 d 一般小于其长度 L；内孔与外圆直径之差较小，

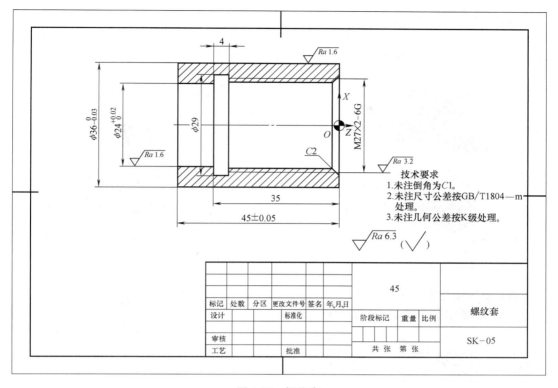

图 1-27 螺纹套

故壁薄易变形；内、外圆回转表面的同轴度要求较高；结构比较简单。套类零件内孔一般为配合面，尺寸公差等级一般为 IT6~IT8，表面粗糙度值为 $Ra1.6$~$3.2\mu m$，有的零件有圆度、圆柱度等形状精度要求，有些零件的内、外表面有同轴度要求，用作定位的端面与内孔轴线还有垂直度要求。

（二）套类零件的加工方案

对于套类零件，加工内容通常有孔、内配合面、内螺纹及内槽等。加工顺序为：先用钻头钻孔（有可能需要多把钻头），然后用车刀车内孔（先粗后精），再切内槽，最后车内螺纹。对于内外都有加工内容且加工精度要求较高的零件，要特别注意加工顺序的安排，数控车削一般按"先粗后精、先近后远、内外交叉、基面先行、保证工件加工刚度、同一把刀连续加工"的原则进行。

（三）数控车削孔类刀具介绍

1. 内孔车刀

内孔车刀的选择包括刀杆和刀片的选择，刀杆的选择要根据孔径来选取，要考虑刀杆的安装方法。孔径小时，刀杆夹持部位为长方形截面，装车刀部分为圆形，如图 1-28 所示。

2. 内螺纹车刀

内螺纹车刀有整体式和机夹式两种，数控车床多使用机夹可转位式螺纹车刀进行加工，如图 1-29 所示。对于生产中常用的三角形螺纹，所用螺纹车刀切削部分的形状应与螺纹的轴向截面符合。

3. 内切槽刀

内切槽刀也有整体式和机夹式两种。整体式内切槽刀多为高速钢刀具，机夹式内切槽刀为硬质合金刀具，如图1-30所示。

图1-28 车内孔刀具

图1-29 机夹可转位式内螺纹车刀

图1-30 内切槽刀

（四）单一固定循环指令

单一固定循环指令的格式与说明见表1-14。

表1-14 内、外圆单一固定循环指令的格式与说明

G指令	组	功能	格 式	说 明
G90	01	内、外锥面粗车循环	G90 X(U)__ Z(W)__ R__ F__； （见图示）	绝对编程用X、Z表示，增量编程用U、W表示，U、W后的数字为切削终点相对于循环起点的增量坐标值 1. X(U)、Z(W)表示循环切削终点的绝对（相对）坐标 2. F表示循环切削过程中的进给速度 3. R值为圆锥面切削起点处的X坐标减切削终点处的X坐标之值的一半 4. 固定循环轨迹为一封闭的矩形（柱面加工）或梯形（锥面加工），循环起点X坐标要在加工外圆之外1~2mm，Z坐标要选在加工部位起点之右3~4mm
		内、外柱面粗车循环	G90 X(U)__ Z(W)__ F__； （见图示）	

(续)

G指令	组	功能	格 式	说 明
G94	01	端面粗车循环	G94 X(U)__ Z(W)__ R__ F__ ;	1. X(U)、Z(W)表示循环切削终点的绝对(相对)坐标 2. F表示循环切削过程中的进给速度 3. R值为圆锥面切削起点处的 Z 坐标减切削终点处的 Z 坐标之差值 4. 固定循环轨迹为一封闭的矩形(柱面加工)或梯形(锥面加工)，循环起点 X 坐标要在加工外圆之外 1~2mm，Z 坐标要选在加工部位起点之右 3~4mm
		端面粗车循环	G94 X(U)__ Z(W)__ F__ ;	
G92		锥螺纹车削固定循环	G92 X(U)__ Z(W)__ R__ F__ ;	1. X(U)、Z(W)为螺纹切削终点绝对(相对)坐标值，实际切削终点选取在螺纹终点再往左一个降速退刀段，其 $\delta_2 \geqslant (1~1.5) \times$ 导程 2. R 为圆锥螺纹切削起点处的 X 坐标值减切削终点处的 X 坐标之差值的一半 3. F 为螺纹导程。如果是单线螺纹，则 F 为螺纹的螺距 4. 固定循环轨迹为一封闭的矩形(柱螺纹加工)或梯形(锥螺纹加工)。循环起点 X 坐标要在加工外圆之外 1~2mm，Z 坐标要选在加工部位起点之右一个升速进刀段。升速进刀段 $\delta_1 \geqslant 2 \times$ 导程
		柱螺纹车削固定循环	G92 X(U)__ Z(W)__ F__ ;	

(五) 螺纹切削参数的确定

1. 螺纹牙型高度

螺纹牙型高度是指在螺纹牙型上,牙顶到牙底之间垂直于螺纹轴线的距离,它是车削时车刀的总切削深度。对于三角形螺纹,牙型高度按下式计算

$$h = 0.6495P$$

式中 P——螺距(mm)。

2. 螺纹起点与终点轴向尺寸

由于车螺纹起始时有一个加速过程,结束前有一个减速过程,在这段距离中,螺距不可能保持均匀。因此,车螺纹时,两端必须设置足够的升速进刀段 δ_1(空刀导入量)和降速退刀段 δ_2(空刀导出量),如图1-31所示。δ_1、δ_2 一般按公式选取:$\delta_1 \geq 2 \times$ 导程,$\delta_2 \geq (1 \sim 1.5) \times$ 导程。

3. 分层背吃刀量

如果螺纹牙型较深,螺距较大,可分几次进给。每次进给的背吃刀量用螺纹深度减精加工背吃刀量所得的差按递减规律分配。常用螺纹切削的进给次数与背吃刀量可参考表1-15选取。

4. 主轴转速

螺纹加工需与主轴转速相适应。主轴转速过高,会因系统响应跟不上而使螺纹乱牙。

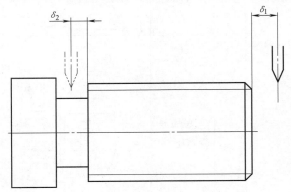

图1-31 螺纹升/降速段

表1-15 常用螺纹切削的进给次数与背吃刀量(直径值)　　　　(单位:mm)

		米制螺纹						
螺距		1.0	1.5	2.0	2.5	3.0	3.5	4.0
牙深		0.649	0.974	1.299	1.624	1.949	2.273	2.598
背吃刀量及切削次数	1次	0.7	0.8	0.9	1.0	1.2	1.5	1.5
	2次	0.4	0.6	0.6	0.7	0.7	0.7	0.8
	3次	0.2	0.4	0.6	0.6	0.6	0.6	0.6
	4次		0.16	0.4	0.4	0.4	0.6	0.6
	5次			0.1	0.4	0.4	0.4	0.4
	6次				0.15	0.4	0.4	0.4
	7次					0.2	0.4	0.4
	8次						0.15	0.3
	9次							0.2

推荐主轴转速满足下式要求

$$n \leq \frac{1200}{P} - 80$$

式中　n——主轴转速（r/min）；
　　　P——螺纹导程（mm），对于英制螺纹应将其导程换算成相应毫米数。

三、方案设计

（一）分析零件图

如图 1-27 所示，螺纹套加工要求较高的部位是表面粗糙度值为 $Ra1.6\mu m$ 的 $\phi36_{-0.03}^{0}$ mm 外圆和 $\phi24_{0}^{+0.02}$ mm 内孔，而且 $\phi36_{-0.03}^{0}$ mm、$\phi24_{0}^{+0.02}$ mm 及 M27×2-6G 均有公差要求。因此，在安排粗加工之后还要安排精加工。

（二）制订加工方案

本零件为一简单的套类零件，因是单件加工，毛坯可选外径为 $\phi40$mm、内径为 $\phi20$mm 管料，采用自定心卡盘装夹，用工件的外圆定位。

若将零件的内孔、槽和内螺纹安排在数控车床上进行，其加工方案见表 1-16。

表 1-16　螺纹套加工方案

工序号	2	程序编号	O3001	设备	CK6136 型数控车床	夹具：三爪卡盘	
安装号	工步号			工步内容		定位基准	加工方式
安装 1	1			以毛坯外圆定位，粗车工件外圆至 $\phi38$mm，长 30mm		粗基准：毛坯外圆	手动加工
安装 2	1			调头，以 $\phi38$mm 外圆定位装夹，粗车工件端面		精基准：$\phi38$mm 外圆	用程序控制自动加工
	2			粗车工件外圆至 $\phi36.5$mm，长 50mm			
	3			粗车内孔至 $\phi23.5$mm 和 24.5mm			
	4			倒角，精车螺纹底孔到 $\phi24.7$mm，精车内孔 $\phi24$mm 到尺寸			
	5			切内槽			
	6			车内螺纹			
	7			精车工件 $\phi36.5$mm 外圆到图样尺寸 $\phi36_{-0.03}^{0}$ mm			
	8			控制长度到尺寸，切断			

（三）选择刀具与切削用量

主轴转速主要根据允许的切削速度选取，$n = 1000v_c/(\pi d)$（d 为切削刃选定点处对应的工件回转直径），切削速度根据工件材料、刀具材料等因素通过查表法确定。进给速度及背吃刀量通过查阅工艺手册选取。具体参数见表 1-17。

（四）确定编程原点

设定编程原点在零件右端面中心处。

（五）确定毛坯粗加工的方法

零件毛坯为管料，如果规定使用单一固定循环指令编程，在设定工件坐标系后，粗加工的编程要比使用基本指令编程简单得多，程序段也少。主要任务是固定循环起点的确定及每一次走刀使用单一固定循环的切削终点坐标值的确定。粗加工时，每次进给的背吃刀量一般取相等值，半精加工与精加工余量不等，半精加工余量一般取 0.5~1.0mm，精加工余量一般取 0.2~0.5mm。

表 1-17 刀具及切削用量选择

序号	加工内容	刀具号	刀具规格		主轴转速 /(r/min)	进给速度 /(mm/r)
			类型	材料		
1	车端面	T01	93°外圆车刀	硬质合金	500	0.1
2	粗、精车外圆	T01	93°外圆车刀		600/1000	0.2/0.1
3	粗、精车内孔	T02	93°内孔车刀		800/1200	0.2/0.1
4	切内槽	T03	内切槽刀,刃宽 4mm		400	0.05
5	车内螺纹	T04	60°内螺纹车刀		200	2
6	切断	T05	切断刀,刃宽 4mm		200	0.05

(六)数学处理

1)编程基本尺寸的确定。由于图样中 45mm 尺寸公差带为对称的,编程尺寸就是基本尺寸,而 φ36mm、φ24mm 公差带为非对称的,故要求转化为对称公差带并确定其基本尺寸值。

2)螺纹 M27×2-6G 可通过查表得出内螺纹 6G 的基本偏差+0.038mm 和公差值 0.375mm,通过公式 $D_1 = D - 1.0825P$(D 为公称直径,P 为螺距)计算出螺纹小径值。由此可得内螺纹小径范围为 24.873~25.248mm。再通过查表 1-15 得出螺纹分几次切削时的 X 直径值。

四、任务实施

(一)编写零件加工程序

零件加工程序见表 1-18。

表 1-18 加工程序

程　　序	说　　明
O3001;	
N10　G97　G99　G21;	
N20　T0101　S500　M03　F0.1;	换刀带刀补,起动主轴,设定进给量
N30　G00　X45.　Z0;	快速接近工件
N40　G01　X18.;	车端面
N60　G00　X42.　Z2.;	快速接近工件到固定循环起点
N70　S600　F0.2;	改变主轴转速和进给量
N80　G90　X38.　Z-50.;	粗车外圆第一刀
N90　X36.5;	粗车外圆第二刀
N100　G00　X100.　Z100.;	快退到换刀点
N110　T0202　S800　M03　F0.2;	换内孔车刀带刀补,起动主轴,设定进给量
N120　G00　X18.　Z2.;	快速接近工件到固定循环起点
N130　G90　X22.　Z-50.;	粗车内孔第一刀
N140　X23.5;	粗车内孔第二刀
N150　X24.5　Z-35.;	粗车内孔第三刀
N160　G00　Z100.;	快退

(续)

程　　序	说　　明
N170　S1200　F0.1;	改变主轴转速和进给量
N180　G00　X18.　Z2.;	快速接近工件到加工起点
N190　G00　X33.;	快进
N200　G01　X25.　Z-2.;	倒角
N210　Z-35.;	加工螺纹底孔
N220　X24.01;	加工
N230　Z-50.;	加工φ24mm内孔
N240　X20.;	退刀
N250　G00　Z100.;	快退
N255　G00　X100.;	X方向快退至换刀点
N265　T0303　S400　M03　F0.05;	换切槽刀带刀补,起动主轴,设定进给量
N270　G00　X23.　Z2.;	
N280　Z-35.;	快进
N290　G01　X29.;	切内孔槽
N300　G04　X3.;	
N310　G00　X23.;	X方向快退
N320　Z100.;	Z方向快退
N260　T0404　S200　M03　;	换螺纹车刀带刀补,起动主轴
N270　G00　X24.　Z4.;	快速接近工件到加工起点
N280　G92　X25.9　Z-33.F2;	车螺纹第一刀
N290　X26.5;	车螺纹第二刀
N300　X27.1;	车螺纹第三刀
N320　X27.2;	车螺纹第五刀
N330　G00　X100.　Z100.;	快退到换刀点
N340　T0101　S1000　M03　F0.1;	改变主轴转速和进给量
N350　G00　X40.　Z2.;	快速接近工件到加工起点
N360　G00　X35.985;	快进
N370　G01　Z-50.;	进给
N380　X40.;	退刀
N390　G00　X100.　Z100.;	快退到换刀点
N400　T0505　S200　M03　F0.05;	换刀带刀补,起动主轴,设定进给量
N410　G00　X40.　Z-49.;	定位到切断起点
N420　G01　X18;	切断
N430　G00　X100.;	退刀
N440　Z100.;	快退到换刀点
N450　M05;	停止主轴
N460　M30;	程序结束

（二）零件的加工

零件加工操作过程按任务一所述进行。

1）开机并进行机床检查。
2）输入程序。
3）装夹刀具和工件。
4）对刀，测量刀补值。
5）检查程序，模拟加工。
6）加工零件。
7）清扫机床并进行润滑。

五、检查评估

零件检查主要包括零件的尺寸和表面粗糙度检验，表 1-19 为本零件尺寸的检查内容与要求。

表 1-19 零件尺寸的检查内容与要求

序号	检查内容	检具	评分标准	检测结果	得分
1	$\phi36_{-0.03}^{0}$mm	25~50mm 外径千分尺	超差 0.01mm 扣 1 分		
2	$\phi24_{0}^{+0.02}$mm	0~25mm 内径千分尺	超差 0.01mm 扣 1 分		
3	35mm	0~150mm 游标卡尺	按 GB/T 1804—m 检测		
4	(45±0.05)mm	0~150mm 游标卡尺	超差 0.01mm 扣 1 分		
5	槽 4mm×ϕ29mm	钢直尺	按 GB/T 1804—m 检测		
6	M27×2	螺纹环规	按 GB/T 1804—m 检测		

六、技能训练

试分析图 1-32 所示的零件，按资讯提示完成零件的加工工艺分析，并使用单一固定循环指令编制零件的加工程序，并在 FANUC 数控车床上加工出来。

1. 资讯

1）该零件需要加工哪些部位？有何要求？
2）需要选用何种类型的数控车床？
3）加工材料为 45 钢的工件应选用哪种刀具？是机夹可转位式刀具还是整体刀具？
4）需选用几把刀具？刀具形状及几何角度有何要求？
5）毛坯内孔是 ϕ30mm，其他部位能否一刀切削到图样尺寸？
6）粗加工需要用哪几个单一固定循环指令来完成？
7）使用单一固定循环指令进行粗加工，循环起点的选取有何要求？
8）加工此零件，数控车床要完成哪些相关操作？
9）M42 螺纹的螺距是多少？
10）螺纹的牙型高和每次切削的背吃刀量是如何确定的？
11）螺纹加工升速进刀段和降速退刀段如何确定？
12）多刀对刀时，若不使用基准刀对刀法，可否将对刀值填入该刀刀补地址中？其含义

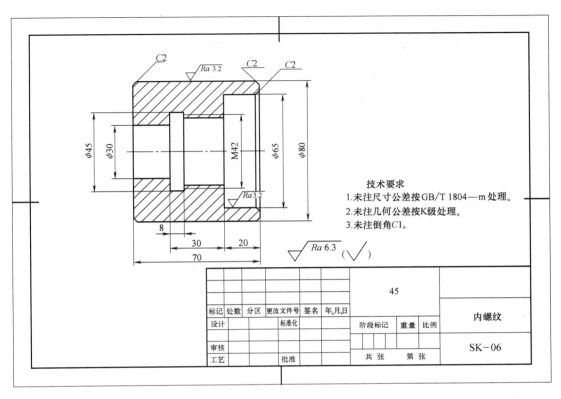

图 1-32 内螺纹

是什么？作用是什么？

2. 计划与决策

选择机床、夹具、刀具、量具及毛坯类型，确定工件定位和夹紧方案、工作步骤、安全措施、零件检查内容与方法、机床保养内容及小组成员工作分工等。

3. 实施

（1）程序编制

（2）完成相关操作

机床运行前的检查内容	
对刀并输入刀补值操作，记下刀补值或 G54 坐标值	
查表记下螺纹进给次数及每刀的背吃刀量	
零件加工的操作记录	
零件的检查内容	
机床、工具、量具保养与现场清扫	

4. 检查

按附录 A 规定的检查项目和标准对技能训练进行检查与考核。

5. 评价与总结

按附录 B 规定的评价项目对学生技能训练进行评价。

任务四　使用复合固定循环指令的编程与加工

一、任务导入

（一）任务描述

试用 FANUC 系统的复合固定循环指令编制图 1-33 所示螺纹轴的加工程序，并正确选择刀具与切削用量，确定工件定位与夹紧方案，加工出合格的产品。

（二）知识目标

1. 掌握数控车削工艺知识，了解外圆车刀的种类。
2. 掌握数控车削复合固定循环指令的格式与应用。

（三）能力目标

1. 会根据零件图的要求选择零件的加工顺序，制订加工工艺方案和选择刀具与切削用量。
2. 会根据毛坯形状特征选择复合固定循环指令编程。

（四）素养目标

能根据毛坯类型选择复合固定循环指令编程，使成本最低、效率最高。

二、知识准备

（一）数控车削工艺知识

1. 数控车削加工工序的划分

在数控车床上加工零件，应按工序集中原则划分工序，在一次装夹下尽可能完成大部分或全部表面的加工。根据零件的结构形状不同，通常选择外圆、端面或内孔、端面的装夹形式，并力求设计基准、工艺基准和编程原点相统一。在单件小批生产中，通常按如下方法划分工序：

1) 以一次安装进行的加工内容作为一道工序。
2) 以一个完整数控程序连续加工的内容作为一道工序。
3) 刀具分序法。以一把刀具能加工的内容作为一道工序。
4) 粗、精分序法。尽管加工表面相同，根据零件的加工要求，只进行粗加工无法达到

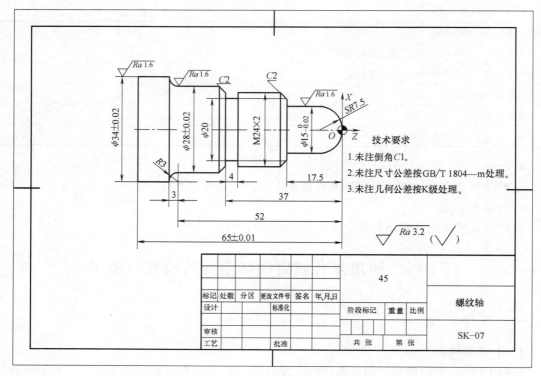

图 1-33 螺纹轴

图样要求的，还需安排精加工，应划分为两道工序。

在批量生产中，常用如下两种方法划分工序：

1）按零件加工表面划分工序。将位置精度要求较高的表面安排在一次安装下完成，以免多次安装产生安装误差，影响位置精度。

2）以粗、精加工划分工序。对毛坯余量较大和加工精度要求较高的零件，应将粗车和精车分开，将粗车安排在精度较低、功率较大的车床上进行，将精车安排在精度较高的数控车床上进行。

2. 加工顺序的安排

1）基准面先行。用作精基准的表面应先加工出来，因为定位基准的表面越精确，装夹的误差就越小。

2）先粗后精。各个表面的加工顺序按照"粗加工→半精加工→精加工→精密加工"的顺序依次进行，逐步提高尺寸精度和表面质量。

3）先主后次。零件的主要工作表面、装配基准面应先加工出来，从而能及早发现毛坯中主要表面可能出现的缺陷。

4）先近后远。通常情况下，工件装夹后，离刀架近的部位先加工，离刀架远的部位后加工，以便缩短刀具的移动距离，减少空行程时间，且有利于保持坯件或半成品的刚性，改善其切削条件。

（二）复合固定循环指令

复合固定循环指令的格式与说明见表 1-20。

表 1-20 复合固定循环指令的格式与说明

G指令	组	功能	格式及轨迹图	说明
G71		内、外圆粗车复合固定循环	G71 U(Δd) R(e); G71 P(ns) Q(nf) U(Δu) W(Δw) F(f); (F)——切削进给 (R)----快速移动	Δd 为 X 向背吃刀量(半径值指定) e 为退刀量(半径值指定) ns 为精车程序第一个程序段的段号 nf 为精车程序最后一个程序段的段号 Δu 为 X 方向精车余量的大小和方向。直径值指定 Δw 为 Z 方向精车余量的大小 f 为进给量
G72	00	端面粗车循环	G72 W(Δd) R(e); G72 P(ns) Q(nf) U(Δu) W(Δw) F(f); (F)——切削进给 (R)----快速移动	Δd 为 Z 向背吃刀量 其余参数含义同 G71 循环起点 X 坐标应选在加工外圆之外 1~2mm，Z 坐标选在加工部位起点之右的 2~3mm 处
G73		仿形车粗车复合固定循环	G73 U(Δi) W(Δk) R(d); G73 P(ns) Q(nf) U(Δu) W(Δw) F(f); (F)——切削进给 (R)----快速移动	Δi 为 X 轴方向的退刀量，Δi=X 方向粗加工余量(半径值)，内孔取负值，外圆取正值 Δk 为 Z 轴方向的退刀量，Δk=Z 方向粗加工余量 d 为分层次数(粗车重复加工次数) 其余参数的含义同 G71
G70		精车循环	G70 P(ns) Q(nf);	

(续)

G指令	组	功能	格式及轨迹图	说　　明
G75		径向切槽循环指令	G75　R(e); G75　X(U)__　Z(W)__　P(Δi)　Q(Δk)　R(Δd)　F__; (F)——切削进给 (R)----快速移动	e 为退刀量 X(U)__、Z(W)__为切槽终点绝对(相对)坐标 Δi 为 X 方向每次背吃刀量,用不带符号的半径值表示 Δk 为刀具完成一次径向切削后,在 Z 方向的偏移量。用不带符号的值表示 Δd 为刀具在切削底部的 Z 向的退刀量,无要求时可省略 F 为径向切削时的进给速度
G76	00	螺纹切削复合固定循环	G76　P(m)　(r)　(α)　Q(Δdmin)　R(d); G76　X(U)__　Z(W)__　R(i)　P(k)　Q(Δd)　F(L); (F)——切削进给 (R)----快速移动	m 为精加工重复次数(01~99),本参数是模态的,在另一个值被指定前不会改变 r 为倒角量,本参数是模态的,在另一个值被指定前不会改变 α 为刀尖角度,可选择 80°、60°、55°、30°、29°及 0°,用 2 位数指定。本参数是模态的,在另一个值指定前不会改变 Δdmin 为最小背吃刀量(半径值),本参数是模态的,在另一个值指定前不会改变 d 为精加工余量(半径值),单位为 μm。本参数是模态的,在另一个值指定前不会改变 i 为螺纹部分的半径差。含义及方向与 G92 中的 R 相同,如果 i = 0,可进行一般圆柱螺纹切削 k 为螺纹牙型高度,半径值,单位为 μm Δd 为第一次的背吃刀量,半径值,单位为 μm L 为螺纹导程值

三、方案设计

（一）分析零件图

螺纹轴加工要求较高的部位是（$\phi 28\pm 0.02$）mm、（$\phi 34\pm 0.02$）mm 及 $\phi 15_{-0.02}^{\ 0}$ mm 外圆表面和球面，其表面粗糙度值均为 $Ra1.6\mu m$，而且均有公差要求，M24×2（外螺纹未注公差为 6g）螺纹也有公差要求。因此，在对这些表面安排粗加工之后还要安排精加工。

（二）制定加工方案

本零件为简单轴类零件，因是大批量生产，毛坯选锻件（可节省材料、减少机加工时间和刀具消耗），单边余量为 3mm，使用仿形复合固定循环 G73 编程，采用自定心卡盘装夹，用工件的外圆定位。

（1）加工工艺路线为　粗车毛坯左端外圆至 $\phi 34.5$mm→调头夹工件 $\phi 34.5$mm 外圆，从右至左粗车工件各外圆、端面→从右至左精车工件各外圆、端面→切螺纹退刀槽→车螺纹→调头夹工件 $\phi 28$mm 外圆，精车工件左端外圆到 $\phi 34$mm→控制总长车左端面。

（2）选取数控车加工内容　除工件左端 $\phi 34$mm 外圆外的其他所有加工部位。

（3）球头部分的表面粗糙度的保证方法　因表面粗糙度与恒线速度的大小有关，采用恒线速度控制可使球头表面粗糙度均匀。

思考：如是单件生产，还能选锻件吗？如果用棒料，宜用哪个复合固定循环指令？如何制订其加工工艺路线？

（三）选择刀具与切削用量

刀具及切削用量的选择见表 1-21。

表 1-21　刀具及切削用量的选择

序号	加工内容	刀具号	刀具规格		主轴转速 /(r/min)	进给速度 /(mm/r)
			类型	材料		
1	端面	T01	93°外圆车刀	硬质合金	500	
2	粗车外圆	T02	93°外圆车刀		600	0.35
3	精车外圆	T02	93°外圆车刀		800	0.15
4	切槽	T03	切断刀（刀宽 4mm）	高速工具钢	400	0.05
5	车外螺纹	T04	60°外螺纹车刀	硬质合金	200	2

（四）确定编程原点

设定编程原点在零件右端面中心处。

（五）确定毛坯粗加工的方法

螺纹轴毛坯为锻件，零件为轴类零件，因此毛坯粗加工选用 G73 复合固定循环指令编程。

（六）数学处理

编程基本尺寸的确定，由于图上 $\phi 34$mm、$\phi 28$mm、65mm 等尺寸的公差带均为对称的，编程基本尺寸就是图中所标尺寸，而 $\phi 15$mm 为非对称公差带，因此要求转化为对称公差带并确定其基本尺寸值。

四、任务实施

（一）编写零件加工程序

零件加工程序见表 1-22。

表 1-22 零件加工程序

程　序	说　明
O4001;	
N10　T0202　S600　M03　F0.35;	换刀带刀补,起动主轴,设定粗加工的进给量和主轴转速
N20　G00　X36.　Z2.;	快速定位到 G73 固定循环起始点
N30　G73　U2.75　W2.8　R2;	设定 X、Z 方向粗加工余量和粗加工次数
N40　G73　P50　Q150　U0.5　W0.2;	设定 X、Z 方向精加工余量,调用 N50~N160 进行外轮廓粗车
N50　G00　X0;	快速定位到轴心
N60　G01　Z0;	工进到球顶(工件坐标原点)
N70　G03　X15.　Z-7.5　R7.5;	车球面
N80　G01　Z-17.5;	车外圆柱面
N90　X20.;	车端面
N100　X24.　Z-19.5;	倒角
N110　Z-37.;	车柱面
N120　X28.　Z-39.;	倒角
N130　Z-52.;	车外圆柱面
N140　G02　X34.　Z-55.　R3.;	倒圆弧
N150　G00　X36.;	X 方向退出
N160　G96　S120　M03　F0.15;	恒线速度控制,设定主轴线速度和进给量
N170　G50　S2500;	限制主轴最高转速
N180　G70　P50　Q150;	外轮廓精加工
N200　G00　X100.　Z100.;	快速退到换刀点
N210　T0303;	换刀带刀补
N220　G97　S400　M03　F0.05;	起动主轴,设定切退刀槽时的主轴转速和进给量
N230　G00　X26.　Z-37.;	快速定位到 G75 固定循环起始点
N240　G75　R0.5;	
N250　G75　X20.　Z-37.　P2000;	切槽
N260　G00　X100.　Z100.;	快速退到换刀点
N270　T0404　S200　M03;	换刀带刀补、起动主轴,设定进给量(加工外螺纹)
N280　G00　X26.　Z-14.5;	快速定位到 G76 固定循环起始点
N290　G76　P011060　Q50　R100;	
N300　G76　X21.4　Z-35.　P1300　Q400　F2;	车螺纹
N310　G00　X100.　Z100.;	快速退到换刀点
N370　M05;	
N380　M30;	

（二）零件的加工

1）开机并进行机床检查。
2）输入程序。
3）装夹刀具和工件。
4）对刀，测量刀补值。
5）检查程序与模拟加工。程序正确与否可用数控仿真加工验证，如图1-34所示。
6）加工零件。
7）清扫与润滑机床。

图1-34 轴的仿真加工

五、检查评估

零件检查主要包括零件的形状、尺寸和表面粗糙度的检验，表1-23为本零件的检查内容与要求。

表1-23 零件的检查内容与要求

序号	检查内容	检 具	评分标准	结 果
1	$\phi 34mm\pm 0.02mm$	外径千分尺	超差0.01mm扣1分	
2	$\phi 28mm\pm 0.02mm$	外径千分尺	超差0.01mm扣1分	
3	$\phi 20mm$	外径千分尺	超差0.01mm扣1分	
4	$\phi 15_{-0.02}^{0}mm$	外径千分尺	超差0.01mm扣1分	
5	17.5mm	游标卡尺	超差不得分	
6	37mm	游标卡尺	超差不得分	
7	4mm	游标卡尺	超差不得分	
8	52mm	游标卡尺	超差不得分	
9	3mm	游标卡尺	超差不得分	
10	65mm±0.01mm	游标卡尺	超差不得分	
11	$C2mm$			
12	M24×2	螺纹环规	超差不得分	
13	$R3mm$	半径样板	超差不得分	
14	$SR7.5mm$	半径样板	超差不得分	
15	3处$Ra1.6\mu m$	表面粗糙度样块	超差1级扣一半	
16	1处$Ra3.2\mu m$	表面粗糙度样块	超差1级扣一半	

六、技能训练

试分析图 1-35 所示的零件,按资讯提示完成零件的加工工艺分析,使用复合固定循环指令编制零件的加工程序,并在 FANUC 数控车床上加工出来。

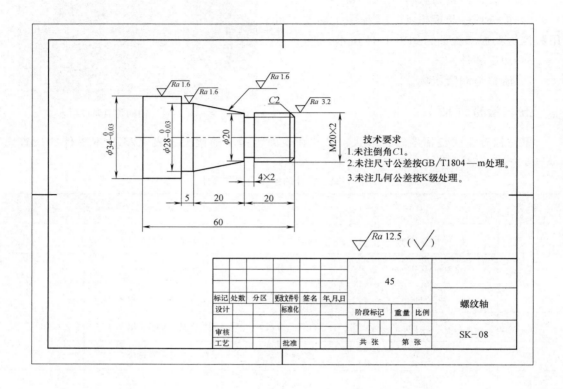

图 1-35　螺纹轴

1. 资讯

1)该零件的生产是单件小批还是大批量?
2)该零件需要加工哪些部位?有何要求?
3)需要选用何种系统、何种类型的数控车床?
4)需选用几把刀具?刀具形状及几何角度有何要求?
5)本例要求用复合固定循环指令编程完成粗加工,需要使用哪几个复合指令?
6)G71 复合固定循环指令的起始点如何确定?
7)螺纹的外径基本尺寸和公差值如何确定?
8)螺纹的牙型高度和每次切削背吃刀量是如何确定的?
9)螺纹加工升速进刀段和降速退刀段如何确定?
10)零件加工完毕后,需要进行哪些检查?要用什么量具?如何测量?

2. 计划与决策

选择机床、夹具、刀具及毛坯类型,确定工件定位与夹紧方案、工作步骤、安全措施、零件检查内容与方法、机床保养内容及小组成员工作分工等。

3. 实施

（1）程序编制

（2）完成相关操作

机床运行前的检查内容	
对刀并输入刀补值操作,记下刀补值或 G54 坐标值	
查表记下切削螺纹时的进给次数及每刀的背吃刀量	
零件加工操作记录	
零件检查内容	
机床、工具、量具保养与现场清扫	

4. 检查
按附录 A 规定的检查项目和标准对技能训练进行检查与考核。

5. 评价与总结
按附录 B 规定的评价项目对学生技能训练进行评价。

任务五　使用宏程序的编程与加工

一、任务导入

（一）任务描述
试用 FANUC 系统的编程指令编制图 1-36、图 1-37 所示零件的加工程序。已知毛坯为 $\phi55mm \times 60mm$、$\phi55mm \times 62mm$ 棒料，要求正确选择刀具与切削用量，确定工件定位与夹紧方案，编制零件粗、精加工程序，并加工出合格的产品。

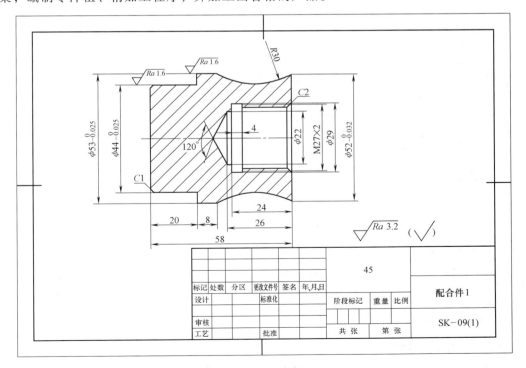

图 1-36　配合件 1

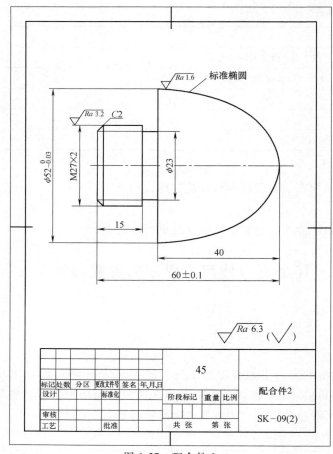

图 1-37 配合件 2

（二）知识目标

1. 掌握宏程序与变量的概念、变量种类及使用方法。
2. 掌握非圆曲线的加工原理。
3. 掌握二次以上工件装夹的工艺方案的制订。
4. 掌握配合件精度的控制方法。
5. 掌握刀尖圆弧半径补偿的应用场合及指令选用。

（三）能力目标

1. 会使用变量编制非圆曲线轮廓的加工程序。
2. 会对工件的质量进行检验，处理编程与操作过程中出现的故障与报警。
3. 会选择刀尖圆弧半径补偿方式及刀尖补偿方位号。

（四）素养目标

通过配合零件加工方案优化与质量控制方法实施，养成尊重专业伦理价值规范，学用结合、知行合一，综合解决加工过程各种问题的能力。

二、知识准备

（一）刀尖圆弧半径补偿

编程时，通常将车刀刀尖视为一点来考虑，但实际上刀尖处存在圆角，如图 1-38 所示。

用按理论刀尖点编制的程序对端面、外圆柱面及内圆柱面等与轴线垂直或平行的表面进行加工时，是不会产生误差的；但在进行倒角、锥面和圆弧面切削时，会产生少切或多切现象。具有刀尖圆弧半径自动补偿功能的数控系统能根据刀尖圆弧半径计算出补偿量，避免产生少切或多切的现象。

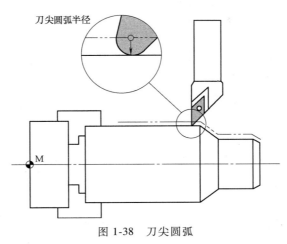

图 1-38　刀尖圆弧

1. 刀尖圆弧半径补偿指令

刀尖圆弧半径补偿指令的功能、格式和说明见表 1-24。

表 1-24　刀尖圆弧半径补偿指令的功能、格式和说明

G 指令	组	功能	格式	说明
G40		刀尖圆弧半径补偿取消	G40　G00　X__　Z__； G40　G01　X__　Z__　F__；	1. 刀尖圆弧半径补偿必须在加工完毕后取消 2. 刀尖圆弧半径补偿必须在以 G00 或 G01 方式移动过程中取消
G41	07	刀尖圆弧半径左补偿	G41　G00　X__　Z__； G41　G01　X__　Z__　F__；	1. 刀尖圆弧半径补偿的建立必须在加工之前完成 2. 刀尖圆弧半径补偿的建立必须在 G00 或 G01 方式移动过程中完成，在 G02/G03 方式下完成会报警 3. 建立刀尖圆弧半径补偿必须在相应刀补号中输入半径补偿值（为零不补偿）。如果以假想刀尖点编程，还须正确输入刀尖方位号；如果指定刀尖圆弧中心作为刀位点，可选刀尖方位号 0 或 9。刀位代码应当在加工前输入到刀具偏置表中，将刀尖圆弧半径值输入 R 地址中，刀尖方向代码输入 T 地址中 4. 刀尖圆弧半径补偿必须正确指定 G41 或 G42
G42		刀尖圆弧半径右补偿	G42　G00　X__　Z__； G42　G01　X__　Z__　F__；	

2. 补偿方向的判断

在工件不动、刀具移动的前提下，从第三轴（Y 轴）负方向看去，沿着刀具移动方向，

刀具在工件轮廓左侧的为刀尖圆弧半径左补偿，用 G41 指令；刀具在工件轮廓右侧的为刀尖圆弧半径右补偿，用 G42 指令，如图 1-39、图 1-40 所示。

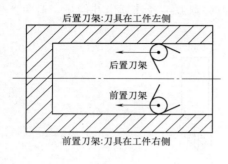

图 1-39 G41 指令

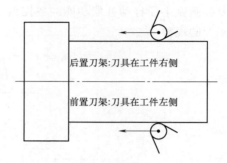

图 1-40 G42 指令

用车刀的刀尖作为刀位点进行编程时，必须正确指定刀尖方向代码，否则会出现加工误差。图 1-41 所示为前置刀架时不同刀尖方向所对应的刀位代码。

应用举例：

G00　G41　X5.　Z5.；　　　　　建立刀具左补偿
G02　X25.　Z25.　R25.；
G00　G40　X10.　Z10.；　　　　取消刀具补偿

（二）宏程序编程

1. 宏程序的概念

通过改变程序中的参数可以实现用同一程序加工出形状相同、尺寸不同的零件，使程序具有灵活性，这就是宏程序的应用。在程序中使用变量，通过对变量进行赋值及处理，使程序具有特殊功能的程序称为宏程序。

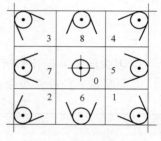

图 1-41 前置刀架的刀尖方位代码

2. 宏程序的变量

（1）变量表示　一个变量由"#"号和变量号组成，如#i（i=1，2，3，…）；也可用表达式来表示变量，如#［<表达式>］。

（2）变量的应用

1）在地址字后可以使用变量。例如，设#103 = 15，则 F#103 表示 F15；设#110 = 250，则 Z-#110 表示 Z-250。

2）变量不能使用的地址有 G、P、O、N 及 L。例如，下述应用是不允许的：O#1、L［#26 * 100］、N#3 Z200.0。

3）变量号相应的变量对每个地址来说都有具体的数值范围。例如，#30 = 1100 时，M#30 是不允许的。

4）#0 为空变量，没有定义变量值的变量也是空变量。

5）变量值定义。程序定义时可省略小数点。例如，#123 = 149。

3. 变量的种类

（1）局部变量（#1 ~ #33）　局部变量是在宏程序中局部使用的变量。当宏程序 A 调用宏程序 B，而且都有#1 变量时，由于它们服务于不同的局部，A 中的#1 与 B 中的#1 不是同一个变量，所以互不影响。

（2）公共变量（#100～#149，#500～#531） 公共变量为各用户宏程序中公用的变量。公共变量贯穿整个程序，可以多重调用。#100～#149 中的数据断电后清空，#500～#531 为保持型变量，断电后数据不丢失。

（3）系统变量（#1000～#5104） 系统变量用于读写数控系统运行时的各种数据，是具有固定用途的变量。例如，#2001 值为 1 号刀补 X 轴补偿值；#5221 值为 X 轴 G54 工件原点偏置值，输入时必须输入小数点，小数点省略时的单位为 μm。

4. 变量赋值

（1）直接赋值 变量的数值可在操作面板 MACRO 处直接输入，也可用 MDI 方式赋值，还可在程序内以 "#__=数值（或表达式）" 方式赋值，但等号左边不能用表达式。

（2）引数赋值 宏程序以子程序的方式出现，所用的变量可在宏程序调用时在主程序中赋值。举例如下：

G65 P1200 X120. Y50. F20. ;

其中，X、Y、F 对应宏程序中的变量，变量的具体数值由引数后的数据值决定。引数与宏程序中变量的对应关系有两种（见表 1-25、表 1-26）。上例中，引数 X 在变量赋值方法（1）中对应的变量为#24，引数后的数字 120 赋值给变量#24。

表 1-25 变量赋值方法（1）——引数与变量的对应关系

引数	变量号	引数	变量号	引数	变量号
A	#1	E	#8	T	#20
B	#2	F	#9	U	#21
C	#3	H	#11	V	#22
I	#4	M	#13	W	#23
J	#5	Q	#17	X	#24
K	#6	R	#18	Y	#25
D	#7	S	#19	Z	#26

表 1-26 变量赋值方法（2）——引数与自变量的对应关系

引数	变量号	引数	变量号	引数	变量号	引数	变量号
A	#1	I_3	#10	I_6	#19	I_9	#28
B	#2	J_3	#11	J_6	#20	J_9	#29
C	#3	K_3	#12	K_6	#21	K_9	#30
I_1	#4	I_4	#13	I_7	#22	I_{10}	#31
J_1	#5	J_4	#14	J_7	#23	J_{10}	#32
K_1	#6	K_4	#15	K_7	#24	K_{10}	#33
I_2	#7	I_5	#16	I_8	#25		
J_2	#8	J_5	#17	J_8	#26		
K_2	#9	K_5	#18	K_8	#27		

5. B 类宏程序运算指令

宏程序具有赋值、算术运算、逻辑运算及函数运算等功能。B 类宏程序运算指令的运算类似于数学运算，用各种数学符号表示。常用的运算指令见表 1-27。

表 1-27 变量的各种运算

功能	格式	举例
定义、转换	#i = #j	#102 = #10　　#20 = 500
加法	#i = #j+#k	#20 = #10+500　　#30 = #2+#3
减法	#i = #j-#k	#5 = #2-#1　　#5 = #2-60
乘法	#i = #j * #k	#20 = #10 * #22　　#20 = 10 * #12
除法	#i = #j/#k	#2 = #3/#6
或	#i = #j OR #k	#1 = #2 OR #3
异或	#i = #j XOR #k	#6 = #1 XOR #2
与	#i = #j AND #k	#100 = #103 AND #105
自然对数	#i = LN[#j]	#100 = LN[#20]
指数函数	#i = EXP[#j]	#6 = EXP[#14]
正弦	#i = SIN[#j]	#1 = SIN[#2]
余弦	#i = COS[#j]	#1 = COS[#2]
正切	#i = TAN[#j]	#1 = TAN[#2]
反正切	#i = ATAN[#j]/[#k]	#i = ATAN[1]/[1] = 45°; #i = ATAN[1]/[-1] = 135°
平方根	#i = SQRT[#j]	#1 = SQRT[#2]
绝对值	#i = ABS[#j]	#1 = ABS[#2]
四舍五入化整	#i = ROUND[#j]	#1 = ROUND[#2]
上取整	#i = FIX[#j]	#1 = FIX[#2]
下取整	#i = FUP[#j]	#1 = FUP[#2]

注：角度的单位为（°）。

6. 转移指令与循环指令

（1）无条件的转移指令

格式：GOTO n；

例如，GOTO 1000；

执行该语句时，程序将无条件转移到 N1000 程序段执行。

（2）条件转移指令

格式：IF［条件表达式］ GOTO n；

例如，IF［#3 GT 25］ GOTO 80；

若条件成立，则转移到 N80 程序段执行；若条件不成立，则执行一下程序段。条件式的种类见表 1-28。

表 1-28 条件式的种类

条件式	意义	应用举例
#j EQ #k	表示 =	IF［#1 EQ 40］ GOTO 200；
#j NE #k	表示 ≠	IF［#3 NE 0］ GOTO 200；
#j GT #k	表示 >	IF［#3 GT 25］ GOTO 200；
#j LT #k	表示 <	IF［#5 LT #3］ GOTO 200；
#j GE #k	表示 ≥	IF［#2 GE #1］ GOTO 200；
#j LE #k	表示 ≤	IF［#6 LE 0］ GOTO 200；

（3）循环指令

格式：WHILE［<条件表达式>］DO m；（m=1，2，3…）

　　……

　　END m；

当条件满足时，则循环执行 WHILE 与 END m 之间的程序段；当条件不满足时，则执行"END m；"后的程序段。

例如，求数字 1 至 10 之和的程序如下：

O0001；
#1＝0；
#2＝1；
WHILE　［#2 LE 10］　DO 1；
#1＝#1+#2；
#2＝#2+1；
END 1；
M30；

三、方案设计

（一）分析零件图

图 1-36、图 1-37 所示为具有曲线轮廓的配合件。零件加工要求较高的部位是 $\phi 53_{-0.025}^{0}$ mm、$\phi 44_{-0.025}^{0}$ mm 外圆及 $\phi 52_{-0.032}^{0}$ mm，均有公差要求；椭圆及其他外圆表面粗糙度值为 $Ra1.6\mu m$。因此，粗加工后必须安排精加工，以达到图样要求。

（二）制订加工方案

根据图样分析，可安排数控车加工。因是单件加工，毛坯可选 $\phi 55$mm 棒料，使用自定心卡盘装夹，用工件的外圆定位。

加工顺序安排如下：

1）使用端面车刀车削配合件 1 左端面（手动车削）。
2）使用外圆车刀粗、精车配合件 1 左端 $\phi 53$mm、$\phi 44$mm 外圆。
3）使用端面车刀车削配合件 2 左端面（手动车削）。
4）使用外圆车刀、外切槽刀及外螺纹车刀车削配合件 2 左端。
5）使用端面车刀车削配合件 1 右端面，并控制零件总长（手动车削）。
6）使用中心钻钻中心孔。
7）使用 $\phi 22$mm 麻花钻在配合件 1 右端面手动钻孔，孔深 26mm。
8）使用外圆车刀、内孔车刀、内切槽刀及内螺纹车刀车削配合件 1 右端。
9）将配合件 2 左端外螺纹与配合件 1 右端内螺纹配合，使用端面车刀车削配合件 2 右端端面，并控制配合件 2 总长（手动车削）。
10）使用外圆车刀车削配合件 2 右端椭圆面。

选择六工位卧式刀架的数控车床。

（三）选择刀具及切削用量

本例中选用的刀具及切削用量见表 1-29。

表 1-29 刀具及切削用量

序号	加工内容	刀具号	刀具规格		主轴转速 /(r/min)	进给速度 /(mm/r)
			类型	材料		
1	车端面		45°端面车刀	高速工具钢	500	0.1
2	端面钻中心孔		φ3mm 中心钻	高速工具钢	1000	0.05
3	端面钻孔		φ22mm 麻花钻	高速工具钢	400	0.1
4	外圆粗、精车	T01	93°外圆车刀	硬质合金	600/1000/2000	0.3/0.1
5	切外槽	T02	刃宽 3mm 切刀	硬质合金	600	0.08
6	车外螺纹	T03	60°外螺纹车刀	硬质合金	400	2
7	粗、精车内孔	T04	93°内孔车刀	硬质合金	600/1000	0.2/0.1
8	切内槽	T05	刃宽 4mm 内切槽刀	硬质合金	600	0.05
9	车内螺纹	T06	60°内螺纹车刀	硬质合金	400	2

（四）确定编程原点

配合件 1 和配合件 2 的加工均要进行调头装夹，加工哪一端，就将工件坐标系原点选择在哪一端面与轴线的交点上。

四、任务实施

（一）编写零件加工程序

零件加工程序见表 1-30～表 1-33。

表 1-30 配合件 1 左端加工程序

O5001；	配合件 1 左端加工程序
N10　G99　G97　G40　G21；	
N20　T0101　S600　M03　F0.3；	换粗车刀带刀补，起动主轴，设定工艺参数
N30　G00　X56.　Z2.；	快速定位于固定循环起点
N40　G71　U2.　R1.；	粗加工循环
N50　G71　P60　Q120　U0.5　W0.1；	粗加工循环
N60　G00　X42.；	粗加工循环开始
N70　G01　Z0；	
N80　X44.　Z-1.；	
N90　Z-20.；	
N100　X53.；	
N110　Z-29.；	
N120　G01　X56.；	粗加工循环结束
N172　G00　X100.　Z100.　M05；	退刀到换刀点
N174　M00；	暂停，测量，必要时修改 T01 刀补值
N176　T0101　S1000　M03　F0.1；	换刀，重新调用刀补值，起动主轴，设定主轴转速和进给速度
N180　G00　G42　X56.　Z2.；	快速定位于固定循环起点
N185　G70　P60　Q120；	精加工循环
N190　G00　G40　X100.　Z100.；	退刀到换刀点
N200　M30；	程序结束

表 1-31 配合件 2 左端加工程序

O5002;	配合件 2 左端加工程序
N10　G99　G40　G21;	
N20　T0101　S600　M03　F0.3;	换外圆粗车刀,起动主轴
N30　G00　X56.　Z2.;	快速定位于固定循环起点
N40　G71　U2.　R1.;	粗车循环
N50　G71　P60　Q100　U0.5　W0.1;	粗车循环
N60　G00　X23.;	粗车循环开始
N70　G01　Z0;	
N80　X26.9　Z-2.;	
N90　Z-20.;	
N100　X56.;	粗车循环结束
N102　G00　X100.　Z100.　M05;	
N104　M00;	暂停,测量,必要时修改 T01 刀补值
N106　T0101　S1000　M03　F0.1;	换外圆精车刀,起动主轴,设定进给速度
N120　G00　X56.　Z2.;	刀具快速定位到固定循环起点
N140　G70　P60　Q100;	精车循环
N150　G00　X100.　Z100.;	退刀到换刀点
N160　T0202　S600　M03　F0.08;	换外切槽刀,起动主轴,设定主轴转速和进给速度
N170　G00　X30.　Z-18.;	快速定位于固定循环起点
N180　G75　R0.5;	径向切槽循环
N190　G75　X23.2　Z-20.　P1000　Q2000;	
N300　G01　X23.;	
N310　Z-20.;	
N320　G00　X30.;	
N330　X100.　Z100.;	退刀到换刀点
N340　T0303　S400　M03;	换外螺纹车刀,起动主轴
N350　G00　X30.　Z5.;	
N360　G92　X26.2　Z-18.　F2;	车螺纹循环
N370　X25.6;	
N380　X25.2;	
N390　X24.8;	
N400　X24.5;	
N410　X24.4;	
N420　G00　X100.　Z100.;	退刀
N430　M30;	程序结束

表 1-32 配合件 1 右端加工程序

O5003;	
N10　G99　G97　G40　G21;	
N20　T0101　S600　M03　F0.3;	换粗加工刀,带刀补,起动主轴
N30　G00　X56.　Z2.;	快速定位于固定循环起点
N40　G71　U2.　R1.;	粗加工循环
N50　G71　P60　Q90　U0.5　W0.1;	粗加工循环
N60　G00　X52.　Z1.;	粗加工循环开始
N70　G42　G01　Z0;	
N80　G02　X52.　Z-30.　R30.;	
N90　G40　G01　X56.;	粗加工循环结束
N100　G00　X100.　Z100.　M05;	
N110　M00;	
N120　T0101　S1000　M03　F0.1;	换精加工刀、起动主轴、设定进给速度
N125　G00　X56.　Z2.;	
N130　G70　P60　Q90;	精加工循环
N140　G00　X100.　Z100.;	退刀到换刀点,取消刀补
N150　T0404　S600　M03　F0.2;	换内孔粗车刀,起动主轴,设定进给速度
N160　G00　X20.　Z2.;	程序定位点
N170　G71　U1.5　R1.;	内孔粗车循环
N180　G71　P190　Q230　U-0.4　W0.1;	内孔粗车循环
N190　G00　X29.;	内孔粗车循环开始
N200　G01　Z0;	
N210　X25.　Z-2.;	
N220　Z-24.;	
N230　X20.;	内孔粗车循环结束
N240　G00　Z100.;	退刀到换刀点
N250　X100.　M05;	
N255　M00;	暂停,测量,必要时修改 T04 刀补值
N260　T0404　S1000　M03　F0.1;	换刀,给定精车内孔主轴转速和进给速度
N270　G00　X20.　Z2.;	程序定位点
N280　G70　P190　Q230;	精加工循环
N290　G00　Z100.;	退刀到换刀点
N300　X100.;	
N310　T0505　S600　M03　F0.05;	换内切槽刀,起动主轴,设定进给速度
N320　G00　X24.　Z2.;	
N330　G00　Z-24.;	
N340　G01　X29.;	
N350　G00　X24.;	
N360　Z100.;	退刀到换刀点

(续)

N370	X100.;	
N380	T0606 S400 M03;	换内螺纹车刀,起动主轴,设定主轴转速
N390	G00 X24. Z5.;	
N400	G92 X25.8 Z-22. F2;	车内螺纹
N410	X26.4;	
N420	X26.8;	
N430	X27.0;	
N440	G00 X100. Z100.;	退刀
N450	M30;	程序结束

表 1-33 配合件 2 右端加工程序

O5004;		配合件 2 右端加工程序
N10	G99 G40 G21;	
N20	T0101 S600 M03 F0.3;	换外圆粗车刀,起动主轴,设定进给速度
N30	G00 X56. Z2.;	程序定位点
N40	#1=40.;	椭圆长轴赋值
N50	#2=26.;	椭圆短轴赋值
N60	#3=0;	
N70	#4=[#2/#1]*SQRT[#1*#1-#3*#3]+0.1;	留 0.1mm 精车余量
N80	G01 X[2*#4];	
N90	Z[#3-40.];	
N100	G00 X56.;	
N130	Z2.;	
N140	#3=#3+1.;	
N150	IF [#3LE40] GOTO 70;	
N160	G01 X56.;	
N170	G00 Z2.;	
N180	S2000 M03 F0.1;	
N190	G00 G42 X0.;	
N200	G01 Z0.;	
N210	#11=40.;	
N220	#12=26.;	
N230	#13=40.;	
N240	#14=[#12/#11]*SQRT[#11*#11-#13*#13];	
N250	G01 X[2*#14] Z[#13-40.];	
N260	#13=#13-0.2;	
N270	IF [#13GE0]GOTO 240;	
N280	G01 X56.;	
N290	G00 G40 X100. Z100.;	
N300	M30;	程序结束

（二）零件的加工

1）工件两端面的车削可在 MDI 方式下或手摇方式下完成，特别是工件第二个端面的车削，要控制总长。通过测量确定第二个端面的加工余量。

2）每次装夹工件后，必须对下一个加工过程中使用的刀具重新进行对刀操作，重新设定刀补值。

五、检查评估

零件检查主要包括零件的形状、尺寸和表面粗糙度的检验。表 1-34 为本零件的检查内容与要求。

表 1-34 零件的检查内容与要求

序号	检查内容	检具	配分	评分标准	检测结果	得分
1	$\phi53_{-0.025}^{0}$ mm	50~75mm 外径千分尺	10 分	超差 0.001mm 扣 1 分		
2	$\phi44_{-0.025}^{0}$ mm	25~50mm 外径千分尺	10 分	超差 0.001mm 扣 1 分		
3	$\phi52_{-0.03}^{0}$ mm	25~50mm 外径千分尺	10 分	超差 0.01mm 扣 1 分		
4	R30mm	R30mm 半径样板	5 分	按 IT14 检测		
5	标准椭圆	椭圆样板	20 分	超差 0.001mm 扣 1 分		
6	58mm	0~150mm 游标卡尺	5 分	按 IT14 检测		
7	（60±0.1）mm	0~150mm 游标卡尺	5 分	按 IT14 检测		
8	20mm	0~150mm 游标卡尺	5 分	按 IT14 检测		
9	M27×2 外螺纹	螺纹环规	10 分			
10	M27×2 内螺纹	螺纹塞规	10 分			
11	各表面粗糙度	表面粗糙度仪	10 分	每处超差不得分		

六、技能训练

试分析图 1-42、图 1-43 所示配合件零件，按资讯提示完成零件的加工工艺分析及程序编制，并在 FANUC 数控系统车床上加工出来。

1. 资讯

1）该配合零件需要加工哪些部位？有何要求？
2）需要选用何种类型的数控车床？是否需要辅助夹具？
3）工件的材料是什么？应选多大规格毛坯为宜？是否需要留工件装夹量？
4）加工 45 钢应选用什么刀具材料？是机夹可转位式刀片还是整体刀具？
5）毛坯如果是棒料，能否一刀切削到图样尺寸？
6）粗加工使用什么指令来完成？
7）椭圆面加工程序如何编制？
8）现椭圆面要求表面粗糙度值为 $Ra1.6\mu m$，应采用什么措施来保证？
9）如何安排配合件的加工顺序？内、外螺纹一般先加工哪个？
10）加工配合件 1 的内螺纹时如何装夹？是否需要辅助夹具？
11）加工配合件 2 的外椭圆时如何装夹？

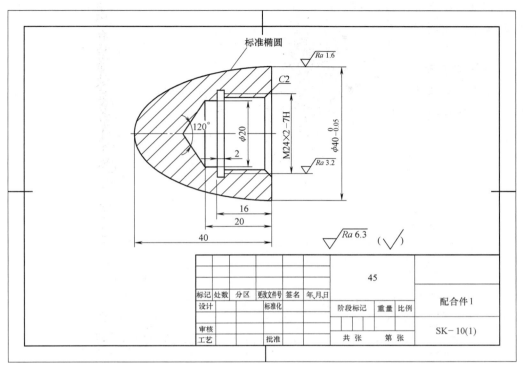

图 1-42　配合件 1

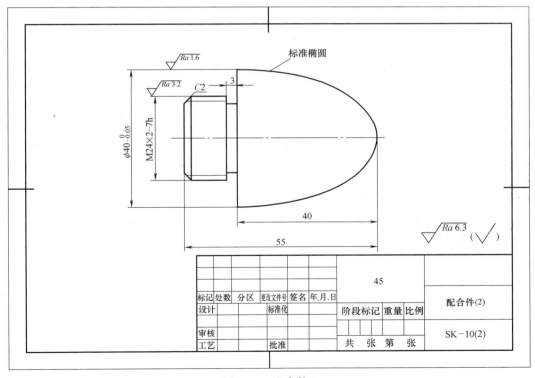

图 1-43　配合件 2

12）加工配合件 1 需要几把刀？加工配合件 2 需要几把刀？在不换刀情况下，要能加工好两配合件，应选择几工位刀架，是立式刀架还是卧式刀架？

13）工件加工完毕后，需要进行哪些检查？要用什么量具？如何测量？

2. 计划与决策

选择机床、夹具、刀具、量具及毛坯类型，确定工件定位与夹紧方案、工作步骤、安全措施、零件检查内容与方法、机床保养内容及小组成员工作分工等。

3. 实施

（1）程序编制

（2）完成相关操作

机床运行前的检查内容	
对刀并输入刀补值操作，记下刀补值或 G54 坐标值	
查表，记下螺纹切削进给次数及每刀的背吃刀量	
零件加工操作记录	
零件检查内容	
机床、工具、量具保养与现场清扫	

4. 检查

按附录 A 规定检查项目和标准对技能训练进行检查与考核。

5. 评价与总结

按附录 B 规定评价项目对学生技能训练进行评价。

练习思考题

一、选择题

1. 数控机床坐标系的 Z 轴一般是指（ ）。
   A. 垂直于机床主轴线方向   B. 平等于机床主轴轴线方向
   C. 倾斜于机床主轴轴线方向   D. 平行于工件定位面方向
2. 数控机床移动坐标轴的正方向规定为（ ）。
   A. 刀架靠近工件的方向   B. 刀架远离工件的方向
   C. 走刀的方向   D. 空行程的方向
3. 程序校验与首件试切的作用是（ ）。
   A. 检查机床是否正常   B. 提高加工质量
   C. 检验程序是否正确、零件的加工精度是否满足图样要求   D. 检验参数是否正确
4. 影响数控车床加工精度的因素很多，要提高工件的质量，有很多措施，但（ ）不能提高加工精度。
   A. 将绝对坐标编程改变为增量坐标编程   B. 正确选择车刀
   C. 控制刀尖中心高误差   D. 减小刀尖圆弧半径对加工的影响
5. 为了实现对车刀刀尖磨损量的补偿，可沿假设的刀尖方向，在刀尖圆弧半径值上附加一个刀具偏移量，这称为（ ）。
   A. 刀具位置补偿   B. 刀具半径补偿   C. 刀具长度补偿
6. 车床数控系统中，用（ ）指令进行恒线速控制。
   A. G00 S__;   B. G96 S__;   C. G01 F__;   D. G98 S__;
7. 数控车床能进行螺纹加工，其主轴上一定安装了（ ）。
   A. 测速发电机   B. 脉冲编码器   C. 温度控制器   D. 光电管
8. 数控编程时，应首先设定（ ）。
   A. 机床原点   B. 固定参考点   C. 机床坐标系   D. 工件坐标系
9. 下列代码中，不可进行刀尖圆弧半径补偿的是（ ）。
   A. G01   B. G71   C. G75   D. 全选
10. 属于单一固定循环的指令为（ ）。
    A. G72   B. G75   C. G94   D. G50
11. 对于锻造成形的工件，最适合采用的固定循环指令为（ ）。

A. G71　　　　　　B. G72　　　　　　C. G73　　　　　　D. G74

12. 下列各组指令中，属于模态 G 代码的有（　　）。
　　A. G04、G02　　　B. G71、G01　　　C. G28、G98　　　D. G41、G97

13. 如果按刀尖圆弧中心编程，刀补中刀尖位置方向应选用（　　）。
　　A. 9　　　　　　　B. 2　　　　　　　C. 6　　　　　　　D. 3

14. 下列说法正确的是（　　）。
　　A. 车螺纹时，两端必须设置足够的升速进刀段和降速退刀段
　　B. 车床出厂时，设定为半径编程
　　C. 沿刀具运动方向看，假设工件不动，刀具位于工件左侧时的刀补为右刀补
　　D. 机床原点为机床的一个固定点，而参考点是人为设定的

15. 关于数控车床圆弧加工的说法正确的是（　　）。
　　A. G02 是逆时针圆弧插补指令
　　B. 增量编程时，U、W 为终点相对起始点的距离
　　C. I、K 和 R 不能同时给予指令的程序段
　　D. 当圆心角为 90°～180°时，R 取负值

16. 在 G73 指令中，在 X 轴上的总退刀量（　　）。
　　A. 用"R__"表示　　B. 用"Q__"表示　　C. 用"P__"表示　　D. 用"I__"表示

17. 快速进给率不能改变的是（　　）。
　　A. 由 G00 指令的快速进给　　　　　　B. 固定循环中的快速进给
　　C. 程序中利用 G99 指令时，主轴转速改变　　D. 手动快速进给

18. 数控车床在"机床锁定"（FEED HOLD）方式下自动运行，（　　）功能被锁定。
　　A. 进给　　　　　　B. 刀架转位　　　　C. 主轴

19. 数控屏幕上菜单英文词汇对应的中文含义分别为：SPINDLE（　　）、EMERGENCY STOP（　　）、FEED（　　）、COOLANT（　　）。
　　A. 主轴　　　　　　B. 切削液　　　　　C. 急停　　　　　　D. 进给

20. 若将单程序段开关开启，下列说法错误的是（　　）
　　A. 执行一个程序段后，机床停止
　　B. 每按一次循环启动按键，CNC 就执行一个程序段的程序
　　C. 指定 G28 时，在中间点单程序段停止
　　D. 执行固定循环 G90、G94 时，一个循环中每段停止

二、编程题

1. 试编制图 1-44 所示零件的精加工程序。

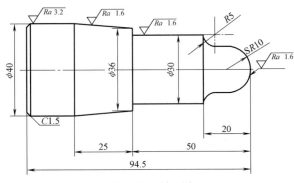

图 1-44　题 1 图

2. 如图 1-45 所示的零件，要求编制其加工程序，并在数控机床上加工出来。毛坯为 φ62mm×80mm 的棒料，材料为 40 钢。

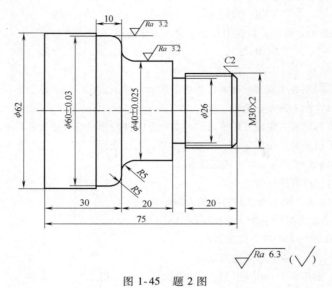

图 1-45　题 2 图

3. 已知毛坯为 φ40mm 棒料，要求使用 G71、G70 指令编制图 1-46 所示零件的加工程序，并进行数控仿真加工。

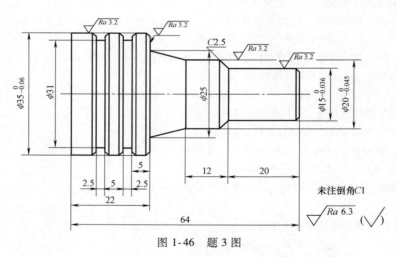

图 1-46　题 3 图

项目二

数控铣削编程与加工

任务一 数控铣床认识与操作

一、任务导入

（一）任务描述

利用华中系统数控铣床加工图2-1所示的盖板，通过程序（见表2-1）的输入与零件加工，完成华中系统数控铣床的相关操作与零件检验。

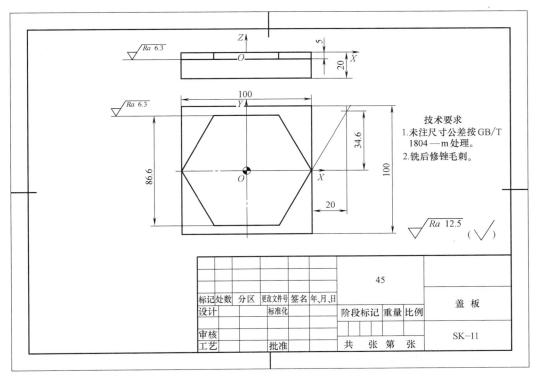

图 2-1 盖板

表 2-1 零件加工程序

程　序	说　明
%0098	程序名
N10　G90　G17　G54　G00　X70　Y34.64	初始化，快速移至定位点
N20　S500　M03　F80	起动主轴，设定主轴转速和进给速度
N30　G01　Z-5　F100	下刀至图样深度
N40　G41　G01　X50　Y0　D01	刀具接近工件，刀尖圆弧半径左补偿
N50　X25　Y-43.3	铣六边形外轮廓
N60　X-25	
N70　X-50　Y0	
N80　X-25　Y43.3	
N90　X25	
N100　X70　Y-34.64	
N110　G40　G00　X70　Y34.64	取消刀补
N120　Z300	抬刀
N130　M05	主轴停
N140　M30	程序停

（二）知识目标

1. 了解数控铣床的结构组成与分类以及维护保养内容。
2. 熟悉华中系统数控铣床控制面板各按键的功能与用途。
3. 掌握华中系统数控铣床各种基本操作方法与步骤。

（三）能力目标

1. 会正确完成机床的各种基本操作并对零件进行加工，处理加工过程中各种故障与报警。
2. 会进行数控铣床使用一把刀的对刀操作。
3. 会正确安装工件、刀具及调整夹具，合理使用量具和其他工具。

（四）素养目标

1. 培养规范操作、文明使用、安全生产等职业素养及责任意识。
2. 培养爱国、自信、竞争意识和创新精神。

二、知识准备

（一）数控铣床的结构

数控铣床在数控机床中所占的比例最大，在航空航天、汽车制造、一般机械加工和模具制造业中的应用非常广泛。数控铣床一般可用于钻孔、镗孔、攻螺纹、外形轮廓铣削、平面铣削、平面型腔铣削及三维复杂型面的铣削加工。常用数控铣床的结构如图 2-2 所示。数控铣床一般由主轴箱、进给伺服系统、数控系统和冷却润滑系统等几大部分组成。

（1）主轴箱　主轴箱包括主轴箱体和主轴传动系统，用于装夹刀具并带动刀具旋转，主轴转速范围和输出转矩对加工有直接影响。

（2）进给伺服系统　进给伺服系统由进给电动机和进给执行机构组成，按照程序设定的进给速度实现刀具和工件之间的相对运动，包括直线进给运动和旋转运动。

（3）数控系统 数控系统是数控铣床运动控制的中心，执行数控加工程序，控制机床进行加工。

（4）辅助装置 辅助装置包括液压系统、气动系统、润滑系统、冷却系统及排屑与防护装置等。

（5）机床基础件 机床基础件包括底座、立柱及横梁等，是整个机床的基础和框架。

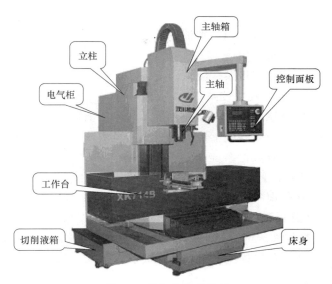

图 2-2 数控铣床的结构

（二）数控铣床的维护和保养

（1）日常保养内容和要求

1）操作前

① 对重要部位进行检查。

② 擦拭外露导轨面，按规定加油。

③ 空运转，查看润滑系统是否正常。

2）结束后

① 清扫切屑。

② 擦拭机床。

③ 各部归位。

④ 认真填写好交接班记录及其他记录。

（2）定期保养的内容和要求

1）表面

① 清洗机床床身表面死角，做到漆见本色，铁见光。

② 清除导轨面切屑，检查更换刮屑板，对拉毛导轨进行修复，做到无研伤。

2）主轴箱

① 检查主轴运行情况，调整主轴组件轴承间隙。

② 清洗主轴箱，换油。

③ 检查液压泵供油及油管路情况，保证泵工作正常，油路畅通，润滑好。

④ 检查、调整传动带松紧程度。

3）工作台及进给系统

① 调整滚珠丝杠与螺母间隙，检查镶条磨损情况，调整夹紧间隙。

② 检查润滑情况是否良好。

4）升降台

① 调整夹紧间隙。

② 调整锥齿轮啮合间隙。

③ 检查润滑情况是否良好。

5）液压

① 清洁液压箱，加液压油使油量充足。

② 调整压力表。

③ 清洗液压泵、滤油网。

6）电气及数控系统

① 擦拭电动机，使壳体上无灰尘、油垢。

② 检查电气柜上冷却风扇、通风散热装置的运行是否正常。

③ 检查数控系统硬件连接是否牢固，电线、电缆端子的连接是否紧固，各接触点接触是否良好，是否存在漏电现象。

④ 使电气柜整洁，无杂物。

（三）数控铣床的分类

数控铣床可按通用铣床的分类方法分为如下三类：

（1）立式数控铣床 立式数控铣床的主轴轴线垂直于水平面。数控铣床大多为立式铣床，应用范围最广。目前，三坐标立式数控铣床应用最多，一般可进行三轴联动加工。

（2）卧式数控铣床 卧式数控铣床的主轴轴线平行于水平面。为了扩大加工范围和扩充功能，卧式数控铣床通过采用增加数控回转工作台或万能数控回转工作台实现四轴或五轴联动加工。这样既可以加工工件侧面的连续回转轮廓，又可以通过回转工作台改变零件的加工位置（即工位），实现在一次装夹中进行多个位置或工作面的加工。

（3）立卧两用数控铣床 立卧两用数控铣床的主轴可以转换，可在同一台数控铣床上进行立式加工和卧式加工，同时具备立、卧式铣床的功能。

（四）数控铣床的加工对象

（1）平面类零件 平面类零件的特点是：加工表面既可以平行于水平面，又可以垂直于水平面，也可以与水平面成一夹角。目前，在数控铣床上加工的绝大多数零件属于平面类零件。平面类零件是数控铣削加工中最简单的一类零件，一般只需要用三坐标数控铣床的两轴联动或三轴联动即可完成。在加工过程中，加工面与刀具为面接触，粗、精加工都可采用面铣刀或立铣刀。

（2）曲面类零件 曲面类零件的特点是：加工表面为空间曲面，在加工过程中，加工面与铣刀始终为点接触。曲面类零件的精加工多采用球头铣刀。

（五）华中系统数控铣床的控制面板

华中系统数控铣床的控制面板包括机床操作面板和系统操作面板。

1. 机床操作面板

机床操作面板位于显示屏的下侧，如图 2-3 所示。机床操作面板主要用于控制机床的运动和运行状态，包括模式选择旋钮、数控程序运行控制开关等（见表 2-2）。

表 2-2 机床操作面板按键功能说明

类别	按键	功能说明
方式选择键	回参考点	手动返回参考点，建立机床坐标系（机床开机后应首先进行回参考点操作）

（续）

类别	按　键	功能说明
方式选择键	增量	定量移动机床坐标轴，移动距离由倍率按钮调整（可控制机床精确定位，但不连续）。手持盒打开后，"增量"方式变为"手摇"方式，倍率仍有效，可连续精确控制机床的移动。机床进给速度受操作者手动速度和倍率控制
	手动	通过机床操作键可手动移动机床各轴、手动起动主轴正/反转、刀具夹紧与松开及切削液的开与关
	单段	逐段地加工工件。按一次"循环启动"键，执行一个程序段，直到程序运行完成
	自动	自动连续加工零件、模拟加工零件，在MDI（手动输入）模式下使用
主轴控制键	主轴定向	在手动方式下，按一下"主轴定向"键，主轴立即执行主轴定向功能。定向完成后，该键指示灯亮，主轴准确地停在某一固定位置
	主轴冲动	在手动方式下，按一下"主轴冲动"键，该键指示灯亮。主电动机以机床参数设定的转速和时间转动一定的角度
	主轴制动	在手动方式下，按一下"主轴制动"键，该键指示灯亮，主电动机被锁定在当前位置
	主轴正转	在手动方式下，按一下"主轴正转"键，该键指示灯亮，主电动机以机床参数设定的转速正转
	主轴停止	在手动方式下，按一下"主轴停止"键，该键指示灯亮，主电动机停止运转
	主轴反转	在手动方式下，按一下"主轴反转"键，该键指示灯亮，主电动机以机床参数设定的转速反转
增量倍率按钮	×1 ×10 ×100 ×1000	选择手动移动时每一步的距离。"×1"为0.001mm，"×10"为0.01mm，"×100"为0.1mm，"×1000"为1mm
锁住按键	Z轴锁住	禁止进刀；在手动运行开始前，按一下"Z轴锁住"键，该键指示灯亮，再手动移动Z轴，Z轴坐标位置信息变化，但Z轴不运动
	机床锁住	禁止机床的所有运动。在自动运行开始前，按一下"机床锁住"键，该键指示灯亮，再按"循环启动"键，系统继续执行程序，显示屏上的坐标轴位置信息变化，但不输出伺服轴的移动指令，所以机床停止不动。这个功能用于校验程序
刀具松紧	换刀允许	在手动方式下，通过按"换刀允许"键，使允许刀具松/紧操作有效（指示灯亮）
	刀具松/紧	按一下"刀具松/紧"键，松开刀具，再按一下又为夹紧刀具，如此循环。默认为夹紧

(续)

类别	按　　键	功能说明
数控程序运行控制按键	循环启动	自动、单段工作方式下有效。按下该键后，机床可进行自动加工或模拟加工。注意：自动加工前应对刀正确
	空运行	按下此键，各轴以固定的速度运动
	进给保持	在数控程序运行中，按下此键可停止程序运行
超程解除	超程解除	当机床超出安全行程时，行程开关撞到机床上的挡块，切断机床伺服电源，机床不能动作，以起到保护作用。如要重新工作，需一直按下该键，接通伺服电源，再在手动方式下，反向手动移动机床，使行程开关离开挡块
切削液开关键	冷却开/停	在手动方式下，按一下"冷却开/停"键，切削液开，再按一下又为切削液关，如此循环。默认值为切削液关
主轴转速和进给倍率修调键	主轴修调 快速修调 进给修调 -100%+	主轴正转及反转的速度可通过主轴修调键调节。按主轴修调右侧的"100%"按键，指示灯亮，主轴修调倍率被置为100%，按一下"+"按键，主轴修调倍率递增5%，按一下"-"按键，主轴修调倍率递减5%，机械齿轮换档时，主轴速度不能修调。快速修调和进给修调作用同上
轴与方向键	+4TH -Y +Z +X 快进 -X -Z +Y -4TH	在手动方式下，按各轴方向键，可手动移动机床坐标轴
急停旋钮		机床运行过程中，在危险或紧急情况下按下急停旋钮，系统即进入急停状态。伺服进给及主轴运转立即停止（控制柜内的进给驱动电源被切断）。向左旋转急停旋钮，其自动跳起，系统进入复位状态

图 2-3　华中数控铣床的机床操作面板

2. 系统操作面板

系统操作面板在显示屏右侧，如图 2-4 所示。用操作键盘结合显示屏可以进行数控系统操作。数控系统操作键盘的功能与计算机键盘按键相同,包括字母键、数字键及编辑键等(见表2-3)。

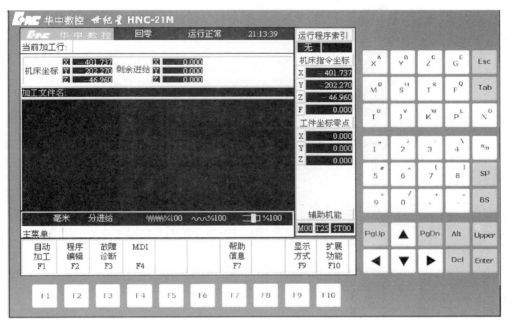

图 2-4 系统操作面板

表 2-3 系统操作面板功能键说明

类别	按 键	功能说明
字母、数字键		数字、符号键。要选择符号,需按"Upper"键,再按相应的符号键
		字母键。每个按键上都有两个字母,要选择上位字母,需按"Upper"键,再按相应的字母键
编辑键	Alt	替代键。用输入的数据替代光标所在的数据
	Del	删除键。删除光标所在的数据,也可删除一个数控程序或者全部数控程序
	Esc	取消键。取消当前操作
	Tab	跳档键

(续)

类别	按 键	功能说明
编辑键	SP	空格键
	BS	退格键。删除光标前的一个字符,光标向前移动一个字符位置,其后的字符左移一个字符位置
	Enter	确认键。确认当前操作,结束一行程序的输入并换行
	Upper	上档键
翻页键	PgUp	向上翻页键。使编辑的程序向程序头滚动一屏,光标位置不变。如果到了程序头,则光标移到程序首行的第一个字符处
	PgDn	向下翻页键。使编辑的程序向程序尾滚动一屏,光标位置不变。如果到了程序尾,则光标移到程序末行的第一个字符处
光标移动键	▲	向上移动光标
	▼	向下移动光标
	◀	向左移动光标
	▶	向右移动光标

三、方案设计

通过程序输入、程序调试及数控加工等任务的实施,初学者能够对数控铣床的加工过程有一个初步认识,熟悉数控铣床开机、关机操作,回参考点操作,手动移动工作台操作,程序的新建、输入与编辑操作,工件与刀具的装夹操作,对刀操作,以及程序调试等相关操作。

四、任务实施

（一）开机

开机步骤为:闭合机床总电源开关→按机床操作面板上的绿色"电源开"按钮,系统启动并自检;待界面稳定后,旋转急停旋钮使其弹起→听到一声响后,屏幕上方的加工方式显示"手动"字样,表示开机顺利完成。

（二）回参考点

回参考点之前,应检查滑板所处的位置是否在参考点内侧,离参考点距离是否太近。如果太近,应在手动方式下移离参考点一段距离。

1）如果系统显示的当前工作方式不是回参考点方式,按一下控制面板上的"回参考点"键。

2) 按一下 键，主轴沿 Z 轴正方向移动，回参考点后指示灯亮。

3) 分别按 、 键，滑板分别沿 X 轴、Y 轴正方向移动，回参考点后指示灯亮。所有轴回参考点后，即建立了机床坐标系。

（三）设定主轴转速

在 MDI 方式下，按"F3"键；输入"M03 S __"，如"M03 S800"，并按"Enter"键；选择自动或单段工作方式，按"循环启动"键起动主轴。在手动状态下，按"主轴停止"键，主轴停转。

注意：

1) 主轴正转时，如需反转，必须先按"主轴停止"键，才可以按"主轴反转"键。

2) 正常开机后，机床默认的主轴转速为 500 r/min。

（四）编辑程序

1. 新建程序（程序"F1"键→编辑程序"F2"键→新建程序"F3"键）

在指定磁盘或目录下建立一个新文件，新文件不能和已存在的文件同名。在程序功能子菜单下（见图 2-5）按"F3"键，进入图 2-6 所示的"新建程序"菜单，系统提示"输入新文件名"，光标在"输入新文件名"栏闪烁，输入文件名%0098 后，按"Enter"键确认后输入程序内容。每输入完一段程序，就按"Enter"键换行，直到整个程序输入完毕。

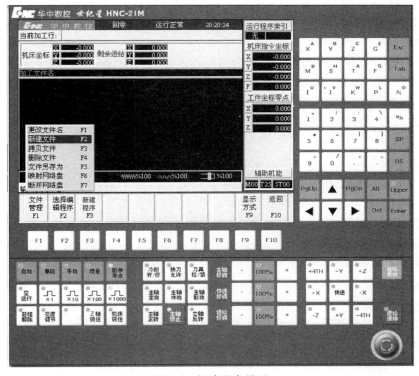

图 2-5 新建程序界面

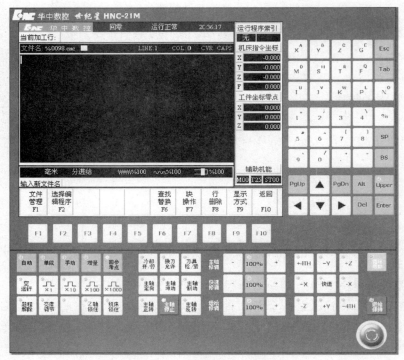

图 2-6 程序编辑界面

2. 保存程序

输入新的程序后,按"F4"键及"Enter"键,即可保存程序文件。

3. 修改程序

按"F1"键,找到要修改的程序(利用上、下光标键),按"Enter"键。按"F2"键,进入程序内容界面,利用"Del""PgUp""PgDn"及"BS"等软键来修改程序。

4. 删除程序

按"F1"键,找到要删除的程序,按"Del"键,按字母"Y"或"Enter"键确认,即可删除程序文件。

(五)工件的装夹

用机用平口钳装夹工件,注意清扫机用平口钳。机用平口钳中放垫块,工件放在垫块上,使工件上表面高出机用平口钳口 6mm 左右,用钳口夹紧工件。

(六)刀具的安装

选用 $\phi 20mm$ 立铣刀。装刀前,将刀柄与主轴内锥孔擦净。装刀时,确保刀具夹牢。

(七)对刀

对刀的目的是找出工件坐标系的原点在机床坐标系中的坐标值,然后将此坐标值输入到 G54~G59 六个坐标系之中的一个。本程序选用 G54 工件坐标系。输入完毕后,自动运行程序时,刀具将按照以工件原点编制的程序加工零件。本例工件尺寸为 100 mm×100 mm×20 mm,四周和上、下两面已加工好,现要加工正六边形外轮廓和台阶底面。工件原点设在工件表面正六边形的中心。选用 $\phi 20mm$ 立铣刀。

利用手轮接近工件,分别在 X、Y、Z 轴方向上对刀,操作步骤如下:

1) X 轴方向对刀。按"增量"按键,使面板上"轴选择"旋钮的箭头指向 X 位置,根据刀具与工件的距离适当选择速度倍率(包括×1、×10 及×100),然后转动手轮,使工件右侧靠近刀具。当工件与刀具距离很小时,倍率选为"×1"(0.001mm),然后一只手慢慢地转动手轮,另一只手顺时针转动刀具,使切削刃与工件相切,记下此时刀具在机床坐标系中的 X 坐标值。如图 2-7 所示,X 为 -160.950,加上刀具中心到工件中心点距离值(10mm+50mm),则工件坐标系原点在机床坐标系中的 X 坐标值为 -220.950;X 轴对刀完毕,将面板上的"轴选择"旋钮的箭头旋至 Z 位置,顺时针旋转手轮,将刀具提到工件上面。

2) Y 轴方向对刀。操作方法同 X 轴方向对刀。对好刀后,记下刀具在机床坐标中的 Y 值。如图 2-7 所示,Y 为 -100.592,加上刀具中心到工件中心点距离值(10mm+50mm),则工件坐标系原点在机床坐标系中的 Y 坐标值为 -160.592。Y 轴对刀完毕后,将面板上的"轴选择"旋钮的箭头旋至 Z 位置,顺时针旋转手轮,将刀提到工件上面。

3) Z 轴方向对刀。操作方法同上。对好刀(指立铣刀端面与工件上表面重合)后,记下此时刀具在机床坐标系中的 Z 值,如图 2-7 所示,Z 为 -130.676。(因为刀具的端面与工件表面重合,所以偏移量为零。)

把 X = -220.950mm、Y = -160.592mm、Z = -130.676 mm 输入到 G54 中。按"F5"键,按"F1"键,输入上述三个坐标值,按"Enter"键完成。

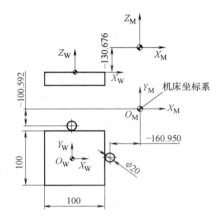

图 2-7 G54 零点偏置值确定

(八)程序校验与首件试切

程序校验用于对调入加工缓冲区的程序文件进行校验,并提示可能的错误。程序校验的步骤如下:按"F1"键,找到需要校验的加工程序,将光标移动至程序文件名上,按"Enter"键;按"F5"键,按"自动"方式键,按"循环启动"键,即可对程序进行校验。

若程序正确,校验完毕后,光标将返回到程序第一段开始处;若程序有错,命令行将提示程序的哪一行有错,修改后可继续校验,直到程序正确为止。

注意:

1) 程序校验过程中,机床不动作。

2) 为确保加工程序正确无误,请选择不同的图形显示方式来观察校验运行的结果。

3) 每次程序校验完毕后,都必须再次进行回参考点操作,然后按 -X、-Y、-Z 轴移动工作台和主轴到合适位置。

(九)零件的加工

加工程序经校验无误后可正式运行。

按"F1"键,找到加工程序,按"Enter"键,屏幕即显示加工程序。加工之前,把进给修调和快进修调倍率调到 20%;按"自动"键,选择自动运行方式;按"循环启动"键,待刀具开始切削时,再将倍率调到合适位置;按显示切换,显示加工图形。零件加工完成后,按"手动"键,移出 Y 轴,取出工件。

注意:加工过程中,安全门要关好,工作人员要侧立观察,以防切屑飞溅伤人。

（十）关机

机床完成所有操作后，把工作台移至主轴中间，按操作面板上的急停旋钮，按"电源关"按钮，右旋机床断路器，断开总电源开关。

五、检查评估

零件检查的内容主要包括零件的形状、尺寸和表面粗糙度。通过检查表2-4所列的内容，判断零件是否合格。

表2-4 零件的检查内容与要求

序号	检查内容	要求	检具	结果
1	六边形对边距离	86.6mm	游标卡尺	
2	六边形外接圆	100mm	游标卡尺	
3	侧面轮廓高度	5mm	游标深度卡尺	
4	侧表面的表面粗糙度	$Ra6.3\mu m$	表面粗糙度样块	
5	台阶底面的表面粗糙度	$Ra6.3\mu m$	表面粗糙度样块	

六、技能训练

输入图2-8所示零件的加工程序（程序单见表2-5），利用华中系统数控铣床完成零件程序的校验与运行，正确完成数控铣床的相关操作和零件的检验。

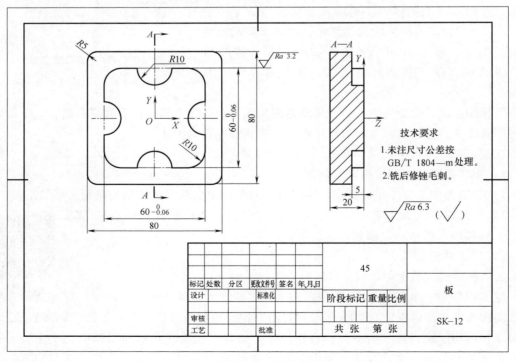

图2-8 板

表2-5 零件加工程序

华中数控系统加工程序	说　明
%2800	程序名
N10　G21　G90　G17　G94　G54	初始化,选择工件坐标系
N20　G00　X-50　Y-20 M08	快速定位到(-50,-20),开切削液
N30　G43　Z5　H01	下刀,刀具长度补偿
N40　M03　S600　F80	起动主轴,选择主轴转速和切削进给量
N50　G01　Z-5　F100	下刀至图样深度
N60　G41　G01　X-50　Y-40　D01	建立刀具半径补偿
N80　G03　X-30　Y-20　R20.	圆弧切入
N90　G01　Y-10	铣削外轮廓
N100　G03　Y10　R10	
N110　G01　Y20	
N120　G02　X-20　Y30　R10	
N130　G01　X-10　Y30	
N140　G03　X10　Y30　R10	
N150　G01　X20　Y30	
N160　G02　X30　Y20　R10	
N170　G01　X30　Y10	
N180　G03　X30　Y-10　R10	
N190　G01　X30　Y-20	
N200　G02　X20　Y-30　R10	
N210　G01　X10　Y-30	
N220　G03　X-10　Y-30　R10	
N230　G01　X-20　Y-30	
N240　G02　X-30　Y-20　R10	
N250　G03　X-50　Y0　R20	圆弧切出
N260　G00　G40　X-50　Y-20	取消刀具半径补偿
N270　G49　Z200　M05	退刀,取消刀具长度补偿,主轴停
N280　M30	程序结束

1. 资讯

1）开机后为什么要回参考点?

2）为什么工作台移动的正方向与机床坐标系刚好相反呢?

3）程序编辑在什么工作方式下进行?建立的新程序文件可否与已有程序文件同名?

4）为什么开机后第一次起动主轴往往要在MDI方式下输入指令"M03　S__",而以后只在手动方式下即可起动?

5）使用一把刀具加工时,是否可以选择不用刀具长度补偿?什么情况下可以不用?

6）如选择G54工件坐标系,对刀的目的是什么?

7）如何设计刀具的进给路线？切入、切出轨迹如何设计？

8）数控铣床一般要进行哪些日常维护？

9）零件加工完毕，需要进行哪些检查？需要用什么量具？如何测量？

10）操作数控铣床时需要注意哪些安全事项？

2. 计划与决策

选择机床、夹具、刀具、量具及毛坯类型，确定工件定位与夹紧方案、工作步骤、安全措施、零件检查内容与方法、机床保养内容及小组成员工作分工等。

3. 实施

开机、关机操作	
工件和刀具的装夹	
回参考点	
手动移动滑板	
程序的输入	
对刀、G54 零点偏置值的输入及刀补值的输入	
程序校验操作	
程序运行操作	
机床保养内容	

4. 检查

按附录 A 规定的检查项目和标准对技能训练进行检查与考核。

5. 评价与总结

按附录 B 规定的评价项目对学生技能训练进行评价。

任务二 以平面和外轮廓为主的板类零件的编程与加工

一、任务导入

（一）任务描述

使用数控铣床加工图 2-9 所示的板。零件材料为 45 钢，毛坯尺寸为 140mm×115mm×35mm。四周已加工到图样要求，并且下表面已加工好，加工内容为上平面、两个台阶的外轮廓。要求制订正确的加工工艺方案，选择合理的刀具和切削用量，编制数控加工程序并加工出符合图样要求的零件。

（二）知识目标

1. 掌握数控铣削加工工艺的基础知识，刀具选择与切削用量的选用原则。
2. 掌握平面及外轮廓类零件的进给路线的设计方法。
3. 掌握外轮廓铣削加工编程指令的应用。
4. 掌握子程序的调用与编程技巧。
5. 掌握刀具半径补偿和长度补偿指令的应用方法。

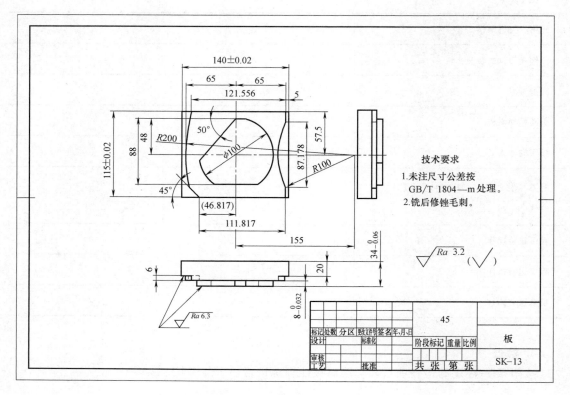

图 2-9 板

（三）能力目标

1. 能合理设计平面及外轮廓类铣削加工工艺方案，正确选择刀具和切削用量。
2. 能正确编制二维直线、圆弧组成的平面及外轮廓类零件的数控铣削加工程序。
3. 能利用刀具半径补偿功能实现粗精加工及刀具补偿控制尺寸精度。
4. 能正确处理程序运行过程中出现的故障。
5. 能按数控铣床安全操作规程规范地使用和操作机床。

（四）素养目标

通过优化加工轨迹培养学生的质量意识和安全意识以及精益求精的大国工匠精神。

二、知识准备

（一）数控铣床的坐标系

数控铣床的坐标系采用右手直角笛卡儿坐标系，X、Y、Z 三个坐标轴的正方向用右手法则判定，绕各坐标轴的旋转轴 A、B、C 的正方向用右手螺旋法则判定。一般先确定 Z 轴及其正方向，再确定 X 轴及其正方向，然后根据右手直角笛卡儿坐标系确定 Y 轴及其正方向，最后确定各回转轴和附加轴及其正方向。图 2-10、图 2-11 所示分别为立式、卧式数控铣床的坐标系。

数控铣削加工采用空间三维坐标系，三维坐标系是在二维即平面坐标系的基础上增加了一个垂直方向的轴,通常称之为 Z 轴,为平行于机床主轴的坐标轴,如图 2-10、图 2-11 所示。

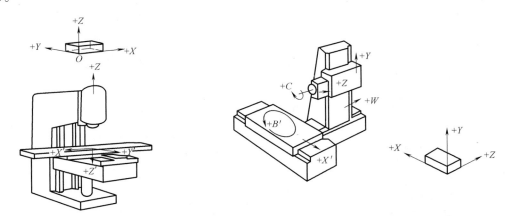

图 2-10　立式数控铣床坐标系　　　　　　图 2-11　卧式数控铣床坐标系

(二) 平面与外轮廓铣削加工方案的设计

1. 无界限平面加工方案的设计

在高度方向有尺寸公差或与其他加工表面有几何公差要求的平面,如果分多次安装可能难于保证加工精度,此时可采用数控铣床进行加工。

(1) 刀具的选择　无界限平面加工选用盘铣刀,并且在机床主轴电动机功率允许的前提下,尽量选择较大直径的盘铣刀,以减少进给路线长度。

(2) 进给路线的设计　无界限平面的加工一般采用"己"字形的进给路线。刀具在径向上要求有一定的重合度,以消除刀具圆角或倒角形成的残留,如图 2-12 所示。

2. 外轮廓加工方案的设计

(1) 刀具的选择　加工二维平面类外轮廓一般选用立铣刀。如图 2-13 所示,立铣刀的圆柱表面和端面上都有切削刃,圆柱表面的切削刃为主切削刃,端面切削刃为副切削刃。如果端面切削刃不通过铣刀中心,则不能轴向进给。

(2) 进给路线的设计　铣削平面类零件外轮廓时,一般采用立铣刀侧刃进行切削。为减少接刀痕迹,保证零件表面质量,对刀具的切入和切出程序需要精心设计。

1) 确定切入、切出点。切入、切出点的选取应符合空行程最短原则和安全原则。为避免加工表面产生划痕,保证零件轮廓光滑,数控刀具切入、切出点应放在零件轮廓曲线的延长线上,实现切向切入和切向切出(见图 2-14),而不应沿法向直接切入零件。

2) 确定进给方向。数控铣削加工有顺铣和逆铣两种。铣刀切入工件时切削速度方向与工件进给方向相反的铣削方式称为逆铣,逆铣时刀齿的切削厚度从零逐渐增大。铣刀切入工件时切削速度方向与工件进给方向相同的铣削方式称为顺铣,顺铣时刀齿的切削厚度从最大逐渐递减至零。顺铣主要用于工件轮廓精加工及切削工件表面无硬皮的场合;逆铣主要用于铣床工作台丝杠与螺母间隙较大又不便调整、工件表面有硬质层或硬度不均、工件材料过硬以及阶梯铣削等场合。

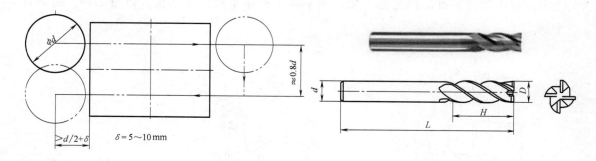

图 2-12 无界限平面的进给路线

图 2-13 立铣刀

3) 切削用量的选择

① 切削用量的选用顺序。由于背吃刀量或侧吃刀量对刀具寿命影响不大,而切削速度影响最大,并且粗加工主要考虑生产效率,精加工主要考虑加工精度兼顾效率和成本。因此,粗加工切削用量选用顺序为:首先选用较大的背吃刀量或侧吃刀量,其次选择较快的进给速度,最后确定较低的切削速度;而精加工则选用较小进给速度和较高的主轴转速,以提高加工精度。

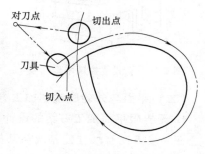

图 2-14 切入切出

② 背吃刀量的确定。采用面铣刀铣平面时,用背吃刀量 a_p 表示切削深度;用立铣刀铣侧轮廓时,用侧吃刀量 a_e 表示切削深度。如工件表面粗糙度值为 $Ra12.5 \sim 25\mu m$,端铣余量小于 6mm 或侧铣余量小于 5mm,只要机床刚度和动力许可,可一次铣削达到加工要求。当工件表面粗糙度值为 $Ra3.2 \sim 12.5\mu m$ 时,一般分粗铣、半精铣两次铣削完成,半精铣的吃刀量取 0.5~1.0mm。当工件表面粗糙度为 $Ra0.8 \sim 3.2\mu m$ 时,可分粗铣、半精铣和精铣三步。半精铣的吃刀量取 1.5~2.0mm;精铣时,立铣刀的侧吃刀量取 0.3~0.5mm,面铣刀的背吃刀量取 0.3~0.5mm。

③ 切削速度 v_c 和进给量 f_z 的确定。加工条件不同,选择的切削速度 v_c 和每齿进给量 f_z 也不同。工件材料较硬时,f_z 及 v_c 值应取得小些;刀具材料韧性较大时,f_z 值可取得大些。刀具材料硬度较大时,v_c 的值可取得大些;铣削深度较大时,f_z 及 v_c 的值应取得小些。

各种切削条件下的 f_z、v_c 值及计算公式可查阅《金属机械加工工艺手册》或相关刀具供应商的刀具手册等有关资料。

(三) 华中数控铣系统基本编程指令

华中数控系统铣削加工时的常用 G 指令见表 2-6。

(四) 子程序

1. 子程序的概念

工件分层切削和轮廓粗、精加工时的刀具轨迹是一样的,为减少编程工作量,将程序中一连串在写法上完全相同或相似的内容单独抽出来,并按一定的格式编成一段程序,该程序即为子程序,调用子程序的程序称为主程序。子程序可通过主程序的调用指令来调用。

表 2-6 华中数控系统铣削加工时的常用 G 指令

G 指令	组	功能	格式	说明
G90	13	绝对坐标编程	G90 G__ X__ Y__ Z__	1. 使用绝对坐标编程时,坐标值是相对于坐标原点给定的 2. 使用增量坐标编程时,每个轴上的坐标值是相对于前一位置而言的 3. 该组指令为模态指令。开机默认 G90 有效
G91		增量坐标编程	G91 G__ X__ Y__ Z__	
G17	02	选择 XY 平面	G17	平面选择指令为一组指令,为模态指令。开机默认 G17 有效
G18		选择 XZ 平面	G18	
G19		选择 YZ 平面	G19	
G00	01	快速定位	G00 X__ Y__ Z__	1. 模态指令。刀具以点位控制的方式快速移动到目标位置,X、Y、Z 为目标点坐标。可用 G90 和 G91 分别指定绝对坐标编程和增量坐标编程 2. 各轴移动的速度由参数来设定,并可由控制面板倍率按钮修调 3. 两个以上坐标轴同时移动时,刀具移动轨迹可能是直线,也可能是折线。快速定位倍率的调节会影响定位的轨迹
G01		直线插补	G01 X__ Y__ Z__ F__ G01 X__ Y__ F__ G01 Z__ F__	1. 模态指令。刀具以直线插补方式按给定进给速度从当前点移动到目标点,各轴进给速度为 F 在此轴的分量 2. 该指令用于直线轮廓的切削加工,F 值不能为零,如之前已指定,则模态有效,可在本程序段中不指定 3. 格式中 X、Y、Z 为目标点坐标,可用 G90 和 G91 分别选择绝对坐标编程和增量坐标编程。增量坐标编程为线段终点相对起点的移动距离,即终点 X 坐标值减去起点 X 坐标值,终点 Y 坐标值减去起点 Y 坐标值 4. 若某轴没有进给,则指令中可省略此轴坐标字指令 5. F 进给速度可用进给倍率修调 6. 可两轴联动、三轴联动,也可一轴进给

（续）

G指令	组	功能	格式	说明
G02	01	顺时针圆弧插补 CW	G17 G02 X__ Y__ I__ J__ F__ G17 G02 X__ Y__ R__ F__ G17 G02 I__ J__ F__ G18 G02 X__ Z__ I__ K__ F__ G18 G02 X__ Z__ R__ F__ G19 G02 Z__ Y__ J__ K__ F__ G19 G03 Z__ Y__ R__ F__	1. 顺、逆圆插补判断：沿着垂直插补平面的第三轴负方向看去，加工路线为顺时针圆弧的采用G02指令，为逆时针圆弧的采用G03指令 2. 模态指令。X、Y坐标值为圆弧终点坐标，可使用绝对坐标编程或增量坐标编程。如用增量坐标编程，则X、Y值分别为圆弧终点坐标值减去圆弧起点坐标值 3. 圆心坐标(I,J)采用增量坐标编程，为圆心相对圆弧起点的增量值，即I坐标值为 $X_{圆心坐标} - X_{圆弧起点坐标}$，J坐标值为 $Y_{圆心坐标} - Y_{圆弧起点坐标}$ 4. 使用R编程时，由于相同的圆弧起点和终点有两段半径为R的圆弧存在，应用R和-R区分。当圆弧圆心角大于180°时，R取负值；当圆弧圆心角小于或等于180°时，R取正值 5. 整圆不能用R编程，只能用I、J、K编程
G03		逆时针圆弧插补 CCW	G17 G03 X__ Y__ I__ J__ F__ G17 G03 X__ Y__ R__ F__ G17 G03 I__ J__ F__ G18 G03 X__ Z__ I__ K__ F__ G18 G03 X__ Z__ R__ F__ G19 G03 Z__ Y__ J__ K__ F__ G19 G03 Z__ Y__ R__ F__	
G40	09	取消刀具半径补偿	G17 G40 G00 X__ Y__ G17 G40 G01 X__ Y__ F__	1. 左、右补偿判断：从垂直插补平面的第三轴负方向并沿着刀具前进方向看去，当刀心运动轨迹位于工件轮廓的左侧时，为左补偿，反之为右补偿 2. 实现刀补应具备四个条件：必须指令补偿方式（左补或右补）；在插补平面内至少一个轴方向有移动；必须在G00或G01方式下移动，G02或G03方式移动会出现报警；必须输入不为零的刀具半径补偿值，并调用存有补偿值的D代码补偿号 3. 刀具半径补偿必须在加工之前建立，并在加工完成后取消
G41		刀具半径左补偿	G17 G41 G00 X__ Y__ D__ G17 G41 G01 X__ Y__ D__ F__	
G42		刀具半径右补偿	G17 G42 G00 X__ Y__ D__ G17 G42 G01 X__ Y__ D__ F__	

(续)

G指令	组	功能	格式	说明
G43	10	正向刀具长度补偿	G17 G43 G00 Z__ H__ G17 G43 G01 Z__ H__ F__	1. 刀具长度补偿使刀具垂直于走刀平面（如XY平面，由G17指定）偏移一个刀具长度修正值 2. 刀具长度补偿的实现条件为：必须指令补偿方式（G43/G44）；必须指令G00/G01移动方式；必须有Z轴移动；补偿之前须将刀具长度补偿值输入到相应补偿地址（H__）中（H00除外） 3. 刀具长度正补偿执行后的实际位置坐标值等于指令位置坐标值加上长度补偿寄存器（H__）中Z向长度补偿值 4. 刀具长度补偿必须在加工前建立，取消刀具长度补偿必须在加工完成之后进行
G44		负向刀具长度补偿	G17 G44 G00 Z__ H__ G17 G44 G01 Z__ H__ F__	
G49		刀具长度补偿取消	G17 G49 G00 Z__ G17 G49 G01 Z__ F__	

2. 子程序格式与调用

1）子程序的格式：%××××

　　　　　　　程序段

　　　　　　　M99

在子程序开头，必须规定子程序号，作为调用入口地址，格式为"%"加其后的数字（1~9999）。子程序用M99结尾，以控制执行完该子程序后返回主程序。

2）调用子程序的格式：M98 P__ L__

其中，M98表示调用子程序，P后的数字表示被调用的子程序号。L后的数字表示重复调用的次数，当不指定重复次数时，子程序只被调用一次。

在主程序执行期间出现子程序调用指令时，则执行子程序；子程序执行完毕后，数控系统控制其返回主程序，继续执行主程序。

3. 子程序的嵌套

子程序调用指令可以重复地调用子程序，主程序也可以调用多个子程序。为简化编程，子程序还可以调用另一个子程序，称为子程序嵌套。实际编程中使用较多的是二重嵌套。

4. 子程序的应用场合

1）零件上有若干处相同的轮廓形状。

2）加工中反复出现相同轨迹的进给路线，如分层切削，轮廓粗、精加工等。

3）为便于程序的阅读和修改，将每一个独立的工序编成一个子程序，主程序中只有换刀、设定刀补值、设定加工工艺参数和调用子程序等内容。

本例是按加工部位划分工序（步）的，将一个部位的加工程序编在一个子程序中。

5. 注意事项

1）使用子程序时，注意变换主程序和子程序间的模式代码，如M代码和F代码，属于同一组别的模态G代码的变化与主程序、子程序无关。

2）半径补偿模式中的程序不能分支。

三、方案设计

（一）分析零件图

该工件四周及上、下两面已加工过，但高度方向留有加工余量，故需要加工的部位有上平面和两凸台侧轮廓。因高度方向的两个尺寸有公差要求，且两凸台侧轮廓的表面质量要求较高，故安排粗、精两步加工。

（二）选择机床与夹具

根据工件的大小及加工精度要求，选择数控铣床或加工中心均可，本例选 XK7132 型立式数控铣床。夹具选用机用平口钳，规格为 0~200mm。

（三）制订加工方案

铣上平面，保证板厚尺寸 $34_{-0.06}^{\ 0}$ mm→粗铣上凸台侧面与底面，侧面留精加工余量 1.0mm，底面留精加工余量 0.5mm→粗铣下凸台侧面，侧面留精加工余量 1.0mm，底面铣削到尺寸→精铣上凸台侧面与底面→精铣下凸台侧面。

（四）设计进给路线

为便于计算，编程时将工件坐标系原点设定在工件上凸台圆弧中心上平面处。工件上平面铣削进给路线设计如图 2-15 所示，上凸台侧面外轮廓铣削进给路线如图 2-16 所示，下凸台侧面外轮廓铣削进给路线如图 2-17 所示。

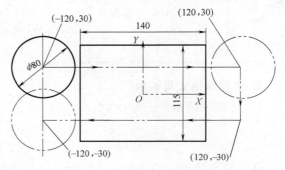

图 2-15 上平面铣削进给路线设计

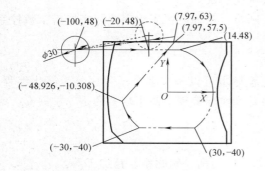

图 2-16 上凸台侧面外轮廓铣削进给路线　　图 2-17 下凸台侧面外轮廓铣削进给路线

（五）选择刀具与切削用量

刀具及切削用量的选择见表 2-7。

表 2-7 刀具及切削用量的选择

工步	加工顺序		刀具与切削参数		主轴转速 /(r/min)	进给速度 /(mm/min)	刀具补偿	
	加工内容	刀具规格					长度	半径/mm
		类型	材料					
1	铣削上平面	φ80mm 面铣刀	高速工具钢		360	80	H01	
2	粗铣上凸台侧面轮廓	φ30mm 立铣刀,2 刃	高速工具钢		400	100	H02	D22 = 16
3	清上凸台残料	φ30mm 立铣刀,2 刃	高速工具钢		400	100	H02	D23 = 28
4	粗铣下凸台左、右侧轮廓	φ30mm 立铣刀,2 刃	高速工具钢		400	100	H02	D22 = 16
5	精铣上凸台侧面轮廓	φ30mm 立铣刀,4 刃	高速工具钢		500	80	H03	D21 = 15
6	精铣上凸台底平面	φ30mm 立铣刀,4 刃	高速工具钢		500	80	H03	D23 = 28
7	精铣下凸台侧面轮廓	φ30mm 立铣刀,4 刃	高速工具钢		500	80	H03	D21 = 15

（六）确定编程原点

将编程原点选择在工件上凸台 φ100mm 圆弧的圆心与上表面交点处。

四、任务实施

（一）编写零件加工程序

零件的加工程序见表 2-8~表 2-10。

表 2-8 主程序

程　　序	说　　明
%8000	
N10　G17　G90　G21　G94　G54	初始化,设定工件坐标系,绝对坐标编程,选 XY 平面加工
N20　G00　X-160　Y160　M08	快速定位,切削液开
N30　M03　S360	主轴正转
N40　G43　Z0　H01	快速下刀,调用刀具长度补偿
N50　G01　X-120　Y30　F500	进给至工件左侧(-120,30)
N60　　X120　F80	
N70　　Y-30	行切进给,铣上表面
N80　　X-120	
N90　G00　G49　Z0　M05	抬刀,取消刀补,主轴停
N100　M09	切削液关
N110　M00	程序暂停(手工换第二把刀 T02)
N120　G00　X-100　Y48　M08	铣上凸台侧轮廓时 XY 平面定位点
N130　M03　S400　F100	主轴正转,设定主轴转速和进给速度
N150　G43　G00　Z-7.5　H02　M08	快速移动,并建立刀具长度补偿
N160　D22　M98　P801	调用上凸台侧面外轮廓加工子程序粗加工外轮廓,D22 = 16mm
N170　D23　M98　P801	调用上凸台侧面外轮廓加工子程序,去残料,D23 = 28mm
N180　G00　Y-80	Y 方向快速定位到(-100,-80)
N190　　X-34.317	X 方向快速定位到(-34.317,-80)

（续）

程　　序	说　　明
N200　　　Z-14	进给加工至图样尺寸
N210　　D22　M98　P802	调用下凸台侧面轮廓加工子程序进行粗加工，D22=16mm
N220　　G00　G49　Z0　M09	抬刀，关切削液
N230　　M05	主轴停
N240　　M00	程序暂停，手工换T03精铣刀
N250　　G00　X-100　Y48　M08	快速定位到(-100,48)
N260　　M03　S500　F80	起动主轴，设定加工参数
N280　　G43　G00　Z-8	快速移动并建立刀具长度补偿
N290　　D21　M98　P801	调用上凸台外侧面轮廓加工子程序，精加工外轮廓，D21=15mm
N300　　D23　M98　P801	调用最上面凸台外轮廓加工子程序，精加工底面，D23=28mm
N310　　G00　Y-80	Y方向快速定位到(-100,-80)
N320　　　X-34.317	X方向快速定位到(-34.317,-80)
N330　　G01　Z-14	进给加工至图样尺寸
N340　　D21　M98　P802	调用下凸台轮廓加工子程序，进行外轮廓精加工，D21=15mm
N350　　G00　G49　Z0　M05	抬刀，取消刀补
N360　　M30	程序结束

表 2-9　铣上凸台侧面轮廓子程序

程　　序	说　　明
%801	铣上凸台侧面轮廓子程序
N10　　G41　G01　X-20　Y48	
N20　　X14	
N30　　G02　X30　Y-40　R50	
N40　　G01　X-30	铣上凸台侧面轮廓
N50　　G02　X-48.926　Y-10.308　R50	
N60　　G01　X7.97　Y57.5	
N70　　G00　Y63	
N80　　G40　X-100　Y48	
N90　　M99	子程序结束

表 2-10　铣下凸台侧面轮廓子程序

程　　序	说　　明
%802	铣下凸台侧面轮廓子程序
N10　　G41　G01　X-34.317　Y-70	建立刀具半径补偿
N20　　　　X-60.037　Y-44.28	
N30　　G02　X-54.143　Y65　R200	铣下凸台左侧轮廓
N40　　G00　X65	
N40	

(续)

程　序	说　明
N50　G01　X65　Y43.589	铣下凸台右侧轮廓
N60　G03　X65　Y-43.589　R100	
N70　G0　Y-80	
N80　G40　X-34.317　Y-80	取消刀补
N90　M99	子程序结束

（二）零件的加工

1) 机床回参考点。
2) 找正机用平口钳，保证其与机床 X 轴的平行度。
3) 通过垫铁组合，保证工件伸出 5mm。
4) 安装 ϕ80mm 面铣刀。
5) 用 G54 设置工件零点，X、Y 零点在工件的对称中心，Z 零点在工件上表面。
6) 手动换刀，通过对刀确定 G54 的 X、Y 零点偏置值，并设定每把刀的刀补值。
7) 粗铣削工件上表面和外轮廓。
8) 测量工件，计算并修改刀补，精加工至图样尺寸。

（三）设备维护与保养

1) 关机之前须将主轴移至离机床 Z 轴参考点下约 50mm 处，工作台 X、Y 方向移至机床中间位置。
2) 关机后对机床进行清扫与润滑，按 6S 管理要求，收拾刀具与工量具，打扫场地，做好相关记录。

五、检查评估

本零件的检查内容与要求见表 2-11。

表 2-11　零件的检查内容与要求

序　号	检查内容	要　求	检　具	结　果
1	上平面	表面粗糙度值 Ra3.2μm	表面粗糙度样块	
2	上凸台	工件高 $34_{-0.06}^{0}$ mm	游标卡尺	
		上凸台高 $8_{-0.032}^{0}$ mm	游标卡尺	
3	上凸台侧面外轮廓	ϕ100mm	游标卡尺	
		88mm	游标卡尺	
		48mm	游标卡尺	
		50°	游标万能角度尺	
		表面粗糙度值 Ra3.2μm	表面粗糙度样块	
4	下凸台侧面外轮廓	R200mm	游标卡尺	
		121.556mm	游标卡尺	
		5mm	游标卡尺	
		R100mm	游标卡尺	

(续)

序 号	检查内容	要 求	检 具	结 果
4	下凸台侧面外轮廓	87.178mm	游标卡尺	
		111.817mm	游标卡尺	
		6mm	游标卡尺	
		表面粗糙度值 $Ra3.2\mu m$	表面粗糙度样块	

六、技能训练

试分析图 2-18 所示的零件，按资讯提示完成零件的加工工艺分析及程序编制，并在华中系统数控铣床上加工出来。

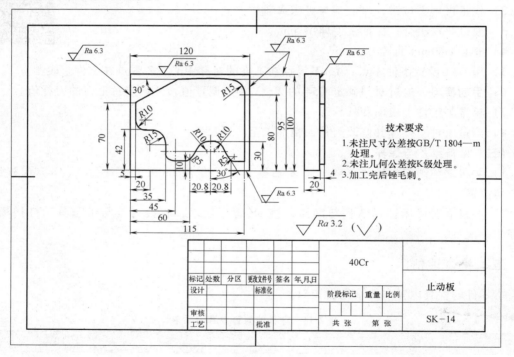

图 2-18 止动板

1. 资讯

1）该零件的生产是单件、小批还是大批？

2）该零件需要加工哪些部位？有何加工要求？

3）需要选用何种类型的数控机床？

4）该零件应选哪个面作为定位基准，工件如何装夹？选用什么夹具？

5）加工材料为 40Cr，应选什么刀具？铣外轮廓应选用什么刀具？对刀具半径有何要求？

6）加工时需用几把刀？如何选择刀具在 XY 平面内的定位点？

7）如何设计刀具的进给路线？切入、切出轨迹如何设计？

8）需选用几把刀具？粗、精铣刀具有何区别？切削用量如何选取？

9）顺铣外轮廓应选用哪个补偿指令？

10) 数控铣削采用两把刀具,应如何设定刀补值?

11) 零件加工完毕后,需要进行哪些检查?用什么量具?如何测量?

2. 计划与决策

选择机床、夹具、刀具、量具及毛坯类型,确定工件定位与夹紧方案、工作步骤、安全措施、零件检查内容与方法、机床保养内容及小组成员工作分工等。

3. 实施

（1）程序编制

（2）完成相关操作

开机前设备检查的内容与记录	
工件的装夹与找正	
工件坐标系的设定	
对刀，确定刀补值	
加工零件	
检查零件	
机床保养	

4. 检查

按附录 A 规定的检查项目和标准对技能训练进行检查与考核。

5. 评价与总结

按附录 B 规定的评价项目对学生技能训练进行评价。

任务三　以孔为主的盖板类零件的编程与加工

一、任务导入

（一）任务描述

使用数控铣床完成图 2-19 所示盖的加工。零件材料为 45 钢，毛坯尺寸为 100mm×60mm×15mm。四周和上、下表面已加工并达到图样要求。本任务的内容为加工零件上各孔，要求制订正确的加工工艺方案，正确选择刀具和切削用量，编制数控加工程序，加工出符合图样要求的零件。

（二）知识目标

1. 掌握孔加工固定循环指令的格式与应用。
2. 掌握孔加工方案的制订与刀具的选择方法。
3. 掌握孔零件的加工方法。

（三）能力目标

1. 会编制孔零件的加工程序，正确选择刀具和切削液并进行加工。
2. 能处理加工过程中出现的故障，并对工件的质量进行检测与控制。

（四）素养目标

通过优化孔加工方法，合理选择机床与刀具，培养学生成本、质量、效率意识，树立正确世界观和价值观。

二、知识准备

（一）孔的加工方法

由于获得同一级精度及表面粗糙度的加工方法有多种，因而在实际选择时，要结合零件

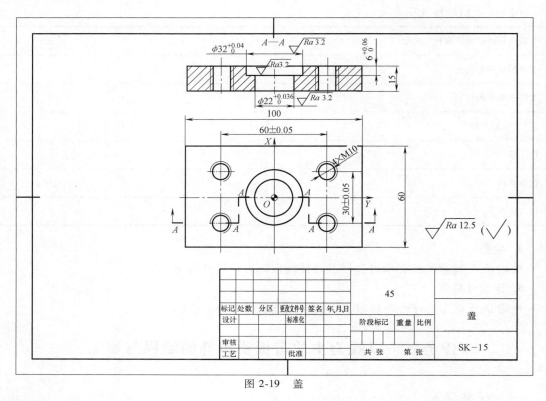

图 2-19 盖

的形状、尺寸、生产批量、毛坯材料及毛坯热处理等情况合理选用加工方法。此外,还应考虑生产率、经济性的要求和工厂的设备等实际情况。

在数控铣床上,常用的孔加工方法有钻孔、扩孔、铰孔、粗/精镗孔及攻螺纹等。通常情况下,在数控铣床上能较经济地加工出尺寸公差等级为 IT7~IT9 的孔,推荐的孔加工方法见表 2-12。

表 2-12 数控铣床上孔的加工方法

孔的尺寸公差等级	有无预制孔	孔尺寸/mm				
		φ0~φ12	φ12~φ20	φ20~φ30	φ30~φ60	φ60~φ80
IT9~IT11	无	钻→铰	钻→扩		钻→扩→镗(或铰)	
	有	粗扩→精扩;或粗镗→精镗(余量少可一次性扩孔或镗孔)				
IT8	无	钻→扩→铰	钻→扩→精镗(或铰)		钻→扩→粗镗→精镗	
	有	粗镗→半精镗→精镗(或精镗孔)				
IT7	无	钻→粗铰→精铰	钻→扩→粗铰→精铰;或钻→扩→粗镗→半精镗→精镗			
	有	粗镗→半精镗→精镗(如仍达不到精度要求,还可进一步采用精镗)				

注:1. 在加工直径小于 30mm 且没有预制孔的毛坯孔时,为了保证钻孔加工的定位精度,可选择在钻孔前先将孔口端面铣平或采用钻中心孔的加工方法。

2. 对于表中的扩孔及粗镗加工,也可采用立铣刀铣孔的加工方法。

3. 在加工螺纹孔时,先加工出螺纹底孔,对于 M6 以下的螺纹,通常不在数控铣床上加工。

4. 对于 M6~M20 的内螺纹,通常采用攻螺纹的加工方法;而对于 M20 以上的内螺纹,可采用螺纹镗刀镗削加工。

（二）孔加工进给路线的确定

1. 进给路线的确定原则

在数控加工中，刀具刀位点相对于零件运动的轨迹称为加工路线。其确定原则如下：

1) 加工路线应保证零件的精度、表面粗糙度及加工效率。
2) 数值计算简便，以减少编程工作量。
3) 应使加工路线最短，这样既可减少程序段，又可减少空刀时间。
4) 根据工件的加工余量，以及机床、刀具的刚度等具体情况确定。

2. 加工路线的确定

（1）孔加工导入量 孔加工导入量（见图 2-20 中 ΔZ）是指在孔加工过程中，刀具自快进转为工进时，刀尖点位置与孔上表面之间距离。孔加工导入量由工件表面的尺寸变化量决定，一般情况下取 2~10mm。当孔上表面为已加工表面时，导入量取较小值（一般取 2~5mm）；当加工螺纹孔或孔上表面为未加工表面时，导入量取较大值（一般取 5~10mm）。

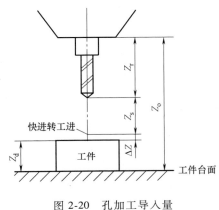

图 2-20 孔加工导入量

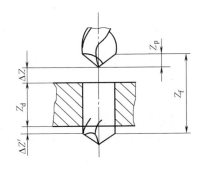

图 2-21 孔加工超越量

（2）孔加工超越量 钻通孔时，超越量（见图 2-21 中 $\Delta Z'$）$\geqslant 0.3d + (1~3\text{mm})$（$d$ 为钻头直径）；镗通孔时，刀具超越量取 1~3mm；铰通孔时，刀具超越量取 3~5mm。

（3）相互位置精度要求较高的孔系的加工路线 对于位置精度要求较高的孔系，特别要注意孔的加工顺序的安排，避免将坐标轴的反向间隙带入，影响位置精度。

在图 2-22a 所示的零件上镗六个尺寸相同的孔，有两种加工路线。当按图 2-22b 所示的路线加工时，由于 5、6 孔与 1、2、3、4 孔定位方向相反，Y 轴反向间隙会使定位误差增加，进而影响 5、6 孔与其他孔的位置精度。

当按图 2-22c 所示的路线加工时，由于 5、6 孔与 1、2、3 孔定位方向相同，Y 轴方向反向间隙不起作用，所以选择图 2-22c 所示的孔加工顺序有利于提高孔系的位置精度。

（三）孔加工用刀具及切削用量的选择

1. 孔加工用刀具

（1）麻花钻 钻头是用于在实心材料上加工孔的刀具之一。钻头的种类很多，常用的有扁钻、麻花钻、中心钻及深孔钻等，其中以麻花钻最为典型，使用最为广泛。

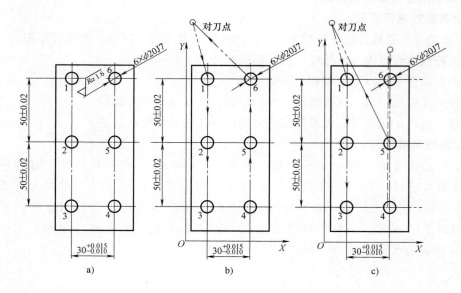

图 2-22 孔系的加工路线

标准麻花钻主要由夹持部分和工作部分组成，如图 2-23 所示。

夹持部分用于装夹钻头和传递动力，包括柄部和颈部。柄部有圆柱柄和莫氏锥柄两种，小直径麻花钻多做成圆柱柄，大直径麻花钻多做成莫氏锥柄。

颈部是柄部与工作部分的连接部分，印有厂标、规格等标记。磨削柄部时，颈部起砂轮退刀槽的作用。直柄钻头多无柄部。

（2）扩孔钻 扩孔钻是用于在原有孔基础上进行孔扩大的一种刀具，如图 2-24 所示。与麻花钻相比，扩孔钻没有横刃，钻芯较粗，刚度好，且刀齿较多（3~4 齿），导向性好，切削平稳。

图 2-23 麻花钻

（3）铰刀 铰刀是用于孔的精加工和半精加工的刀具，如图 2-25 所示。由于铰削的加工余量很小，铰刀的齿数较多、修光刃长，故其加工精度较高，表面粗糙度值较小。

铰刀由工作部分、颈部及柄部三部分组成。工作部分主要有切削部分和校准部分，校准部分包括圆柱部分和倒锥部分。

铰刀的分类如下：

1) 手用铰刀，包括整体式和可调式两种。

2) 机用铰刀，有直槽和螺旋槽两种结构，且这两种结构的机用铰刀都有直柄、锥柄和套式三种类型。

（4）镗刀 镗刀从结构上可分为整体式镗刀柄、模块式镗刀柄和镗头三类。从加工工艺要求上可分为粗镗刀和精镗刀，如图 2-26 所示。

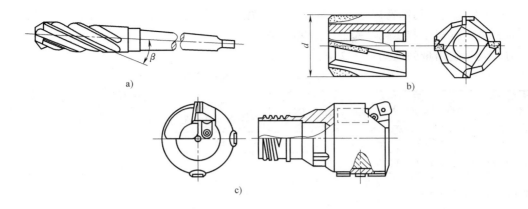

图 2-24 扩孔钻
a）整体式扩孔钻　b）硬质合金焊接套式扩孔钻　c）可调式扩孔钻

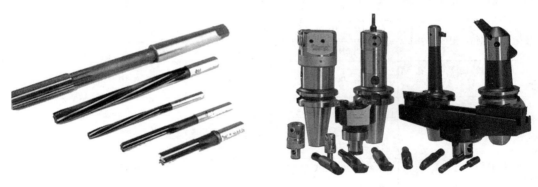

图 2-25　铰刀　　　　　　　　图 2-26　镗刀

2. 切削用量的选择

（1）切削用量的选择原则　粗加工孔时，应尽量保证较高的金属切除率和必要的刀具寿命。因此，首先选尽可能大的背吃刀量 a_p；其次，根据机床动力和刚性的限制条件，选取较大的进给量 f；最后根据刀具寿命要求，确定合适的切削速度 v_c。精加工孔时，首先根据粗加工余量确定背吃刀量 a_p；其次，根据已加工表面的表面粗糙度要求，选取合适的进给量 f；最后在保证刀具寿命的前提下，尽可能选取较高的切削速度 v_c。

（2）切削用量的选择方法

1）背吃刀量 a_p。粗加工孔时，除留精加工余量外，在机床刚性允许的前提下，一次走刀尽可能切除全部余量。当切削表面有硬皮的铸件时，应尽量使 a_p 大于硬皮层厚度，以保护刀尖。精加工的加工余量较小，可一次切除。

2）进给量。进给量主要根据零件的加工精度、表面粗糙度要求及刀具与工件的材料性质选取。粗加工孔时，主要根据机床进给机构的强度、刀杆的强度和刚度、刀具材料、刀杆和工件尺寸及已选定的背吃刀量来选取；精加工孔时，主要依据表面粗糙度要求、刀具与工件材料等因素来选取。

3）切削速度。切削速度主要根据已选定的背吃刀量、进给量及刀具寿命来选取。实际加工时，也可根据生产实践经验或用查表法来确定。

刀具及切削用量的选择见表 2-13。

表 2-13 刀具及切削用量的选择

刀具名称及型号	被加工材料及硬度	切削速度 v_c/(m/min)	进给量 f/(mm/r)	背吃刀量 a_p/mm
整体硬质合金中心钻 YZX	钢、铸铁	8~12	0.01~0.08	—
整体硬质合金定心钻 YDZ	钢、铸铁	10~15	0.02~0.10	—
硬质合金锥柄扩孔钻 YHKZ	碳素钢 170~200HBW	25~35	0.05~0.30	≤2.5
	铸铁 200HBW	25~35	0.08~0.40	
硬质合金强力钻 QZ	软钢、铸铁	60~90	0.20~0.40	3d（d—钻头直径）
	合金钢、工具钢	20~40	0.15~0.25	
硬质合金锥柄机用铰刀 JDM	碳素钢 200HBW	6~10	0.10~0.25	铰削余量 0.15~0.30
	铸铁 200HBW	8~12	0.20~0.40	
硬质合金直柄机用铰刀 JDZ	碳素钢 200HBW	6~10	0.10~0.25	
	铸铁 200HBW	8~12	0.20~0.40	
可转位螺旋沟浅孔钻 QKX、QKW	碳素钢 200HBW	80~100	0.07~0.10	—
精密微调镗刀	软钢 180HBW 以下	140~160	0.05~0.15	每次背吃刀量为 0.05~0.8（径向）
	碳素钢、合金钢 180~280HBW	130~150		
	不锈钢 200HBW 以下	120~130		
	铸铁抗拉强度 450MPa 以下	100~110		
	铝合金	150~170		
整体硬质合金直柄铰刀 YJD	合金钢≤300HBW	6~12	0.15~0.25	铰削余量为 0.08~0.12
	合金钢>300HBW	4~10	0.10~0.20	
	灰铸铁≤200HBW	8~15	0.15~0.25	
	灰铸铁>200HBW	5~10	0.15~0.25	
整体硬质合金螺旋槽铰刀 YLJD	在相同条件下，切削速度可比整体硬质合金直柄铰刀提高 10%~15%			
整体硬质合金小孔径镗刀 YTD	钢、铸铁≤300HBW	30~50	0.05~0.15	镗孔余量为 0.05~0.8

（四）孔加工固定循环指令

数控加工中，某些加工动作循环已经固定化。例如，钻孔、镗孔的动作包括孔位平面定位、快速引进、工作进给、快速退回等，这样一系列典型的加工动作已经预先编好程序，并存储在内存中，可用包含 G 代码的一个程序段调用，从而简化编程。这种包含了典型动作循环的 G 代码称为固定循环指令。固定循环指令多用于孔加工，包括钻孔、镗孔及攻螺纹等。

华中数控系统的固定循环指令见表 2-14。

表 2-14 华中数控系统的固定循环指令

指令	刀具切入动作 （动作 3）	刀具孔底动作 （动作 4）	刀具返回动作 （动作 5）	用途
G73	间歇进给	—	快速移动	深孔断屑循环
G74	切削进给	主轴暂停→主轴正转	切削进给	攻左旋螺纹循环
G76	切削进给	主轴定向停止	快速移动	精镗孔循环
G80	—	—	—	自动切削循环取消
G81	切削进给	—	快速移动	钻孔循环
G82	切削进给	主轴暂停	快速移动	锪孔、镗阶梯孔循环
G83	间歇进给	—	快速移动	深孔排屑循环
G84	切削进给	主轴暂停→主轴反转	切削进给	攻右旋螺纹循环
G85	切削进给	—	切削进给	铰孔循环
G86	切削进给	主轴停止	快速移动	镗孔循环
G87	切削进给	主轴停止	快速移动	反镗孔循环
G88	切削进给	主轴暂停→主轴停止	手动操作	镗孔循环
G89	切削进给	主轴暂停	切削进给	精镗阶梯孔循环

1. 孔加工固定循环的动作

孔加工固定循环通常由六个动作构成，如图 2-27 所示，实线表示切削进给，虚线表示快速移动。

动作 1：X、Y 轴定位。

动作 2：快速运动到 R 点（参考平面）。

动作 3：加工孔。

动作 4：在孔底的动作（包括主轴停止、暂停、让刀及主轴换向等）。

动作 5：退回到 R 点（参考平面或 R 点平面）。

动作 6：快速返回到初始点。

孔加工时需正确设置三个高度平面，分别为初始平面、R 点平面和孔底平面。

（1）初始平面 初始平面是为安全下刀而设定的一个平面，在执行孔加工循环功能之前，应使刀具定位到该平面。初始平面又称为安全平面，在执行循环指令前刀具所在的位置视为初始点。

（2）R 点平面 R 点平面又称为参考平面或进给平面，是刀具下刀时从快速进给转为切削进给（工进）的高度平面，也是刀具返回时可选择的一个高度平面。确定 R 点平面到工件表面的距离主要考虑工件表面尺寸的变化，一般取 2~5mm。

（3）孔底平面 加工不通孔时，孔底平面就是孔底的位置高度；加工通孔时，一般刀具还要伸出工件底平面一段距离，以保证孔深全部加工到尺寸。钻削加工时还应考虑钻头钻尖对孔深的影响，以普通麻花钻为例，钻尖处的顶角约为 118°。加工通孔时的轴向超越距离可按 0.3d+（1~2mm）确定。

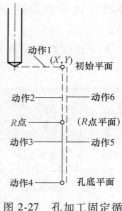

图 2-27 孔加工固定循环的动作

2. 孔加工固定循环指令的格式

G17/G18/G19 G__ G98/G99 X__ Y__ Z__ R__
Q__ P__ I__ J__ K__ F__ L__

编程指令由以下五部分组成：

1）指定孔定位平面和加工轴。孔定位平面由 G17、G18、G19 指定，孔加工轴为坐标平面的垂直轴。取消固定循环后，才能转换加工轴。

2）孔加工循环方式，即固定循环代码 G73、G74、G76 和 G81~G89 中的任一个。

3）刀具返回。G98 指令返回初始平面，G99 指令返回 R 点平面。在同一平面上加工多个孔时，一般开始用 G99 指令，最后用 G98 指令。

4）孔位置数据。在 G17 指令下，X、Y 指令孔的位置坐标，即被加工孔的位置。G18/G19 类似 G17。

5）孔加工数据

① 孔底数据。加工轴为定位平面以外的基本轴，G17 指令对应 Z 轴，G18 指令对应 Y 轴，G19 指令对应 X 轴。例如在 G17 指令下，孔底数据为 Z，其为 R 点到孔底的距离（G91 时）或孔底坐标（G90 时），如图 2-28 所示。

② R 点数据。R 为初始点到 R 点的距离（G91 时）或 R 点的坐标值（G90 时），如图 2-28 所示。

③ Q 值在不同固定循环中的含义有所不同。在深孔加工循环 G73、G83 中，Q 值为每次切入量，是增量值，Q<0。在精镗循环 G76 和反镗循环 G87 中 Q 值为孔底移动距离，移动方向由参数设置，且此值为无符号增量。

④ P 值为暂停时间，设定方法与 G04 相同。

⑤ I、J 指定刀尖向反方向的移动量（分别在 X、Y 轴向上）。

⑥ 在 G73、G83 指令中，K 指定每次退刀（G73 或 G83 时）的刀具位移增量，K>0。

⑦ F 指定切削进给速度，单位为 mm/min。若

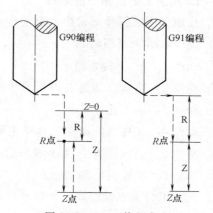

图 2-28 Z、R 值的求法

为攻螺纹方式,则 $F=nP$,n 为主轴转速(r/min)由 S 指定,P 为螺距(mm)。孔加工数据为模态值,不变的数据不必重复指令,一旦指令,不受 G90/G91 和孔加工循环方式改变的影响,只有在 G80 或 01 组 G 指令取消加工时,才清除 F 以外的所有加工数据。

⑧ L 指定固定循环从动作 1 到动作 6 的重复次数。L 的最大值为 9999,默认值为 1,只有在指定的程序段内有效。如果 L 值指定为零,那么只存储加工数据,不加工孔。孔位置数据为增量值(G91)时,则加工出等距离孔;若用绝对坐标编程,则在同一位置重复进行孔加工。在固定循环执行过程中,如果复位,则孔加工方式、孔加工数据、孔位置数据及重复次数等数据均被取消。

3. 固定循环指令

固定循环指令及其动作轨迹见表 2-15。

表 2-15 固定循环指令及其动作轨迹

G 指令	指令含义	格 式	图 示
G73	高速深孔钻断屑循环	G98 G73 X__ Y__ Z__ R__ Q__ P__ K__ F__ G99 G73 X__ Y__ Z__ R__ Q__ P__ K__ F__	
G83	高速深孔钻排屑循环	G98 G83 X__ Y__ Z__ R__ Q__ P__ K__ F__ G99 G83 X__ Y__ Z__ R__ Q__ P__ K__ F__	

（续）

G指令	指令含义	格式	图示
G81	钻孔、点钻循环	G98 G81 X__ Y__ Z__ R__ F__ G99 G81 X__ Y__ Z__ R__ F__	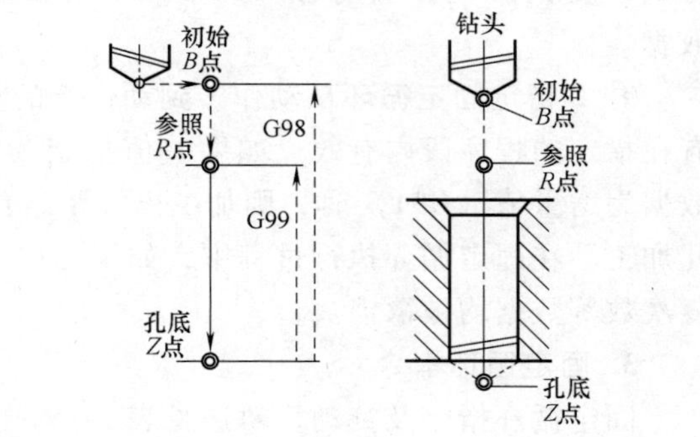
G74	攻左旋螺纹循环	G98 G74 X__ Y__ Z__ R__ P__ F__ G99 G74 X__ Y__ Z__ R__ P__ F__	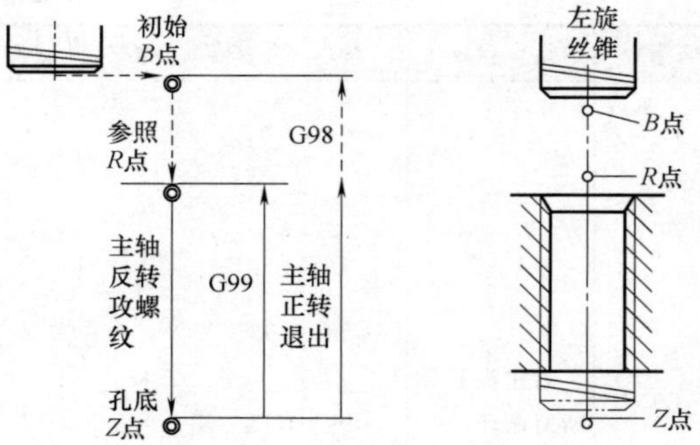 主轴转速与进给速度同步
G84	攻右旋螺纹循环	G98 G84 X__ Y__ Z__ R__ P__ F__ G99 G84 X__ Y__ Z__ R__ P__ F__	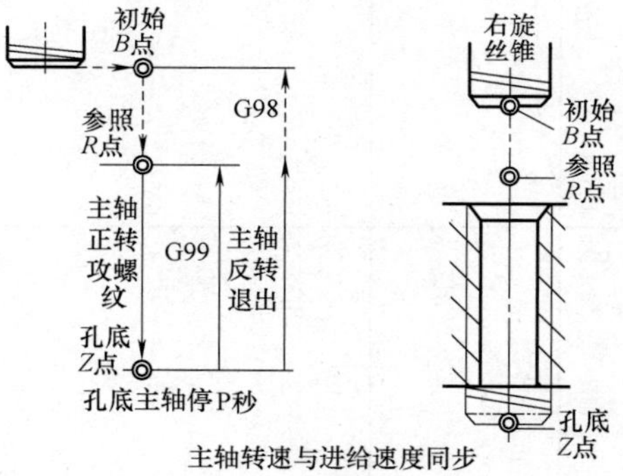 孔底主轴停P秒 主轴转速与进给速度同步
G82	锪孔、粗镗阶梯孔循环	G98 G82 X__ Y__ Z__ R__ P__ F__ G99 G82 X__ Y__ Z__ R__ P__ F__	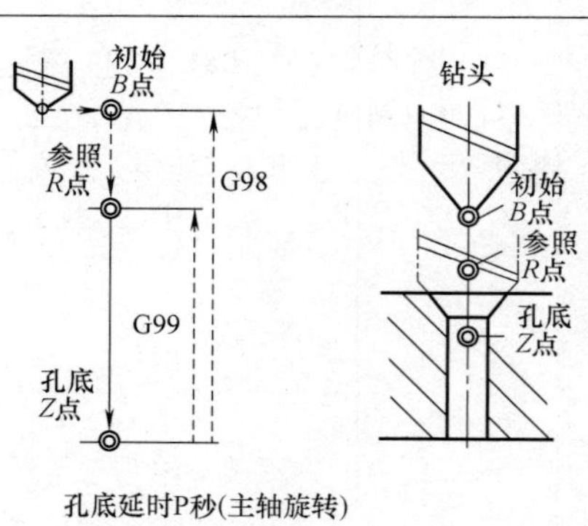 孔底延时P秒（主轴旋转）

（续）

G 指令	指令含义	格　式	图　示
G86	粗镗孔循环	G98 G86 X__ Y__ Z__ R__ F__ G99 G86 X__ Y__ Z__ R__ F__	
G85	铰孔、精镗孔循环	G98 G85 X__ Y__ Z__ R__ F__ G99 G85 X__ Y__ Z__ R__ F__	
G76	精镗孔循环	G98 G76 X__ Y__ Z__ R__ P__ I__ J__ F__ G99 G76 X__ Y__ Z__ R__ P__ I__ J__ F__	
G87	反（背）镗孔循环	G98 G87 X__ Y__ Z__ R__ P__ I__ J__ F__ G99 G87 X__ Y__ Z__ R__ P__ I__ J__ F__	

（续）

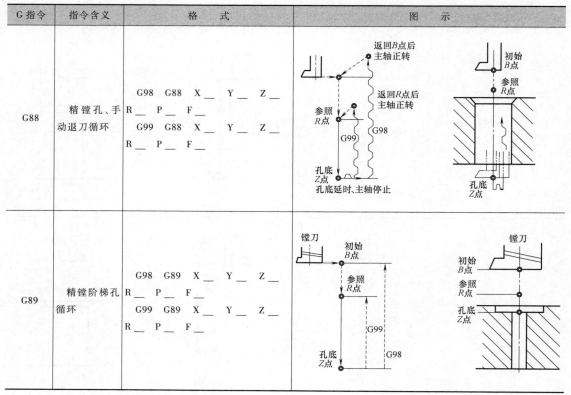

三、方案设计

图 2-19 所示的盖，适合用数控铣床加工。要编制其加工程序，首先需要了解孔加工刀具的选择和使用；其次要根据孔的形状和加工特点选择合适的固定循环指令；最后按照数控系统的格式进行编程。

深孔加工要考虑冷却和排屑问题，所以在加工的过程中要有停顿和退刀的动作。

在孔加工过程中要保证孔距尺寸精度，就必须在钻孔之前使用中心钻钻中心孔。

（一）分析零件图

该零件加工要求较高的部位是两个同轴孔 $\phi 22_{\ 0}^{+0.036}$ mm 和 $\phi 32_{\ 0}^{+0.04}$ mm，表面粗糙度值均为 $Ra3.2\mu m$，并有公差要求。因此，在安排粗加工之后还要安排精加工。

（二）选择机床及夹具

选择机床应根据加工零件的形状、尺寸、精度要求及现有条件进行。本零件为盖板类零件，选择普通精度的数控铣床即可满足加工要求。夹具可选择 0~200mm 机用平口钳。

（三）确定工件坐标系

根据对零件图的分析，选择工件上表面中心为工件坐标系原点。

（四）制订加工方案

安排加工顺序时应遵循"先粗后精、先主后次"的原则。螺纹加工一般安排在最后一个工步完成。

本零件要加工的孔可在机床上一次装夹完成,故安排在一道工序中,该工序根据所用刀具的不同和粗、精加工的不同可划分为七个工步。考虑两个同轴孔的精度要求,先安排粗加工,待四个螺纹底孔加工完成后再精加工,目的是使两个同轴孔有更多的时间进行冷却。

工步顺序安排如下:

1) 使用 φ16mm 键槽铣刀粗铣 φ32mm 孔,留精加工余量 1mm。
2) 使用 φ16mm 键槽铣刀粗铣 φ22mm 孔,留精加工余量 1mm。
3) 使用 φ3mm 中心钻在四个通孔中心位置钻四个定位孔,孔深 5mm。
4) 使用 φ8.6mm 麻花钻钻四个螺纹底孔。
5) 使用 φ16mm 立铣刀精铣 φ32mm 孔。
6) 使用 φ16mm 立铣刀精铣 φ22mm 孔。
7) 使用 M10 丝锥攻四个螺纹孔。

(五)选择刀具与切削用量

刀具与切削用量的选择见表 2-16。

表 2-16 刀具与切削用量的选择

图号	零件名称	材料	数控刀具明细表		程序编号	车间	使用设备	
SK-15	盖	45			%001	数控实训室	XH714D	
刀号	刀具名称	刀具规格			刀补地址		换刀方式	主轴转速 /(r/min)	进给速度 /(mm/min)
		直径		长度	半径	长度	自动/手动		
		选定	补偿值	选定					
T01	键槽铣刀	φ16mm	8.5mm		D01	H01	手动	400	50/80
T02	中心钻	φ3mm				H02	手动	1200	60
T03	麻花钻	φ8.6mm				H03	手动	600	60
T04	立铣刀	φ16mm	8mm		D04	H04	手动	500	50
T05	机用丝锥	M10				H05	手动	300	450

四、任务实施

(一)编写零件加工程序

加工程序见表 2-17。

表 2-17 加工程序

程 序	说 明
%001	
N10 G90 G17 G94 G40 G54	初始化,之前手工装好 T01(φ16mm 键槽铣刀)
N20 G00 X0 Y0 S400 M03	快速定位到孔中心位置,起动主轴,设定主轴转速
N25 G43 Z5 H01	调用 1 号刀具长度补偿
N30 G01 Z-5.8 F50	Z 向进给(底面留加工余量 0.2mm)
N40 G41 X16 Y0 D01 F80	半径补偿建立(D01=8.5mm)
N50 G03 X16 Y0 I-16 J0	粗铣孔 φ32mm
N60 G01 G40 X0 Y0	取消刀具半径补偿
N70 G01 Z-16 F50	Z 向进给
N80 G41 X11 Y0 D01 F80	半径补偿建立(D01=8.5mm)

（续）

程　　序	说　　明
N90 G03 X11 Y0 I-11 J0	粗铣孔 φ22mm
N100 G01 G40 X0 Y0	取消刀具半径补偿回孔中心
N110 G00 G49 Z200	取消刀具长度补偿，提刀
N120 M05	
N130 M00	程序暂停，手工装好 T02(φ3mm 中心钻)
N140 G90 G17 G94 G40 G80 G54	初始化，建立工件坐标系
N150 G00 X0 Y0	
N160 G43 Z50 H02 M08	调用 2 号刀具长度补偿，开切削液
N170 S1200 M03	起动主轴，设定主轴转速
N180 G99 G81 X30 Y15 Z-5 R5 F60	钻四个定位孔
N190 Y-15	
N200 X-30	
N210 G98 Y15	
N220 G00 G49 Z200	取消固定循环和刀具长度补偿，提刀
N230 M05	
N240 M00	程序暂停，手工换 T03(φ8.6mm 麻花钻)
N250 G90 G17 G94 G40 G54 G00 X0 Y0	初始化，建立工件坐标系
N260 G43 Z50 H03	调用 3 号刀具长度补偿
N270 S600 M03	起动主轴，设定主轴转速
N280 G99 G73 X30 Y15 Z-18 R5 Q-5 F60	钻四个螺纹底孔
N290 Y-15	
N300 X-30	
N310 G98 Y15	
N320 G00 G49 Z200	取消固定循环和刀具长度补偿，提刀
N330 M05	
N340 M00	程序暂停，手工换 T04(φ16mm 立铣刀)，测量孔径，需要时修改刀补值 D04
N350 G90 G17 G94 G40 G54	初始化，建立工件坐标系
N360 G00 X0 Y0 S500 M03	
N370 G43 Z5 H04 M08	调用 4 号刀具长度补偿
N380 G01 Z-6 F50	
N390 G41 X16 Y0 D04	
N400 G03 X16 Y0 I-16 J0	精铣孔 φ32mm
N410 G00 G40 X0 Y0	
N420 Z-16 F50	
N430 G01 G41 X11 Y0 D04	
N440 G03 X11 Y0 I-11 J0	精铣孔 φ22mm
N450 G00 G40 X0 Y0	
1N460 G49 Z200	
N470 M05	
N480 M00	程序暂停，手工换 T05(M10 丝锥)

(续)

程　　序	说　　明
N490 G90 G17 G94 G40 G80 G54	
N500 G00 X0 Y0	
N510 G43 Z50 H05 M08	调用5号刀具长度补偿,开切削液
N520 S300 M03	起动主轴,设定主轴转速
N530 G99 G84 X30 Y15 Z-18 R5 P3000 F450	
N540 Y-15	
N550 X-30	攻四个螺纹孔
N560 G98 Y15	
N570 G00 G49 Z200	
N580 M30	程序结束

思考:

1) 如果采用子程序和主程序编程方式,该程序应如何编制?
2) M10 螺纹底孔如何计算?
3) 攻螺纹时的进给速度(F450)如何计算?
4) 如果工件中心两同轴孔是事先留有加工余量的孔,应选用哪个固定循环指令?

(二)零件的加工

1) 机床回参考点。
2) 装夹工件,以工件底面为基准。在工件下放两个等高垫块,要求工件上表面高出钳口 3~5mm,夹紧力适中。
3) 刀具用弹簧夹头夹持,装刀,对刀,确定 G54 坐标系。
4) 输入程序并检验。
5) 自动加工并测量工件。

五、检查评估

本零件的检查内容与要求见表 2-18。

表 2-18　零件的检查内容与要求

序号	检查内容	要　　求	检　具	结　果
1	四个孔	M10	螺纹规	
		表面粗糙度值 $Ra12.5\mu m$	表面粗糙度样块	
2	孔距	30mm±0.05mm	游标卡尺	
		60mm±0.05mm	游标卡尺	
3	孔	$\phi32_0^{+0.04}$mm	游标卡尺	
		$6_0^{+0.06}$mm	游标深度卡尺	
		表面粗糙度值 $Ra3.2\mu m$	表面粗糙度样块	
		阶梯表面粗糙度值 $Ra3.2\mu m$	表面粗糙度样块	
4	孔	$\phi22.0_0^{+0.036}$mm	游标卡尺	
		深 15mm	游标卡尺	
		表面粗糙度值 $Ra3.2\mu m$	表面粗糙度样块	

六、技能训练

试分析图 2-29 所示的零件,按资讯提示完成零件的加工工艺分析及程序编制,并在华中系统数控铣床上加工出来。

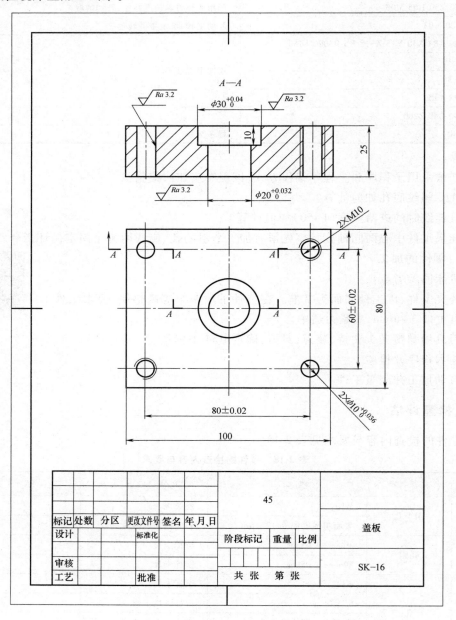

图 2-29 盖板

1. 资讯

1)根据零件特点,需选用何种类型的数控机床?

2)需要加工哪些部位?其中哪些部位精度要求较高?

3）图中四个孔的孔距有尺寸精度要求，在没有钻夹具情况下能否直接用钻头钻孔？

4）M10 螺纹底孔如何计算？

5）制订零件图中各种孔的加工方法。

6）如何安排该零件的加工顺序？列出其加工工艺路线。

7）加工时需要用哪几把刀具？

8）主轴转速根据哪些因素确定？如何计算？

9）工件坐标系设在何处？

10）数控铣编程时，手工换刀如何处理？

11）编制孔加工程序时，需选用哪几个固定循环指令？

12）加工孔时是否使用刀具半径补偿？如用，什么时候用？

13）工件用什么夹具装夹？

14）对刀时，为什么只用一把刀来确定工件在机床坐标系中 X、Y 轴上的位置，而其他刀具只进行 Z 轴方向对刀？

15）零件加工完毕，需要进行哪些检查？要用什么量具？如何测量？

2. 计划与决策

选择机床、夹具、刀具、量具及毛坯类型，确定工件定位与夹紧方案、工作步骤、安全措施、工件坐标系、粗加工去毛坯余量、零件检查内容与方法、量具和机床保养内容及小组成员工作分工等，并计算坐标点。

3. 实施

(1) 程序编制

（2）完成相关操作

机床运行前的检查	
工件装夹与找正	
程序输入	
装刀,对刀,输入 G54 坐标值和刀补值	
程序校验与模拟加工轨迹录屏	
零件加工	
量具选用,零件检查并记录	
机床、工具、量具保养与现场清扫	

4. 检查

按附录 A 规定的检查项目和标准对技能训练进行检查与考核。

5. 评价与总结

按附录 B 规定的评价项目对学生技能训练进行评价。

任务四 槽类零件的编程与加工

一、任务导入

（一）任务描述

使用 SINUMERIK 802S 系统数控铣床,对图 2-30 所示的型腔板进行编程及加工。

（二）知识目标

1. 了解 SINUMERIK 802S 系统指令的基本功能及用途。
2. 掌握 SINUMERIK 802S 系统常用铣削循环指令格式及参数含义。
3. 掌握键槽加工刀具及切削用量的选择。

（三）能力目标

1. 会根据槽的尺寸及结构特征设定相应的循环参数,并正确选择刀具。
2. 会合理选择切削用量,调整参数对加工精度进行控制,并对零件质量进行检测。

（四）素养目标

培养学生具体情况具体分析,合理选择编程方法与指令的能力,提高工作效率,实现节能降耗。

二、知识准备

（一）型腔槽类零件的加工方法

1. 圆型腔的加工

圆型腔的加工一般从圆心开始,可先预钻一孔,以便进刀。如图 2-31 所示,挖圆型腔时,刀具快速定位到 R 点,从 R 点转入切削进给,先铣一层,切削深度为 Q。在同一层中,刀具按略小于宽度 H（行距）进刀,按圆弧进给。实际加工中,H 值的选取应小于刀具直径,以免留下残料,依次进刀,直至达到孔的尺寸要求。加工完一层后,刀具快速回到孔中心,再轴向进刀,加工下一层,直至到达孔底尺寸 Z。最后快速退刀,离开孔腔。

关于圆型腔加工,西门子数控系统已将其加工过程编制成宏程序,用户通过调用固定循环即可完成加工。

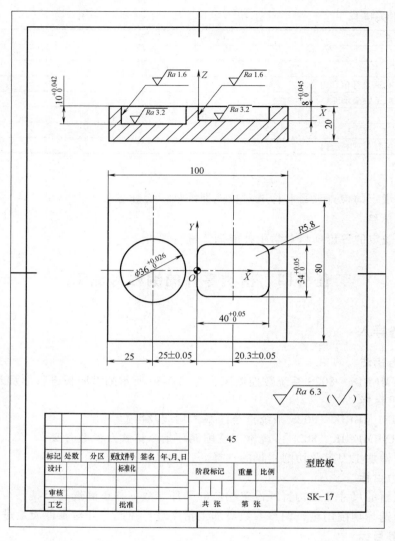

图 2-30 型腔板

2. 方型腔的加工

方型腔的加工与圆型腔的加工相似，但进给路线有如下几种：

1）图 2-32a 所示为从角边起刀，按"己"字形走刀。这种进给路线编程简单，但在行间两端有残留。

2）图 2-32b 所示为从中心起刀，按逐圈扩大的路线进给，因每圈需变换终点位置尺寸，故编程复杂，但型腔中无残留。

3）图 2-32c 所示的进给路线，结合了前两种进给路线的优点，先以"己"字形安排进给路线，最后沿型腔四周进给，切除残留。

编程时，刀具先在初始平面快速定位到 S 点，然后轴向快速定位到 R 点，从 R 点转入切削进给至第一层深度，按上述三种进给路线之一进行一层加工。切完一层后，刀具回到出发点，再轴向进刀，切除第二层，直到腔底。切完后，刀具快速离开方型腔。

关于方型腔的加工，西门子数控系统已将其加工过程编制成宏程序，用户通过指令调用并对相应参数赋值即可完成加工。

3. 开口腔（槽）的加工

对于开口腔（槽）的铣削，由于是通槽，故可采用行切法来回铣削，换向在工件外部完成，如图2-33所示。

4. 带岛屿的型腔的加工

带岛屿的型腔的加工，不但要照顾到轮廓，还要保证岛屿不被过切。为简化编程，可先将型腔的外形按内轮廓进行加工，再将岛屿按外轮廓进行加工，使剩余部分远离内轮廓及岛屿，最后按无界平面进行挖腔加工。

5. 切削间距参数的设定

切削间距是指相邻两行刀具中心之间的距离。根据经验，切削间距通常为（0.8~0.9）d，d为刀具直径。在保证

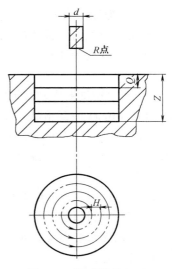

图2-31 圆型腔的加工

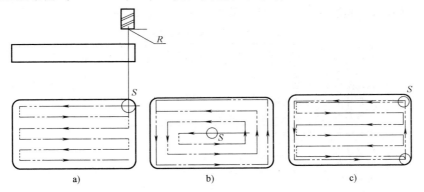

图2-32 方型腔的加工

铣削效率最高情况下，通常刀具半径补偿以切削间距为增量值（刀具从外向内切削时）。

6. 下刀位置的设计

不管是外形铣削还是挖槽，下刀点位置应尽量设在工件外空料处或要加工的废料部位。若下刀点位于空料位置，可直接用G00下刀；若在工件表面下刀，最好用键槽铣刀；若一次切削深度较大，宜先钻引孔，然后用立铣刀或键槽铣刀从引孔处下刀。精修槽形边界时，也应和外形轮廓铣削一样考虑刀具的引入和引出问题，尽可能地采用切向引入、引出，并且使用刀具半径补偿来确保尺寸精度。为保证槽底的质量，测量后应对槽底进行小余量的精修加工。

一处槽形加工完成，进行另一处槽形加工前，必须先用G00指令进行提刀操作，提到坯料表面安全处，再移动至下一个下刀点处，移动过程中应避免出现干涉。

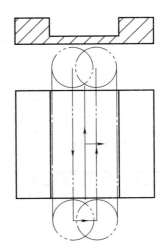

图2-33 通槽加工

（二）型腔槽类零件加工刀具的选择

根据槽的不同形状特征和加工要求，可选择不同尺寸、形状的刀具及不同的切削用量。槽可分为一般型腔槽和特型槽（T形槽、V形槽及燕尾槽）。一般型腔槽刀具的选择应注意以下几点：

1）对于精度要求较高的零件，刀具半径须小于加工圆角半径，以便预留精加工余量。例如加工 $R6mm$ 的圆角时，需考虑预留单边 0.2mm 的精加工余量，因此应选用 $R5mm$ 及以下刀具，粗加工时刀具半径补偿量选用 5.2mm 而不会出现过切现象。对于无精度要求或精度要求较低的零件，不需粗、精加工分开，一次加工到位即可，刀具半径可以等于或小于加工圆角半径。

2）宽度大的槽可用立铣刀进行加工，宽度窄而深的槽则可使用三面刃铣刀进行加工。

3）盲槽需用键槽铣刀进行粗加工，用三刃或者四刃立铣刀进行精加工。加工较深盲槽时，最好预先钻好引孔，铣刀在引孔处下刀，避免轴向下刀阻力引起的振动和刀具滑移而无法定心等问题。

（三）SINUMERIK 802S 系统基本指令与挖槽循环指令

1. SINUMERIK 802S 系统部分指令及其含义（见表 2-19～表 2-24）

表 2-19　G 指令及其含义

G 代码	含　义	说　明
G05	中间点圆弧插补	模态
G33	恒螺距的螺纹切削	
G331	不带补偿夹具切削内螺纹	非模态
G332	不带补偿夹具切削内螺纹——退刀	
G63	带补偿夹具切削内螺纹	
G74	回参考点	
G75	回固定点	
G158	可编程的偏置	
G258	可编程的旋转	
G259	附加可编程旋转	
G25	主轴转速下限	
G26	主轴转速上限	
G500	取消零点偏置	模态
G54	第一可设零点偏置	
G55～G57	第二、三、四可设零点偏置	
G53	按程序段方式取消可设定零点偏置	非模态
G70	英制尺寸	模态
G71	米制尺寸	

注：本系统与其他系统相同的指令未列出。

表 2-20　辅助指令 M 代码及其含义

M 代码	含　义
M02	程序结束，在程序的最后一段写入
M30	预定、无用
M40	自动变换齿轮级
M70	预定
M17	子程序结束
M41	低速
M42	高速

注：本系统与其他系统相同的指令未列出。

表 2-21 刀具指令及其含义

刀具代码	含义	赋值范围
D 指令	刀具补偿号	0~9（不带符号）
T 指令	刀具号	1~32000（整数）

表 2-22 参数指令及其含义

地址	含义	赋值范围	说明
I 指令	插补参数	X 轴尺寸：±0.001~999.999 螺纹：0.001~20000.000	X 轴尺寸，在 G02、G03 指令程序段中为圆心坐标；在 G33、G331 及 G332 指令程序段中表示螺距大小
J 指令	插补参数	同 I 指令	Y 轴尺寸，在 G02、G03 指令程序段中为圆心坐标；在 G33、G331 及 G332 指令程序段中表示螺距大小
K 指令	插补参数	同 I 指令	Z 轴尺寸，在 G02、G03 指令程序段中为圆心坐标；在 G33、G331 及 G332 指令程序段中表示螺距大小
S 指令	主轴转速	0.001~99999.999	单位为 r/min，在 G04 指令程序段中为暂停时间
X 指令	坐标轴	±0.001~99999.999	位移指令
Y 指令	坐标轴	±0.001~99999.999	位移指令
Z 指令	坐标轴	±0.001~99999.999	位移指令
F 指令	进给率	0.001~99999.999	刀具或工件的进给速度或进给量，对应 G94 或 G95，单位为 mm/min 或 mm/r
AR	圆弧插补张角	0.00001~359.99999	单位为（°）
CHF	倒角	0.001~99999.999	在两个轮廓间插入给定的倒角
CR	圆弧插补半径	0.010~99999.999	在 G02、G03 指令程序段中用于确定圆弧
IX	中间点坐标	±0.001~99999.999	X 轴尺寸，在 G05 指令程序段中为工件原点至圆弧中点在 X 轴上的投影量
JY	中间点坐标	±0.001~99999.999	Y 轴尺寸，在 G05 指令程序段中为工件原点至圆弧中点在 Y 轴上的投影量
KZ	中间点坐标	±0.001~99999.999	Z 轴尺寸，在 G05 指令程序段中为工件原点至圆弧中点在 Z 轴上的投影量
RND	倒圆	0.01~9999.999	在两个轮廓间插入过渡圆弧
RPL	旋转角	±0.00001~359.9999	单位为（°），表示在当前平面 G17、G18、G19 中可编程旋转的角度。在 G258、G259 指令程序段中使用
SF	G33 中螺纹加工切入点	0.001~359.999	G33 中螺纹切入角度偏移量
SPOS	主轴定位	0.0000~359.9999	单位为（°），主轴在给定位置停止
R0~R249	计算参数	±0.0000001~99999999	R0~R99 可以自由使用，R100~R249 作为加工循环中的传送参数

表 2-23 子程序指令及其含义

代码	含义	说明
P 指令	子程序调用次数	无符号整数
L 指令	子程序及子程序调用	7 位十进制整数，无符号
RET	子程序结束	代替 M02，保证路径连续进行。要求占用一个独立的程序段

表 2-24 循环指令及其含义

循环指令	含义
LCYC82	钻削、沉孔加工
LCYC83	钻削深孔
LCYC840	带补偿夹具切削螺纹
LCYC84	不带补偿夹具切削螺纹
LCYC85	镗孔
LCYC60	线性孔排列
LCYC61	圆弧孔排列
LCYC75	铣削矩形槽、键槽及圆形凹槽

2. LCYC75——矩形槽、键槽和圆形凹槽的铣削循环指令

利用此循环指令，通过设定相应的参数可以铣削一个与轴平行的矩形槽、键槽或圆形凹槽。循环加工分为粗加工和精加工。通过参数设定凹槽长度=凹槽宽度=2×圆角半径，可以铣削一个直径为凹槽长度或凹槽宽度的圆形凹槽；如果凹槽宽度等于圆角半径的两倍，则铣削一个键槽。加工时总是在第三轴方向从中心处开始进刀，在有导孔的情况下可以使用没有端面切削功能的铣刀进行切削；如果没有预先钻底孔，则该循环指令要求使用带端面切削功能的铣刀（如键槽铣刀），从而可以轴向进刀切削；在调用程序中规定主轴的转速和方向；在调用循环之前必须选择带刀具补偿的刀具。该循环指令的参数含义及说明见表 2-25 和图 2-34。

表 2-25 铣削凹槽循环参数含义及说明

参数	含义	说明
R101	退回初始平面(绝对平面)	用于确定循环结束之后刀具在 Z 轴的位置
R102	安全距离(安全高度,相对参考面)	安全高度是相对参考平面产生的距离,是下刀时快进转为工进的高度位置
R103	参考平面(槽上表面,绝对平面)	参考平面是槽的上表面
R104	凹槽深度(绝对数值)	凹槽深度是指参考平面至凹槽槽底之间的距离(最终深度)
R116	凹槽中心横坐标	用参数 R116 和 R117 确定凹槽中心点的横坐标和纵坐标
R117	凹槽中心纵坐标	
R118	凹槽长度	参数 R118、R119 和 R120 分别用于确定平面上凹槽的长度、宽度和拐角半径。如果刀具半径超过凹槽长度或宽度的一半,则循环中断,并发出报警"铣刀半径太大"
R119	凹槽宽度	
R120	拐角半径	
R121	每次最大进给深度	用参数 R121 确定每次最大进给深度。循环运行时以同样的尺寸进给。利用参数 R121 和 R104 循环自动计算出一个进刀量,其大小介于半个到一个最大进给深度。如果 R121=0,则直接以凹槽深度一次进给
R122	深度下刀进给速度	下刀时的进给速度,垂直于加工平面
R123	表面加工的进给速度	用参数 R123 确定平面上粗加工和精加工的进给速度
R124	表面加工的精加工余量	参数 R124 是粗加工时预留的轮廓精加工余量。在精加工时(R127=2),根据参数 R124 和 R125 选择"仅加工轮廓",或者"同时加工轮廓和深度" 仅加工轮廓：R124>0,R125=0 轮廓和深度：R124>0,R125>0 都不加工： R124=0,R125=0 仅加工深度：R124=0,R125>0

(续)

参数	含 义	说 明
R125	深度加工的精加工余量	参数R125给定的精加工余量在深度进给粗加工时起作用。精加工时（R127=2）利用参数R124和125选择"仅加工轮廓"或"同时加工轮廓和深度"（同上）
R126	铣削方向：顺/逆（G02/G03）数值选择：2（G02）/3（G03）	参数R126用于规定平面进给的方向。2为顺时针铣削，3为逆时针铣削
R127	铣削类型	参数R127用于确定加工方式： 1—粗加工，按照给定的参数加工凹槽至精加工余量 2—精加工。进行精加工的前提条件是：凹槽的粗加工过程已经结束，接下来对精加工余量进行加工；精加工余量小于刀具直径

LCYC75挖槽循环指令的动作过程如图2-34所示。

1）粗加工：R127=1。

① 将刀具快速（G00速度）移至起刀点（通常在槽心），再快速将刀具移至安全高度。

② 以R122确定的进给速度下刀至R121规定的深度。

③ 刀具以R123规定的平面进给速度沿着R126设置的进给方向进行铣削，系统根据刀具的半径自动计算切削刀具重叠量，然后偏移加工，直至最后预留精加工余量。

④ 一个高度循环结束后，将刀具快速移至槽心，下刀至第二次最大切削深度，再以与切削上一层相同的路径进给。

⑤ 凹槽加工结束后，刀具回到初始平面凹槽中心，循环过程结束。

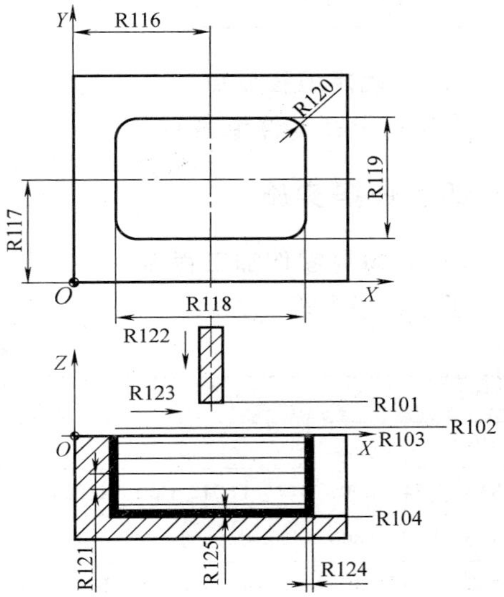

图2-34 挖槽循环指令动作过程

2）精加工：R127=2。

① 将刀具快速（G00速度）移至起刀点（即槽心），然后再快速将刀具移至安全高度。

② 工进（G01速度）至最终深度。

③ 系统根据刀具的半径自动计算切削重叠量，然后偏移加工，直至最后把预留精加工余量切削完。

④ 凹槽加工结束后，刀具回到初始平面凹槽中心，循环过程结束。

三、方案设计

（一）分析零件图

该零件结构简单，难点在于如何完整、高效地完成特征结构的加工，且要求达到槽的各项精度要求。可利用SIEMENS系统特有的挖槽功能对此零件进行粗、精加工。

（二）选择机床

选择配有SINUMERIK 802S系统的数控铣床。

（三）选择夹具

选择机用平口钳进行装夹，夹具自身的各项精度须达到要求。

（四）制订加工方案

在机用平口钳上一次性装夹，先进行粗加工（留有单边 0.2~0.5mm 的精加工余量），再进行精加工。

（五）选择刀具与切削用量

由于要进行轴向下刀，要求刀具底部有切削刃，可进行底面切削并承受进给力。刀具及切削用量的选择见表 2-26。

表 2-26 刀具及切削用量的选择

序号	刀具名称	刀具号	刀补号	主轴转速/（r/min）	进给速度/（mm/min）	最大背吃刀量/mm	轮廓精加工余量（底面精加工余量）/mm
1	φ10mm 键槽铣刀	T1	D1	800	300/50	1	0.3/0.2
2	φ10mm 立铣刀	T2	D1	1200	100/50	0.3	0

（六）确定编程原点

将原点设在零件上表面中心。

四、任务实施

（一）编写零件加工程序

加工程序见表 2-27。

表 2-27 加工程序

程 序	说 明
ABC1	
N10　G54　G90　G17　T1D1　G00　X20.3　Y0　M8	基本参数设定
N20　M03　S800　Z50	主轴正转，移至起始高度
N30　R101=20　R102=4　R103=0　R104=-8	起始高度20,安全高度4,加工面0,最终深度-8
N40　R116=20.3　R117=0　R118=40　R119=34	X中心20.3,Y中心0,槽长40,槽宽34
N50　R120=5.8　R121=1　R122=50　R123=300	拐角半径5.8mm,下刀量1mm,下刀进给速度50mm/min,平面进给300mm/min
N60　R124=0.3　R125=0.2　R126=3　R127=1	平面精加工余量0.3mm,深度精加工余量0.2mm,逆铣G03,粗加工
N70　LCYC75	循环动作执行
N80　G00　Z50	快速提刀
N90　X-25　Y0	快速移至圆槽中心
N100　R104=-10　R116=-25　R117=0　R118=36　R119=36　R120=18	进行圆槽参数的设定
N110　LCYC75	循环动作执行
N120　G00　Z150.　M05　M09	提刀,停转,关切削液
N130　M00	机床动作暂停,手动进行精加工刀具的更换
N140　T2D1　M03　S1200　M08	设置精加工刀具的参数

(续)

程序	说明
N150 R127=2 R123=100	圆槽精加工循环参数设定,其他参数不变
N160 LCYC75	循环动作执行
N170 G00 Z50	快速提刀
N180 R104=-8 R116=20.3 R118=40 R119=34	方槽精加工循环参数设定,其他参数不变
N190 R120=5.8 R127=2	方槽精加工循环参数设定,其他参数不变
N200 LCYC75	循环动作执行
N210 G00 Z150 M05	提刀,停转
N220 M09	切削液关
N230 M02	程序结束

(二)零件的加工

1)机床回参考点。

2)找正机用平口钳各位置精度,保证其钳口与机床 X 轴的平行度,找正机用平口钳支承面等高面。

3)放置高精度等高块,保证工件伸出钳口表面5mm左右,且使工件表面等高(打表法)。

4)安装 ϕ10mm 键槽铣刀。

5)用铣刀直接对刀,将 X、Y 对刀值输入 G54 地址设置工件零点,G54 地址中的 Z 地址须为 0。在 T1D1 处输入 Z 轴对刀值及刀具半径补偿值。X、Y 轴零点偏置在工件的对称中心,Z 轴零点设置在工件上表面。

6)输入程序,并反复检查。检查无误后,在自动状态下进行轮廓粗加工。

7)粗加工完毕后,机床暂停,手动测量工件。

8)换 ϕ10mm 立铣刀至主轴,Z 轴对刀,将对刀值及半补值输入至 T2D1 处。自动循环精加工至图样尺寸。

9)精加工完毕后,检测工件。如合格,拆卸工件、修毛刺。如不合格,修改刀补值后自动循环加工,直至合格。

五、检查评估

表 2-28 为本零件的检查内容与要求。

表 2-28 零件的检查内容与要求

序号	检查内容	检具	配分	评分标准	结果
1	100mm	游标卡尺	4分	超差0.04mm扣1分	
2	80mm	游标卡尺	4分	超差0.04mm扣1分	
3	(20.3±0.05)mm	游标卡尺	12分	超差0.01mm扣3分	
4	(25±0.05)mm	游标卡尺	12分	超差0.01mm扣3分	
5	20mm	游标卡尺	4分	超差0.04mm扣1分	
6	$\phi 36^{+0.026}_{0}$mm	内径千分尺	12分	超差0.01mm扣4分	
7	4处 R5.8mm	半径样板	8分	超差一处扣2分	
8	Ra3.2μm(两处)	表面粗糙度样块	10分	超差一处扣5分	

（续）

序号	检查内容	检具	配分	评分标准	结果
9	$Ra1.6\mu m$（两处）	表面粗糙度样块	10 分	超差一处扣 5 分	
10	$40_{0}^{+0.05}$mm	游标卡尺	6 分	超差 0.01mm 扣 3 分	
11	$34_{0}^{+0.05}$mm	游标卡尺	6 分	超差 0.01mm 扣 3 分	
12	$10_{0}^{+0.042}$mm	游标深度卡尺	6 分	超差 0.01mm 扣 3 分	
13	$8_{0}^{+0.045}$mm	游标深度卡尺	6 分	超差 0.01mm 扣 3 分	

六、技能训练

试分析图 2-35 所示的零件，完成零件的加工工艺分析及程序编制，并在 SINUMERIK 802S 系统数控铣床上加工出来。

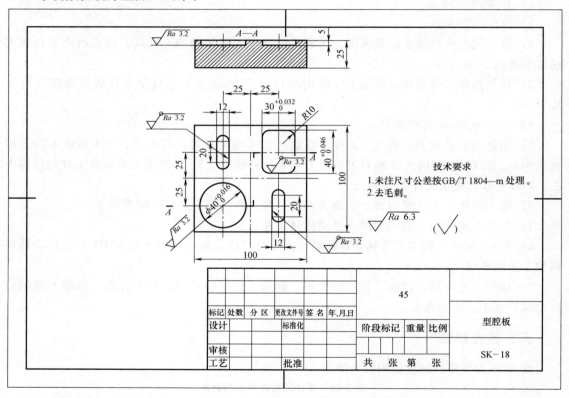

图 2-35 型腔板

1. 资讯

1）需要选用何种类型的数控机床？

2）需要加工哪些部位？其中哪些部位精度要求较高？

3）零件的材料是什么？技术要求是什么？

4）如何安排该零件的加工顺序？列出工艺路线。

5）槽加工应选择哪种类型的刀具？选刀有何要求？

6）如何设计槽加工的进给路线？相邻两刀具之间有何要求？

7）槽加工的下刀选择哪种形式？

8）工件坐标系设定在何处？

9）编程时需选用哪些槽加工固定循环？

10）加工槽时是否使用刀具半径补偿？如果使用，请问什么时候用？

11）零件加工完成后，需要进行哪些检查？要用什么量具？如何测量？

12）SIEMENS 系统数控机床操作时需要注意哪些安全事项？

2. 计划与决策

选择机床、夹具、刀具、量具及毛坯类型，确定工件定位与夹紧方案、工作步骤、安全措施、工件坐标系、粗加工去毛坯余量、零件检查内容与方法、机床保养内容及小组成员工作分工等。

3. 实施

（1）程序编制

（2）完成相关操作

机床运行前的检查	
工件装夹与找正	
程序输入	
装刀,对刀,输入 G54 坐标值和刀补值	
程序校验与模拟加工轨迹录屏	
零件加工	
量具选用,零件检查并记录	
机床、工具、量具保养与现场清扫	

4. 检查

按附录 A 规定的检查项目和标准对技能训练进行检查与考核。

5. 评价与总结

按附录 B 规定的评价项目对学生技能训练进行评价。

任务五　具有对称轮廓的零件的编程与加工

一、任务导入

如图 2-36 所示，零件材料为 2A12，毛坯尺寸为 140mm×140mm×25mm，已完成上、下面和四周表面的加工，需要加工的部位是四个凸台与台阶面。试编制零件的加工程序。

（一）任务描述

根据零件图选择机床类型、夹具和刀具，并正确装夹，同时使用子程序、镜像和旋转指令来简化编程。

（二）知识目标

1. 掌握镜像功能、旋转功能指令的格式与编程方法。
2. 掌握子程序的调用格式与编程方法。

（三）能力目标

1. 利用半径补偿功能实现粗精加工并实现精度控制。
2. 会使用子程序简化编程并处理加工过程中出现的各种故障。

（四）素养目标

通过使用简化编程指令，培养学生的效率意识、科学思维的方法与精益求精的大国工匠精神。

二、知识准备

（一）镜像功能指令 G24、G25

当零件相对于某一轴具有对称形状时，可以利用镜像功能和子程序简化编程，只对零件

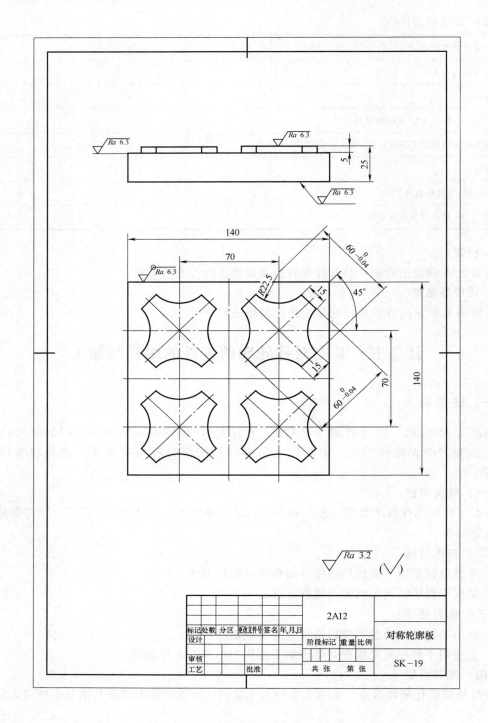

图 2-36 对称轮廓板

的一部分进行编程,就能加工出其对称部分。

1) 指令格式

G24 X__ Y__ Z__   建立镜像

M98　P__

G25　X__ Y__ Z__　　　　　取消镜像

当某一轴的镜像功能有效时，该轴将执行与编程方向相反的运动。

2）说明

① 建立镜像时，通过指令坐标轴后的坐标值指定镜像位置（对称轴、线、点）。

② G24、G25 为模态指令，可相互取消。G25 为默认值。

③ 有刀具补偿时，先镜像，然后进行刀具长度补偿、半径补偿。例如，当采用绝对编程方式时，"G24 X-9.0"表示图形将以 $X=-9.0$ 直线（平行于 Y 轴的线）为对称轴；"G24 X6.0 Y4.0"表示先以 $X=6.0$ 为对称轴，然后再以 $Y=4.0$ 为对称轴，两者综合结果即相当于以点（6.0，4.0）为对称中心的中心对称图形。

④ "G25 X0"表示取消前面由"G24 X0"建立的关于 Y 轴的镜像功能。

（二）图形旋转指令 G68、G69

1）指令格式

G17　G68　X__ Y__ P__

G18　G68　X__ Z__ P__

G19　G68　Y__ Z__ P__

2）说明

① 以 XY 平面中的旋转为例，指令中的 X、Y 为旋转中心的坐标，应采用绝对坐标编程（G90）。P 为旋转角，单位为（°）。角度旋转范围为 $\pm 360°$，逆时针方向取正值；反之取负值。如果省略 X、Y，则以刀具当前位置为旋转中心。

② G69 是取消图形旋转功能的指令。

③ G68、G69 为模态指令，可相互取消。

三、方案设计

（一）分析零件图

该零件 4 个凸台分布关于 X、Y 轴对称，宜采用镜像功能编程。每个凸台有 4 个 $R22.5$ mm 的圆弧，两对边距离为 $60_{-0.04}^{\ 0}$ mm，有公差要求，相邻凸台最窄处为 17 mm，选刀时应注意刀径不能太大。凸台外轮廓侧表面的表面粗糙度要求较高，仅粗铣达不到图样要求，需在粗铣后安排精铣。

（二）选择机床和夹具

选择立式数控铣床，工件装夹采用机用平口钳，以一底面和两对立侧面定位并夹紧。编程坐标系选在零件上表面对称中心。

（三）确定工步

4 个凸台侧面有表面粗糙度要求，加工分粗、精加工两个工步进行。粗加工铣出 4 个凸台轮廓并清除残料，同时留出精加工余量。精加工则沿 4 个外轮廓铣削，达到图样尺寸要求。

（四）选择刀具与切削用量

粗加工选用 ϕ10mm 两刃键槽铣刀，精加工选用 ϕ10mm 三刃立铣刀。加工内容与切削用量的选择见表 2-29。

表 2-29 加工内容与切削用量的选择

零件图号	零件名称	材料	数控刀具明细表			程序编号	车间	使用设备	
SK-19	对称轮廓板	2A12				%4000	数控实训室	XH714D	
加工步骤			刀具与切削参数						
工步	加工内容		刀具规格			主轴转速 /(r/min)	进给速度 /(mm/min)	刀具补偿	
			刀号	名称规格	材料			长度	半径/mm
1	外轮廓粗加工		T01	φ10mm 两刃键槽铣刀	高速工具钢	600	60	H01	D01 = 5.5
2	去残料					600	60	H01	
3	外轮廓精加工		T02	φ10mm 三刃立铣刀		800	48	H02	D02 = 5.0

（五）设计刀具进给路线

凸台的切入、切出为圆弧切入和圆弧切出，采用顺铣方式，如图 2-37、图 2-38 所示。

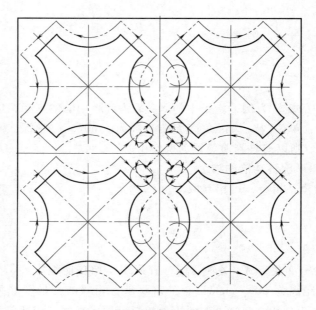

图 2-37 轮廓铣削进给路线（按箭头方向进给）

（六）确定编程原点及编程思路

由于本零件的 4 个凸台关于上表面中心对称分布，所以可考虑使用子程序和镜像功能，只需编制一个凸台轮廓的加工程序即可，通过调用子程序，加工分别关于 Y 轴镜像、关于 X 轴和 Y 轴镜像以及关于 X 轴镜像的凸台轮廓。由于该凸台轮廓各基点坐标相对工件原点的坐标值计算不方便，故可以(35, 35)为原点建立另一工件坐标系 G55，在 G55 工件坐标系中使用 G68 旋转指令，按工件坐标系旋转 45°后的凸台轮廓编程。

四、任务实施

（一）编写零件加工程序

零件加工程序见表 2-30～表 2-33。

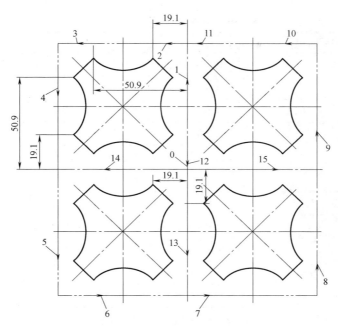

图 2-38 残料进给路线（按数字顺序进给）

表 2-30 主程序

程 序	说 明
%4000（MAIN）	主程序名
N10 G17 G90 G54 G00 X0 Y0	之前，手工换 φ10mm 键槽铣刀。建立工件坐标系，快速移动到绝对坐标（0，0）位置
N20 M03 S600	主轴正转
N30 G43 Z10 H01	下刀到绝对坐标 $Z=10$ 处并建立刀具长度补偿
N40 G01 Z0 F150	进给到工件表面
N50 F60 D01 M98 P4100 L2	调用铣凸台外轮廓子程序两次，粗加工刀补 D01=5.5mm
N60 Z0 F150	工进提刀到绝对坐标 $Z=0$ 处
N70 F60 M98 P4200 L2	调用去残料加工子程序两次
N80 G00 G49 Z0 M05	快速提刀到绝对坐标 $Z=0$ 处
N90 M00	程序暂停，手工换 φ10mm 立铣刀
N100 M03 S800	主轴转速
N110 G43 G00 Z10 H02	下刀到绝对坐标 $Z=10$ 处并建立刀具长度补偿
N120 G01 Z0 F100	工进到工件表面
N130 F48 D02 M98 P4100 L2	调用凸台外轮廓加工子程序两次，精加工刀补 D02=5.0mm
N140 G00 G49 Z0 M05	快速提刀到绝对坐标 $Z=0$ 处，主轴停
N150 M30	程序结束

表 2-31 铣四个凸台外轮廓子程序

程　　序	说　　明
%4100(SUB)	铣 4 个凸台外轮廓子程序
N10　G91　G01　Z-2.5	增量 Z 向工进 2.5mm
N20　M98　P4110	调用一个凸台外轮廓子程序(第一象限)
N30　G24　X0	关于 Y 轴镜像
N40　M98　P4110	调用一个凸台外轮廓子程序(第二象限)
N50　G24　Y0	关于 X 轴镜像(Y 轴镜像仍模态有效)
N60　M98　P4110	调用一个凸台外轮廓子程序(第三象限)
N70　G25　X0	取消 Y 轴镜像(X 镜像仍模态有效)
N80　M98　P4110	调用一个凸台外轮廓子程序(第四象限)
N90　G25　Y0	取消 X 轴镜像
N100　M99	子程序结束

表 2-32 铣一个凸台外轮廓子程序

程　　序	说　　明
%4110(SUB)	铣一个凸台子程序
N10　G55	选择工件坐标系 G55
N20　G90　G68　X0　Y0　R45	以工件坐标系 G55 原点为旋转中心，逆时针旋转 45°
N30　G01　X-40　Y0	工进到绝对坐标点(-40,0)
N40　G41　Y-10	刀具半径左补偿到(-40,-10)
N50　G03　X-29.99　Y0　R10	逆圆切入到(-29.99,0)
N60　G01　Y7.5	直线插补到(-29.99,7.5)
N70　G03　X-7.5　Y29.99　R22.5	逆圆铣削 R22.5mm 圆弧到(-7.5,29.99)
N80　G01　X7.5	直线插补到(7.5,29.99)
N90　G03　X29.99　Y7.5　R22.5	逆圆铣削 R22.5mm 圆弧到(29.99,7.5)
N100　G01　Y-7.5	直线插补到(29.99,-7.5)
N110　G03　X7.5　Y-29.99　R22.5	逆圆铣削 R22.5mm 圆弧到(7.5,-29.99)
N120　G01　X-7.5	直线插补到(-7.5,-29.99)
N130　G03　X-29.99　Y-7.5　R22.5	逆圆铣削 R22.5mm 圆弧到(-29.99,-7.5)
N140　G01　Y0	直线插补到(-29.99,0)
N150　G03　X-40　Y10　R10	逆圆铣削 R10mm 圆弧到(-40,10)
N160　G01　G40　Y0	直线插补到(-40,0)
N170　G69	取消旋转坐标系
N180　G54　G01　X0　Y0	直线插补到 G54 工件坐标系(0,0)处
N190　M99	子程序结束

表 2-33 去残料子程序名

程　　序	说　　明
%4200	去残料子程序名
N10　G91　Z-2.5	增量下刀
N20　G90　Y70	工进到绝对坐标(0,70)
N30　　　　X-19.1	工进到(-19.1,70)
N40　G00　X-50.9	快进到(-50.9,70)
N50　G01　X-70	工进到(-70,70)
N60　　　　Y50.9	工进到(-70,50.9)
N70　G00　Y19.1	快进到(-70,19.1)
N80　G01　Y-19.1	工进到(-70,-19.1)
N90　G00　Y-50.9	快进到(-70,-50.9)
N100　G01　Y-70	工进到(-70,-70)
N110　　　　X-50.9	工进到(-50.9,-70)
N120　G00　X-19.1	快进到(-19.1,-70)
N130　G01　X19.1	工进到(19.1,-70)
N140　G00　X50.9	快进到(50.9,-70)
N150　G01　X70	工进到(70,-70)
N160　　　　Y-50.9	工进到(70,-50.9)
N170　G00　Y-19.1	快进到(70,-19.1)
N180　G01　Y19.1	工进到(70,19.1)
N190　G00　Y50.9	快进到(70,50.9)
N200　G01　Y70	工进到(70,70)
N210　　　　X50.9	工进到(50.9,70)
N220　G00　X19.1	快进到(19.1,70)
N230　G01　X0	工进到(0,70)
N240　G00　Y-19.1	快进到(0,-19.1)
N250　G01　Y-60	工进到(0,-60)
N260　G00　Y0	快进到(0,0)
N270　G01　X-60	工进到(-60,0)
N280　G00　X0	快进到(0,0)
N290　G01　X60	工进到(60,0)
N300　G00　X0	快进到(0,0)
N310　M99	子程序结束

（二）零件的加工

按照任务一给出的加工步骤进行加工。

五、检查评估

本零件的检查内容与要求见表 2-34。

表 2-34 零件的检查内容与要求

序号	检查内容	要 求	检 具	结 果
1	凸台对面尺寸	$60_{-0.04}^{0}$ mm	游标卡尺	
2	凸台圆弧	$R22.5$ mm	游标卡尺	
3	凸台宽	15mm	游标卡尺	
4	凸台高	5mm	游标卡尺	
5	零件总高	25mm	游标卡尺	
6	凸台中心距	70mm	游标卡尺	
7	凸台对边与水平线夹角	45°	游标万能角度尺	
8	台阶面表面粗糙度	$Ra6.3\mu m$	表面粗糙度仪	
9	凸台外轮廓表面粗糙度	$Ra3.2\mu m$	表面粗糙度仪	
10	其余表面粗糙度	$Ra6.3\mu m$	表面粗糙度样块	

六、技能训练

试编制图 2-39 所示零件的加工程序,并加工出合格的零件。

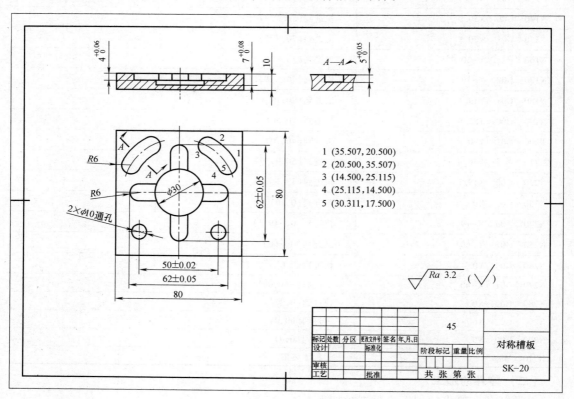

图 2-39 对称槽板

1. 资讯

1) 根据零件特点,需要选用何种类型的数控机床?

2) 需要加工哪些部位？哪些部位精度要求较高？

3) 制订槽与孔的加工方案，并确定加工顺序。

4) 设计铣削槽时的进给路线，指出各槽的下刀定位点。

5) 零件材料是什么？可选用何种类型的刀具？对刀具直径有何要求？

6) 加工时需要用哪几把刀具？

7) 选择切削用量时需考虑哪些因素？

8) 工件坐标系的原点设在何处？

9) 为简化编程需要用哪些方法编程？

10) 零件加工完毕后，需要进行哪些检查？需要用什么量具？如何测量？

2. 计划与决策

选择机床、夹具、刀具、量具及毛坯类型，确定工件定位与夹紧方案、工作步骤、安全措施、工件坐标系、粗加工去毛坯余量、零件检查内容与方法、机床保养内容及小组成员工作分工等。

3. 实施

（1）程序编制

（2）完成相关操作

机床运行前的检查	
工件装夹与找正	
程序输入	
装刀,对刀,输入 G54 坐标值和刀补值	
程序校验与模拟加工轨迹录屏	
零件加工	
量具选用,零件检查并记录	
机床、工具、量具保养与现场清扫	

4. 检查

按附录 A 规定的检查项目的标准对技能训练进行检查与考核。

5. 评价与总结

按附录 B 规定的评价项目对学生技能训练进行评价。

任务六 具有非圆曲线轮廓的零件的编程与加工

一、任务导入

（一）任务描述

使用 SINUMERIK 802S 系统数控铣床,对图 2-40 所示的二维椭圆轮廓零件进行编程及加工。

（二）知识目标

1. 掌握 SINUMERIK 802S 系统 R 参数的使用与编程。
2. 掌握 SIEMENS 802S 系统程序跳转功能在非圆曲线轮廓编程中的应用。

（三）能力目标

1. 会熟练地应用 SINUMERIK 802S 系统程序跳转功能对非圆曲线零件进行编程。
2. 能熟练地操作、控制非圆曲线零件的加工过程。
3. 会通过调整参数对加工精度进行控制。
4. 能正确选择量具和检测方法来检测零件,并判断零件是否合格。

（四）素养目标

学会利用宏程序解决相似零件的编程与加工问题,提高程序通用性和工作效率。

二、知识准备

（一）计算参数 R

使用计算参数使一个数控程序不仅仅适用于特定数值下的一次加工,还能计算出数值,可以在程序运行时由控制器计算或设定所需要的参数数值,也可以通过操作面板设定参数数值。如果参数已经赋值,则它们可以在程序中对由变量确定的地址进行赋值。

编程时有 R0～R249 共 250 个计算参数可供使用。R0～R99 可以任意使用,R100～R249 用于标准循环时的参数赋值,如果用户没有用到加工循环,则这部分计算参数也同样可以任

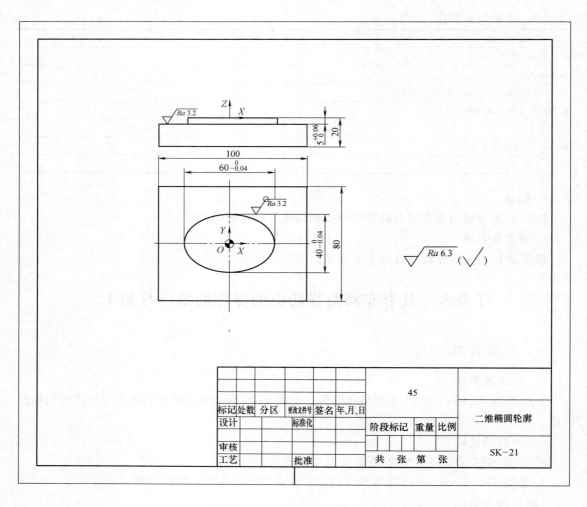

图 2-40 二维椭圆轮廓零件

意使用。

计算参数的赋值范围为 ±0.0000001~99999999（取整数值时可略去小数点），如 R0 = 1.235，R1 = -2.356，R2 = 5，R3 = -5，R4 = 854612.445。

注意：一个程序段中可以有多个赋值语句，也可以用计算表达式赋值。

给其他的地址赋值时，通过为其分配计算参数或参数表达式，可以增加数控程序的通用性。可以用数值、算术表达式或 R 参数对任意地址赋值，但 N、G 和 L 地址例外。给坐标轴地址（运行指令）赋值时，要求使用一个独立的程序段。例如：

N10　G00　X = R5　Y20　　　　　　给 X 轴进行赋值

在计算参数时，必须遵循数学运算规则。

计算参数 R 的编程举例如下：

N10　R2 = R2+2　　　　　　由原来的 R2 加上 2 后得到新的 R2
N20　R1 = R2+R3　　　　　　加运算
N30　R4 = R5−R6　　　　　　减运算

N40   R7＝R8＊R9   乘运算
N50   R10＝R11/R12   除运算
N60   R13＝SIN（25）   函数运算
N70   R14＝R1＊（R2+R3）   括号内的运算优先于乘法运算
N80   R14＝R3+R2＊R1   乘法和除法运算优先于加法和减法运算
N90   R15＝SQRT（R1＊R1+R2＊R2） "SQRT"是开平方根

坐标轴赋值的编程举例如下：
N10   G01   G90   X＝R5   Z＝R6   F300
N20   Z＝R3
N30   X＝-（R4）

（二）标记符

标记符用于标记程序要跳转的目标程序段，用跳转功能可以使程序有条件地跳转至标记符处。标记符可以自由选取，但必须由2～8个字母或数字组成，且前两个符号必须是字母或下划线。跳转目标程序段中标记符后面必须为冒号。标记符位于程序段段首。如果程序段有段号，则标记符紧跟着段号。在一个程序中，标记符不能有其他意义。

编程举例：
N10   MARKE1：G01   X20   MARKE1为标记符，跳转目标程序段
BA1234：G00   X10   Z20   BA1234为标记符，跳转目标段没有段号

（三）绝对跳转

数控程序在运行时以写入时的顺序执行程序段。编程时，可以通过插入绝对跳转指令改变程序运行顺序。跳转目标只能是有标记符的程序段，此程序段必须位于该程序内。绝对跳转指令必须占用一个独立的程序段。绝对跳转指令的格式为

　　　　GOTOF   Label   向前跳转（程序结束方向）
　　　　GOTOB   Label   向后跳转（程序开始方向）

其中，Lable为跳转标记符。

编程举例如下：
…
N10   G00   X0   Z0
N20   GOTOF   MARKE0   MARKE0为跳转标记符
…
N50   MARKE0：R1＝R2+R3
…

（四）有条件跳转

用IF条件语句可以实现程序的有条件跳转：如果满足跳转条件，则程序进行跳转；如果不满足跳转条件，程序向下按顺序运行。有条件跳转的跳转目标只能是有标记符的程序段，此程序段必须位于该程序内。有条件跳转指令必须占用一个独立的程序段。有条件跳转指令的格式为

　　IF 跳转条件   GOTOF   Label   向前跳转（程序结束方向）
　　IF 跳转条件   GOTOB   Label   向后跳转（程序开始方向）

其中，Label 为跳转标记符；跳转条件为计算参数或表达式。跳转条件表达式运算符见表 2-35。

表 2-35 跳转条件表达式运算符

运算符	含 义
= =	等于
< >	不等于
>	大于
<	小于
> =	大于或等于
< =	小于或等于

编程举例：
…
N10 IF R1 < > 0 GOTOF MARKE1　　　R1 不等于零时，跳转到 MARKE1 程序段
…
N100 IF R1 > = 1 GOTOF MARKE2　　　R1 大于或等于 1 时，跳转到 MARKE2 程序段
…
N110 IF R4 = = R8+1 GOTOB MARKE3　　R4 等于 R8 加 1 时，跳转到 MARKE3 程序段
…

三、方案设计

（一）分析零件图

本任务为加工一椭圆形外轮廓及台阶面，椭圆的长轴、短轴、轮廓高度尺寸均有公差要求。轮廓外侧与台阶面的表面粗糙度值均为 3.2μm。加工要求较高，需安排精铣才能满足要求。

（二）选择机床

根据任务要求，选择配有 SINUMERIK 802S 系统的数控铣床或加工中心。

（三）选择夹具

本零件选择机用平口钳进行装夹，其规格为 0~200mm，夹具自身的各项精度须达到要求。

（四）制订加工方案

使用机用平口钳进行装夹，一次性定位，先进行粗加工，并在轮廓和台阶面均留有精加工余量，再通过调整相应参数进行精加工。

（五）选择刀具及切削用量

由于该零件为凸件，应选在工件外进行下刀。如果选用两刃铣刀，虽排屑效果好，但切削刃受到的作用力较大；而四刃铣刀虽排屑效果较差，但切削刃受到的作用力较小。综合上述分析，确定粗加工选用两刃立铣刀，精加工选用三刃立铣刀，具体见表 2-36。

表 2-36 刀具及切削用量的选择

序号	刀具名称	刀具号	刀补号	主轴转速/(r/min)	进给速度/(mm/min)	背吃刀量/mm	轮廓精加工余量（台阶面精加工余量）/mm
1	φ20mm 两刃立铣刀	T1	D1	300	100/80	4.8	0.3/0.2
2	φ20mm 三刃立铣刀	T2	D1	500	70/80	0.2	0

（六）确定编程原点与编程思路

设定编程原点在零件上表面中心。

本零件的外轮廓为非圆曲面，而大多数数控系统不具备非圆曲线插补功能。因此，在加工这些曲线轮廓时，通常采用直线段或圆弧拟合的方法进行。常用的拟合计算方法为等间距法：在一个坐标轴方向上，将拟合轮廓的总增量进行等分，然后借助计算机，依据曲线函数关系式计算出各拟合点的因变量值，得出各拟合点坐标值，然后使用 G01 直线插补用直线段替代拟合点之间相应的非圆曲线轮廓。

本零件的外轮廓椭圆可用参数方程 $X=30\cos\theta$，$Y=20\sin\theta$ 表示，其中极角 θ 为自变量，变化范围为 $0°\leq\theta\leq360°$。每当 θ 增加或减少 $\Delta\theta$ 值时，就能计算出对应的 X、Y 坐标值。数控系统就进行一次直线插补，直到 θ 值为极限值为止。

四、任务实施

（一）编写零件加工程序

加工程序见表 2-37、表 2-38（底面用手工去残料和精加工）。

表 2-37 加工程序

程　　序	说　　明
ABC3	主程序名
N10　G54　G90　G17　T1D1　G00　X62　Y0	设置粗加工刀具的参数,快移至下刀点,半径补偿量设为 10.3mm
N20　M03　S300　Z50	主轴正转,移至起始高度
N30　G00　Z5　F1000　M08	快移至安全高度
N40　G01　Z-4.8　F80	下刀至加工深度并预留精加工余量
N50　F100　L1	子程序调用
N60　M05	
N70　M00	机床动作暂停,进行精加工刀具的更换
N80　T2D1　M03　S500　G00　X62　Y5	设置精加工刀具的参数,移至下刀点,半径补偿量设为 9.99mm
N90　Z5	
N100　G01　Z-5　F80	下刀至最终深度
N110　F70　L1	子程序调用
N120　M05　M09	
N130　M02	主程序结束

表 2-38 加工椭圆外轮廓子程序

程　　序	说　　明
L1	子程序名
N10　G41　G01　X30	建立刀具半径补偿,进给至延长线一端
N20　R1=0	主变量赋值,定义椭圆起始角度
N30　AAA1	跳转标记符

(续)

程　序	说　明
N40　R2 = 30 * COS(R1)	椭圆参数方程计算 X 点
N50　R3 = 20 * SIN(R1)	椭圆参数方程计算 Y 点
N60　G01　X = R2　Y = R3	刀具执行至新的 X、Y 点
N70　R1 = R1 - 1	角度递减，计算新角度
N80　IF　R1 >= -360　GOTOB　AAA1	当满足条件时，程序跳转至标记符所在程序段运行；不满足条件时，程序继续向下执行
N90　G01　Y-20	沿延长线切出
N100　G40　G01　X65	取消刀补且刀具移出工件外
N110　G00　Z150	
N120　RET	子程序结束并返回至主程序

（二）零件的加工

1）机床返回参考点。

2）找正机用平口钳各位置精度，保证钳口与机床 X 轴的平行度公差要求；找正机用平口钳支承面，确保等高，允许等高误差为 0.02mm。

3）放置高精度等高块，保证工件伸出钳口表面的高度大于 5mm，且通过百分表找正使工件表面尽量等高，允许等高误差为 0.02mm。

4）手动安装 ϕ20mm 粗加工两刃立铣刀。

5）用铣刀直接对刀，将 X、Y 轴对刀值输入 G54 地址，设置工件坐标系零点偏置值，G54 地址中的 Z 地址须为 0。在 T1D1 处输入 Z 轴对刀值及刀具半径补偿值。工件坐标系的原点设在工件上表面的对称中心。

6）输入程序，并反复检查。确认无误后，进行零件外轮廓的粗加工。

7）粗加工完毕后，机床暂停，手动测量工件。

8）换 ϕ20mm 三刃立铣刀（精铣刀），Z 轴对刀，将对刀值及刀具半径补偿值输入至 T2D1 处，精加工至图样尺寸。

9）精加工完毕后，检测零件。如合格，拆卸零件、修毛刺。如不合格，修改刀补值后自动循环加工，直至合格。

五、检查评估

表 2-39 所示为本零件的检查内容与要求。

表 2-39　零件的检查内容与要求

序号	检查内容	检具	配分	评分标准	结果
1	100mm	游标卡尺	10 分	超差 0.04mm 扣 2 分	
2	80mm	游标卡尺	10 分	超差 0.04mm 扣 2 分	
3	$60_{-0.04}^{0}$ mm	游标卡尺	16 分	超差 0.01mm 扣 4 分	
4	$40_{-0.04}^{0}$ mm	游标卡尺	16 分	超差 0.01mm 扣 4 分	
5	20mm	游标卡尺	10 分	超差 0.04mm 扣 2 分	

（续）

序号	检查内容	检具	配分	评分标准	结果
6	$5_{\ 0}^{+0.06}$ mm	游标深度卡尺	18分	超差0.01mm扣3分	
7	$Ra6.3\mu m$	表面粗糙度样块	10分	超差一级扣5分	
8	$Ra3.2\mu m$	表面粗糙度样块	10分	超差一处扣5分	

六、技能训练

试分析图2-41所示零件，完成其加工工艺分析及程序编制，并在SINUMERIK 802S系统数控铣床上加工出来。

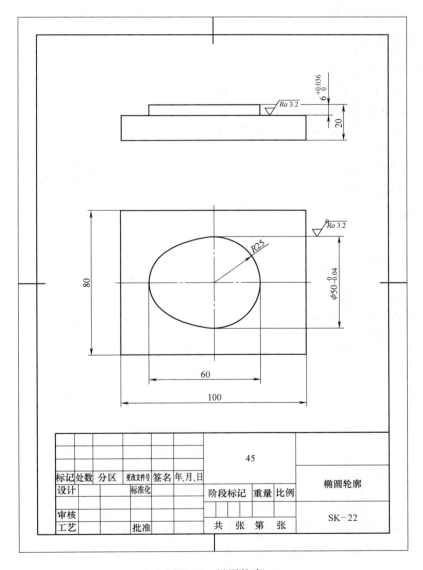

图2-41 椭圆轮廓

1. 资讯

1）该零件属哪种类型？需要选用何种类型的数控机床？

2）需要加工哪些部位？其中哪些部位精度要求较高？哪些加工内容应安排在数控铣床上加工？

3）加工时，零件以哪些面来定位？选用什么夹具？如何装夹？

4）零件的材料是什么？应选哪种刀具？加工时要用几把刀具？

5）加工外轮廓时，选用什么类型刀具？切削用量如何选取？

6）工件坐标系原点设在何处？XY 平面刀具定位在何处？切入、切出如何设计？

7）用顺铣还是逆铣？试画出外轮廓进给路线。

8）加工外轮廓时是否使用刀具半径补偿？如果采用顺铣，那么应选用哪个半径补偿指令？

9）粗、精加工半径补偿值如何确定？

10）椭圆轮廓采用什么方法编程？

11）写出椭圆的方程式，编程时使用哪个参数做自变量？其取值范围如何？选用哪个条件判断式，使用哪个跳转指令？

12）零件加工完毕后，需要进行哪些检查？要用什么量具？如何测量？

2. 计划与决策

选择机床、夹具、刀具、量具及毛坯类型，确定工件定位与夹紧方案、工作步骤、安全措施、零件坐标系、粗加工去毛坯余量、零件检查内容与方法、机床保养内容及小组成员工作分工等。

3. 实施

（1）程序编制

（2）完成相关操作

机床运行前的检查	
工件装夹与找正	
程序输入	
装刀,对刀,输入 G54 坐标值和刀补值	
程序校验与模拟加工轨迹录屏	
零件加工	
量具选用,零件检查并记录	
机床、工具、量具保养与现场清扫	

4. 检查

按附录 A 规定的检查项目和标准对技能训练进行检查与考核。

5. 评价与总结

按书后附录 B 规定的评价项目对学生技能训练进行评价。

练习思考题

一、选择题

1. 编程人员对数控机床的性能、规格、刀具系统、（　　）及工件的装夹都应非常熟悉才能编出好的程序。
   A. 自动换刀方式　　　B. 机床的操作　　　C. 切削规范　　　D. 测量方法

2. 刀具半径左补偿方向的规定是（　　）。
   A. 沿刀具运动方向看，工件位于刀具左侧　　　B. 沿工件运动方向看，工件位于刀具左侧
   C. 沿工件运动方向看，刀具位于工件左侧　　　D. 沿刀具运动方向看，刀具位于工件左侧

3. 在数控加工过程中，刀具补偿功能除对刀具半径进行补偿外，在用同一把刀具进行粗、精加工时，还可进行加工余量的补偿，设刀具半径为 r，精加工时半径方向余量为 Δ，则最后一次粗加工走刀的半径补偿量为（　　）。
   A. r　　　B. Δ　　　C. $r+\Delta$　　　D. $2r+\Delta$

4. 请找出下列数控机床操作名称的对应英文词汇：BUTTON（　　）、SOFT KEY（　　）、HARD KEY（　　）、SWITCH（　　）。
   A. 软键　　　B. 硬键　　　C. 按钮　　　D. 开关

5. 指令"G02 X__ Y__ R__"不能用于（　　）加工。
   A. 1/4 圆　　　B. 1/2 圆　　　C. 3/4 圆　　　D. 整圆

6. 钻孔加工的一条固定循环指令至多可包含（　　）个基本步骤。
   A. 5　　　B. 4　　　C. 6　　　D. 3

7. 当使用镜像指令只对 X 轴或 Y 轴镜像加工时，镜像路径与原程序路径（　　）。
   A. 切削方向相同、刀补矢量方向相同、圆弧插补转向不同
   B. 切削方向不同、刀补矢量方向相同、圆弧插补转向不同
   C. 切削方向不同、刀补矢量方向不同、圆弧插补转向不同
   D. 切削方向相同、刀补矢量方向不同、圆弧插补转向不同

8. 在半径补偿模式下，机床预读（　　）条程序以确定目标点的位置。
   A. 1　　　B. 2　　　C. 3　　　D. 4

9. 执行"G52 X__ Y__ Z__"后，坐标轴移动情况为（　　）。
   A. 各坐标轴移动　　　B. 各坐标轴不移动

C. 视前一指令而定　　　　　　　　　　D. 无法确定

10. 若把工件原点的坐标值通过键盘输入偏量寄存器 PS01，程序调用工件原点时采用的指令是（　　）。

　　A. G54　　　　　B. G55　　　　　C. G57　　　　　D. G59

11. 辅助功能指令 M21 用于（　　）。

　　A. X 轴镜像　　　B. Y 轴镜像　　　C. 镜像取消　　　D. X、Y 轴同时镜像

二、问答题

1. 如图 2-42 所示，在 MDI 方式下 G54 的 X、Y 值分别是多少？

2. 如图 2-43 所示，机床坐标系原点在刀具下端面，工件坐标系原点设在工件上表面，如果对刀值不输入到 G54 的 Z 中，而是要求输入刀补地址中，请问刀补值为多少？

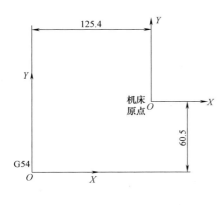

图 2-42　题 1 图

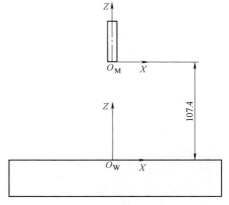

图 2-43　题 2 图

三、编程题

试编制图 2-44~图 2-47 所示零件的加工程序。

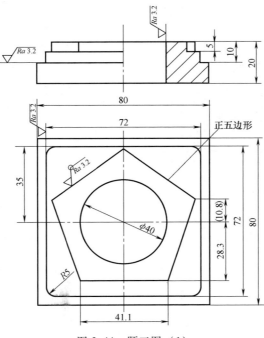

图 2-44　题三图（1）

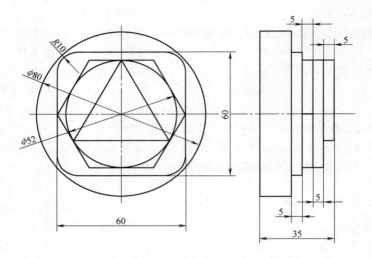

图 2-45　题三图 （2）

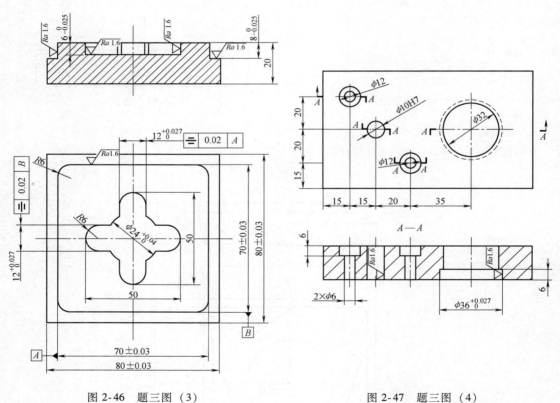

图 2-46　题三图 （3）

图 2-47　题三图 （4）

项目三

加工中心的编程与加工

任务一 加工中心认识与操作

一、任务导入

（一）任务描述

将图 3-1 所示盖板的加工程序（见表 3-1、表 3-2）输入到加工中心中，完成加工中心的相关操作和零件加工。

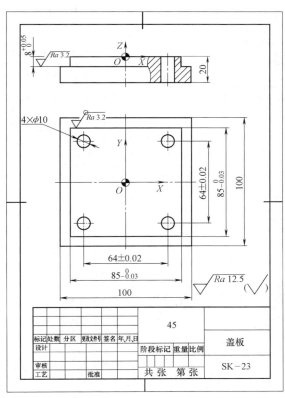

图 3-1 盖板

表 3-1　盖板加工程序

程　序	说　明
O0001;	主程序名
N010　T01　M98　P1000;	调换刀子程序,换1号键槽铣刀
N020　G90　G54　G17　G00　X0　Y0;	建立工件坐标系,并将刀具平移至原点
N030　G43　H01　Z50.;	建立1号刀具的长度补偿
N040　M03　S600;	主轴正转,转速为600r/min
N050　Z5. M08;	刀具下移至工件上表面5mm处
N060　G00　X60.　Y-60.;	刀具平移至下刀点
N070　G01　Z-8. F50;	下刀至工件上表面以下8mm处
N080　G41　Y-42.5　D01;	建左刀补,刀补号D01=5mm
N090　X-42.5;	刀具工进至左下角
N100　Y42.5;	刀具工进至左上角
N110　X42.5;	刀具工进至右上角
N120　Y-60.;	刀具工进至右下角
N130　G40　X60.;	取消刀补,并返回下刀点
N140　G00　Z150. M08;	提刀
N150　T02　M98　P1000;	调换刀子程序,换2号中心钻
N160　G54　G90　G17　G00　X0　Y0;	建立工件坐标系,并将刀具平移至工件原点
N170　G43　H01　Z50. M08;	建立2号刀具的长度补偿
N180　S1000　M03;	主轴正转,转速为1000r/min
N190　G99　G81　X32.　Y32.　Z-3.　R4.　F50;	调用孔加工固定循环,对右上角孔进行钻中心孔
N200　X-32.;	对左上角孔进行钻中心孔
N210　Y-32.;	对左下角孔进行钻中心孔
N220　X32.;	对右下角孔进行钻中心孔
N230　G00　G80　Z150.;	取消孔加工固定循环,并提刀
N240　T03　M98　P1000;	调换刀子程序,换3号麻花钻
N250　G54　G90　G17　G00　X0　Y0;	建立工件坐标系,并将刀具平移至工件原点
N260　G43　H03　Z50. M08;	建立3号刀具的长度补偿
N270　S600　M03;	主轴正转,转速600r/min
N380　G99　G83　X32.　Y32.　Z-25.　R4.　Q5.　F50;	调用深孔加工固定循环,对右上角孔进行钻孔
N390　X-32.;	对左上角孔进行钻孔
N400　Y-32.;	对左下角孔进行钻孔
N410　X32.;	对右下角孔进行钻孔
N420　G00　G80　Z150.;	取消深孔加工固定循环,并提刀
N430　M30;	主程序结束

表 3-2 换刀子程序

程　　序	说　　明
O1000;	换刀子程序
N010　M05;	主轴停
N020　M09;	切削液关
N030　G40　G80;	取消刀具半径补偿及孔加工固定循环
N040　G91　G28　Z0;	刀具沿轴向返回参考点
N050　G49;	取消长度补偿
N060　M06;	换刀
N070　M99;	子程序结束，返回主程序

注：1. X、Y、Z、I、J、K、R、Q 后面是整数时要加"."。
　　2. 本实训需要使用 3 把不同长度刀具带刀柄（BT40 刀柄），详见表 3-3。

表 3-3 盖板加工所用刀具清单

刀具号	刀具名称	刀具规格	刀具材料	数量
T01	键槽铣刀	φ10mm	高速工具钢	1
T02	中心钻	φ3mm	高速工具钢	1
T03	麻花钻	φ9.8mm	高速工具钢	1

（二）知识目标

1. 了解加工中心的结构组成与分类，维护与保养的基本内容。
2. 熟悉加工中心控制面板各按键的含义与功能。

（三）能力目标

1. 会熟练操作加工中心，完成基准刀的对刀操作。
3. 会处理编程与操作过程中出现的故障与报警。

（四）素养目标

能规范操作、文明使用及安全加工，按 6S 管理要求形成良好职业素养与道德。

二、知识准备

（一）加工中心的分类

1) 按功能特征分类，加工中心可分为镗铣加工中心、钻削加工中心及复合加工中心。

2) 按工作台的数量和功能分类，加工中心可分为单工作台加工中心、双工作台加工中心和多工作台加工中心。

3) 按主轴种类分类，加工中心可分为单轴加工中心、双轴加工中心、三轴加工中心及可换主轴箱加工中心。

4) 按自动换刀装置分类，加工中心可分为转塔头加工中心、刀库+主轴换刀加工中心、刀库+机械手+主轴换刀加工中心及刀库+机械手+双主轴转塔头加工中心。

5) 按主轴在空间所处的状态分类，加工中心可为立式加工中心、卧式加工中心和立卧式加工中心。加工中心的主轴在空间处于垂直状态的称为立式加工中心（见图 3-2），主轴在空间处于水平状态的称为卧式加工中心（见图 3-3）。主轴可做垂直和水平转换的，称为立卧式加工中心或五面加工中心，也称为复合加工中心。

图 3-2 立式加工中心

图 3-3 卧式加工中心

6）按运动轴数和系统同时控制的轴数分类，加工中心可分为三轴二联动加工中心、三轴三联动加工中心、四轴三联动加工中心、五轴四联动加工中心及六轴五联动加工中心等。三轴、四轴是指加工中心具有的运动轴数，联动是指控制系统可以同时控制的运动轴数。

7）按加工精度分类，加工中心可分为普通加工中心和高精度加工中心。普通加工中心的分辨率为 $1\mu m$，最大进给速度为 $15\sim25m/min$，定位精度为 $10\mu m$ 左右。高精度加工中心的分辨率为 $0.1\mu m$，最大进给速度为 $15\sim100m/min$，定位精度为 $2\mu m$ 左右。还有精度介于 $2\sim10\mu m$ 之间的加工中心，且以 $5\mu m$ 较多。

（二）加工中心的组成

自加工中心问世至今，世界各国出现了各种类型的加工中心，虽然其外形结构各异，但从总体来看主要由以下几大部分组成（见图3-4）。

（1）基础部件　基础部件是加工中心的基础结构，由床身、立柱和工作台等组成。基础部件主要承受加工中心的静载荷及在加工时产生的切削负载，故必须有足够的刚度。基础部件可以是铸铁件，也可以是焊接而成的钢结构件，它们是加工中心中体积和重量最大的部件。

（2）主轴部件　主轴部件由主轴箱、主轴电动机、主轴和主轴轴承等组成。主轴的起动、停止和变速等动作均由数控系统控制，主轴通过装在其上的刀具参与切削运动，是加工中心的功率输出部件。

（3）数控系统　加工中心的数控系统是由计算机和数控（CNC）装置、可编程序控制器、伺服驱动装置及操作面板等组成。数控系统是控制加工中心动作和零件加工过程的控制中心。

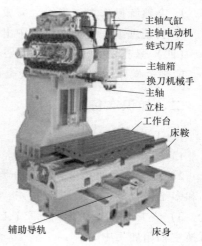
图 3-4 加工中心的结构组成

（4）自动换刀系统　自动换刀系统由刀库、机械手等部件组成。需要换刀时，数控系统发出指令，由机械手（或通过其他方式）将刀具从刀库内取出装入主轴孔中。

（5）辅助装置　辅助装置包括润滑、冷却、排屑、防护、液压、气动和检测系统等部分。这些装置虽然不直接参与切削运动，但对加工中心的加工效率、加工精度和可靠性起着保障作用，所以也是加工中心中不可缺少的部分。

（三）加工中心的结构特点

1）刚度高、抗振性好。为了满足高自动化、高速度、高精度及高可靠性的要求，加工中心的静刚度（机床在静态力作用下的刚度）、动刚度（机床在动态力作用下的刚度）和机械结构的阻尼比都高于普通机床。

2）传动系统结构简单，传递精度高，速度快。加工中心的传动装置主要有三种：滚珠丝杠螺母副、静压蜗杆-蜗轮条及预加载荷双齿轮-齿条。它们由伺服电动机直接驱动，省去齿轮传动机构，传递精度高，速度快，一般速度可达 15m/min，最高可达 100m/min。

3）主轴系统结构简单，无齿轮箱变速系统（特殊的也只保留 1~2 级齿轮传动），主轴功率大，调速范围宽，并可无级调速。目前，加工中心 95% 以上的主轴传动都采用交流主轴伺服系统，可在 10~20000r/min 范围内无级变速。驱动主轴的伺服电动机功率一般都很大，是普通机床的 1~2 倍。由于采用交流伺服主轴系统，主轴电动机功率虽大，但输出功率与实际消耗的功率保持同步，不存在类似大马拉小车浪费电力的情况，因此其工作效率很高。从节能角度看，加工中心是节能型的设备。

4）加工中心的导轨都采用了耐磨损材料和新结构，能长期保持导轨的精度，在高速重切削下保证运动部件不振动、低速进给时不爬行及运动中的高灵敏度。导轨采用镶钢导轨，淬火硬度≥56HRC，导轨配合面用聚四氟乙烯贴层。这样处理的优点是：摩擦因数小，耐磨性好，减振消声，工艺性好。因此，加工中心的精度比一般的机床高，寿命也长。

5）设置有刀库和换刀机构。这是加工中心与数控铣床和数控镗床的主要区别，使加工中心的功能和自动化加工的能力更强。加工中心的刀库容量少的只有几把，多的达几百把。这些刀具通过换刀机构自动调用和更换，也可通过控制系统对刀具寿命进行管理。

6）控制系统功能较全，它不但可对刀具的自动加工进行控制，还可对刀库进行控制和管理，实现刀具自动交换。有的加工中心具有多个工作台，工作台可自动交换，不但能对一个工件进行自动加工，而且可对一批工件进行自动加工。多工作台加工中心有的称为柔性加工单元。随着加工中心控制系统的发展，其智能化的程度越来越高，如 FANUC16 系统可实现人机对话、在线自动编程，以及通过彩色显示器与手动键盘操作的配合，实现程序的输入、编辑、修改及删除，具有前台操作、后台编辑的功能。加工中心在加工过程中可实现在线检测，检测出的偏差可自动修正，保证首件加工一次成功，从而可以防止废品的产生。

（四）数控系统操作面板和机床操作面板

下面以 FANUC 0i-M 系统为例，介绍加工中心的数控系统操作面板和机床操作面板的按键功能与其操作方法。

1. FANUC 0i-M 数控系统操作面板

FANUC 0i-M 数控系统的操作面板如图 3-5 所示，它由显示器和 MDI 键盘组成，各按键及其功能见表 3-4。

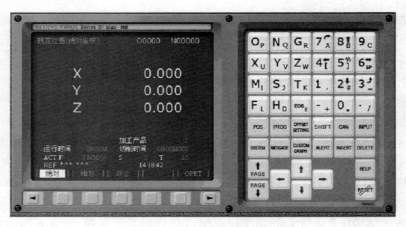

图 3-5　数控系统操作面板

表 3-4　数控系统操作面板按键及其功能

键类别	英文键名	功能说明
功能键	POS	显示位置界面按键。位置显示有三种方式,用"PAGE"按键选择或用对应的软键切换
	PROG	程序显示与编辑界面打开按键。在编辑方式下,编辑和显示内存中程序;在 MDI 方式下,输入和显示 MDI 数据
	OFFSET SETTING	显示参数输入界面按键。按第一次进入坐标系设置界面,按第二次进入刀具补偿参数界面。进入不同的界面以后,用"PAGE"按键切换
	SYSTEM	系统参数、诊断等显示界面按键
	MESSAGE	显示报警信息按键
	CUSTOM GRAPH	显示图形参数设置界面按键
帮助键	HELP	当对 MDI 操作不明白时,按此键可获得帮助
复位键	RESET	使数控系统复位或取消报警
数字/字母键	(数字字母键区)	数字/字母键,可用于输入字母、数字或其他字符等到输入区域,系统自动判别取字母还是数字。字母和数字通过"SHIFT"键切换
编辑键	ALERT	替换键。用输入的数据替换光标所在的数据

（续）

键类别	英文键名	功能说明
编辑键	DELETE	删除键。删除光标所在的数据，或者删除一个程序，或者删除全部程序
	INSERT	插入键。把输入区中的数据插入到当前光标之后的位置
	CAN	取消键。按下这个键删除最后一个进入输入缓冲区的字符或符号
	INPUT	输入键。按下一个字母键或数字键后，相应数据被输入到缓冲区中，并显示在屏底。再按该键数据被输入到存储区中，并且显示到屏幕上
	SHIFT	切换键。在键盘上，有些键具有两个功能，按下此键可以在这两个功能之间进行切换
	EOB_E	回车换行键。结束一行程序的输入并换行
光标键	↑	向上移动光标
	↓	向下移动光标
	←	向左移动光标
	→	向右移动光标
页面切换键	PAGE↑	向上翻页
	PAGE↓	向下翻页

2. 加工中心的操作面板

加工中心的生产厂家不同，其机床操作面板的设计风格也不同，各功能旋钮及按键位置布置也不同，但基本操作方法与原理相同。下面以 FANUC 0i-M 系统为例，介绍加工中心操作面板。如图 3-6 所示，加工中心操作面板按各键功能大致分如下几类：

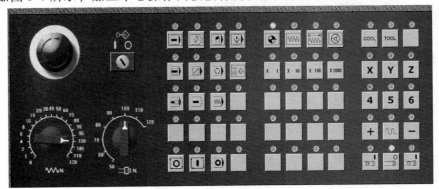

图 3-6　加工中心操作面板

(1) 工作方式选择按键　工作方式选择按键及其功能说明见表3-5。

表3-5　工作方式选择按键及其功能说明

图形符号	功能说明
	AUTO：自动加工按键。按此键后，可以按循环启动键运行程序
	EDIT：编辑按键。按此键可以进行数控程序的输入与编辑
	MDI：手动数据输入键。按此键后，可手动输入一段程序让机床自动执行，也可操作系统面板设置必要的参数
	INC：增量进给键
	HND：手摇脉冲方式键。按此键后，可以通过操作手轮，在 X、Y、Z 三个方向进行精确移动。对刀时常用此键
	JOG：手动方式键。按此键，可在 X、Y、Z 三个方向上手动连续移动机床或点动机床
	REF：回参考点按键。按此键，可手动返回参考点
	DNC：通过 RS232 通信接口，用电缆线连接计算机和数控机床进行程序传输

(2) 程序运行控制按键或开关

1) 循环启动键 ▯。按下此键，其上指示灯亮，程序运行开始；当工作方式为"AUTO"和"MDI"时此键有效，其他方式下按下无效。

2) 循环停止键 ▯。在程序运行中，按下此键，其上指示灯亮，程序停止运行。有的机床操作面板用进给保持按键代替此键。

(3) 主轴手动控制开关　机床主轴手动控制开关包括手动主轴正转 ▯、手动主轴反转 ▯ 及手动停止主轴 ▯。

加工中心在手动、手摇脉冲手轮方式下，可通过以上三个按键实现主轴正转、停止及反转操作。此前需用 MDI 指定主轴转速和旋向，否则，按当前模态运行主轴，若不指定主轴转速，则主轴将不能运转。

(4) 手动移动各轴按键或旋钮

1) 轴与方向键。在 JOG 方式下，选择加工中心移动轴及方向按键 ▯，即可使工作台或主轴移动，移动速度可通过进给倍率修调。如同时按下快移键 ▯，则所选择的轴将做快速移动。在 INC 方式下，选择移动轴及方向按键，每按一下，轴移动一个步距。步距大小可用增量倍率键（×1、×10、×100、×1000）来确定。

注意：各轴正、负方向遵循标准坐标系的设定，即假设工件不动，刀具相对静止的工件移动的原则来理解。刀具远离工件的方向为该轴的正方向，反之为该轴的负方向。

2）手摇脉冲手轮。在 HND 方式下，可使用手摇脉冲手轮来移动各轴。当对刀需要进入工作区域时，使用机床操作面板各轴移动键显然不方便，此时选择手摇脉冲手轮方式比较方便。使用时同样要选择移动轴、方向及移动倍率。

（5）速度修调按键或旋钮

1）增量倍率键。在 INC 方式下，选择机床移动轴及方向时，每按一次，轴移动一个步距，每一步的距离大小由增量倍率键决定："×1"为 0.001mm，"×10"为 0.01mm，"×100"为 0.1mm，"×1000"为 1mm。这四个按键配合移动轴及方向键可实现机床粗、精调整。

2）进给率调节旋钮。根据程序指定的进给速度，通过进给率调节旋钮可调节程序运行中的进给速度，调节范围为 0~120%。

3）主轴转速倍率调节旋钮。根据程序指定的主轴转速，通过主轴转速倍率调节旋钮可调节程序运行中的主轴转速，调节范围为 50%~120%，每旋转一格修调 10%。

（6）程序调试控制开关或按键　程序调试控制开关及按键主要用来进行程序的检查与校验，包括机床空运行、单段运行及机床锁定等，其功能说明见表 3-6。

表 3-6　程序运行控制开关或按键及其功能说明

图形符号	解　释	功能说明
	单步执行开关	每按一次，系统执行一条程序指令
	程序段跳读	在自动方式下按此键，置接通状态，系统将跳过开头带有"/"的程序段。再按此键，跳读无效
	程序停	自动方式下，遇到 M01 指令，程序停止
	机床空运行	按下此键，其指示灯亮，空运行有效，此时程序中进给速度无效，各轴按快移速度运动，常用于程序加工前的校验。再按此键，其指示灯灭，空运行关
	手动示教	示教编程方式，用于教学演示
	程序重新启动	程序由于刀具破损等原因自动停止后，按此键可以从指定的程序段重新启动
	机床锁定开关	按下此键，其指示灯亮，机床锁定。此时各轴不动作，但屏显程序运行。若再按一次，其指示灯灭，锁住无效。用于机械不动的程序校验
	程序编辑锁定开关	置于"○"位置，可编辑或修改程序

（7）电源控制开关及按钮　电源控制开关及按钮包括数控系统电源开、电源关按键和紧急停止旋钮（也称"急停旋钮"）等。

（8）各种状态及报警指示灯　状态及报警指示灯用来显示加工中心的状态，提供报警指示、回零指示等。

（9）辅助控制按键或旋钮　机床操作面板上的辅助控制按键或旋钮包括切削液开关控制、润滑开关控制、刀具夹紧与松开控制等按键或旋钮。

三、方案设计

通过一个数控程序的输入、调试及零件加工等任务的实施，初学者能够对加工中心的工作过程有一个初步认识，熟悉加工中心开机与关机、回参考点、手动移动工作台或主轴箱、程序的新建、程序的输入与编辑、工件与刀具的装夹、刀库操作、对刀、程序调试、零件的自动加工及检测等相关操作。

四、任务实施

（一）开机

在开机之前，要先检查机床状况有无异常，润滑油是否足够，压缩空气是否打开等。如果一切正常便可以开机。以XH714D型立式加工中心为例介绍开机操作步骤。

1）打开压缩空气总开关。

2）打开机床钥匙开关。

3）上拉机床控制柜上的总电源开关（此时机床电控柜会发出"嘣"的声响）。

4）打开气源阀门，使空气压力达到机床规定的压力。

5）按下控制面板的绿色旋钮，启动数控系统。稍等片刻后，显示器正常显示后出现EMG报警时，右旋红色急停旋钮，听到机床发出"叮"的一声响，加工中心开机完成，并处于准备工作状态。

6）打开机床工作灯。

（二）返回参考点

通常，加工中心在开机后都要进行回参考点操作，以确定机床坐标系。回参考点的操作方法为：正常开机后，按"综合坐标系"软键，按回参考点按键 ⊙ ，接着依次按"+Z""+X"及"+Y"键；加工中心回到零点以后，按"手动"键，然后依次按"-Z""-X"及"-Y"键，将工作台移到中间位置即可。

注意：每次回参考点前，各轴坐标要在-150mm以外方可进行回参考点操作。

（三）首次转动主轴

FANUC系统通常在开机之后都要在MDI方式下进行转速设置，否则在手动方式下无法起动主轴。具体操作为：按手动数据输入键，显示器出现MDI界面，输入"M03　S＿＿;"→按"INSERT"键→将光标移至O0000处→按复位键→按循环启动键，此时主轴正转→按复位键或按主轴停转键使主轴停转。

（四）程序的输入与编辑

1）新建程序。按编辑键→按"PROG"键→显示程序界面，输入程序名→按"INSERT"键，程序新建完成。

2）修改程序。按编辑键→按"PROG"键→选择要修改的程序，将光标移到要修改的字符上，输入正确的字符→按"ALTER"键替换。如果输入字符时输错了，用"CAN"键取消即可。如果要插入字符,将光标移至要插入字符的前一个字符上,输入要插入的字符,按"INSERT"键即可。

3)删除程序。按编辑键→按"PROG"键→输入要删除程序的程序名,如输入"O5555",按"DELETE"键→按"EXEC"软键确认即可删除该程序。如果要删除字符,如"G54",则输入"G54",后按 DELETE 键即可。如果要删除一个程序段,如"N10 G54 G90 G17 G00 X0 Y0;",只要将光标移至"N10"前输入";",按"DELETE"键即可删除整个程序段。

4)程序的检索与保存。按编辑键→按"PROG"键→输入要调用的程序名,如调用"O5555",则输入"O5555"→按下光标键或检索软键即可。FANUC 系统程序输入完以后自动保存。

5)程序校验。按编辑键→按"PROG"键→调出要校验的程序名→按空运行键→按程序测试键→按图形显示键→按自动键→按循环启动键,即可进行程序校验,同时在显示器上显示图形。

(五)工件的装夹

在加工中心上常用的夹具有通用夹具、组合夹具、专用夹具及成组夹具等。选择时要综合考虑各种因素,选择最经济、最合理的夹具。机用平口钳属于通用夹具,铣削形状比较规则的零件时常采用,它方便灵活,适应性广。加工精度要求较高、需要的夹紧力较大时,可采用精度较高的机械式或液压式机用平口钳。

注意:

1)机用平口钳在加工中心工作台上装夹工件时,要根据精度要求校正钳口与 X 轴或 Y 轴的平行度。夹紧工件时要避免工件变形或一端钳口上翘。

2)装夹工件时,应保证工件在本次定位装夹所需要完成的待加工面充分暴露在外,以方便加工。同时,注意主轴与工作台面之间的最小距离和刀具的装夹长度,确保在主轴的行程范围内能使工件的加工内容全部完成。

3)夹具在工作台上的安装位置必须给刀具留有运动空间,不能和各工步的刀具轨迹发生干涉。

4)确保最小的工件变形。

(六)刀具的安装

本加工中心使用 BT40 刀柄(见图3-7)。装刀注意事项如下:

1)装刀时,首先应确定刀柄拉钉是否安装紧固。

2)将 $\phi 10mm$ 键槽铣刀装入 ER32-10mm 弹簧夹头中。在保证加工深度的前提下尽量装短,保证刀具有足够的刚度,避免在加工过程中产生变形。

3)在手动方式下,右手按下主轴右侧松紧刀按键,使主轴松开,左手握住刀柄,将刀柄的键槽对准主轴端面槽垂直送进主轴内,然后再次按下主轴右侧松紧刀按键,此时刀柄被夹紧。

4)刀柄安装完成后,用手转动主轴,检查刀柄是否夹紧。

5)其余刀具依次按此方法进行操作。

图3-7　BT40 刀柄

（七）刀库操作

XH714D 型立式加工中心采用斗笠式刀库，最多可装 12 把刀具。其换刀过程是主轴上下运动配合刀库前进与后退来实现换刀的。

（1）刀库装刀操作步骤

1) 确认当前刀库号上没有刀具，并且要知道当前的刀位号（假设当前刀位号为 1 号）。

2) 在手动方式下，按下主轴松开按钮，将刀具装到主轴。然后按下主轴夹紧按钮，此时刀具已安装到主轴上。

3) 在 MDI 方式下，按"PROG"键→输入"T2 M06;"，按"INSERT"键→将光标移至程序名上→按复位键→按循环启动键。此时刀库将主轴上刀具装入 1 号刀位，将 2 号刀位调到当前位。

4) 装 2 号刀具，重复第 3 步操作，将刀具装入刀库。

5) 调刀操作和装刀相似，在 MDI 方式下输入需要的刀号即可。如调 2 号刀，输入"T2 M06 M30;"，按循环启动键。

（2）注意事项

1) 在装刀与调刀的过程中，不能按面板上的其他任何按键，以免出现操作事故。

2) 装入刀库的刀具必须与程序中的刀具号一一对应，否则会损伤加工中心和所加工零件。

3) 交换刀具时，主轴上的刀具号不能与刀库中的刀具号重号。例如，主轴上已是"1"号刀具，不能再从刀库中调"1"号刀具。

（八）对刀

对刀的目的是通过刀具或对刀工具确定工件坐标系与机床坐标系之间的空间位置关系，并将对刀数据输入到相应的寄存器中。对刀是数控加工最重要的操作内容之一，其准确性直接影响零件的加工精度。

1. 对刀方法

根据现有条件和加工精度要求选择对刀方法，可采用试切法对刀、寻边器对刀、机外对刀仪对刀或自动对刀等。其中，试切法对刀操作简便，但是精度低，加工中常用寻边器和 Z 向设定器对刀，其效率高，而且可以保证对刀精度。

2. 对刀工具

（1）寻边器　寻边器主要用于确定工件坐标系原点在机床坐标系中的位置，也可以测量工件的简单尺寸。

寻边器有偏心式和光电式等类型，其中以光电式寻边器较为常用。光电式寻边器的测头一般为 $\phi 10mm$ 的钢球，用弹簧拉紧在光电式寻边器的测杆上，碰到工件时可以退让，并使电路导通，发出光信号。通过光电式寻边器的指示和机床坐标位置即可得到被测表面的坐标位置。

对刀分为 X 向、Y 向和 Z 向对刀，如图 3-8 所示，采用寻边器对刀，其 X 向、Y 向对刀操作步骤如下：

1) 用手摇脉冲手轮快速移动工作台和主轴，使寻边器测头靠近工件右侧。

2) 调节手摇脉冲手轮倍率，使测头慢慢接触到工件，直到寻边器发光。

3) 此时在 G54 坐标系设定界面输入"X45.0"，按"测量"键，X 向的坐标原点会自动输入到 G54 中。

4）同理可测得 Y 向的工件坐标系原点。

（2）Z 轴设定器 Z 轴设定器主要用于确定工件坐标系原点在机床坐标系中的 Z 轴坐标，或者说是确定刀具在机床坐标系中的 Z 轴坐标。

Z 轴设定器有光电式和指针式等类型，通过光电指示或指针判断刀具与对刀器是否接触，对刀精度一般可达 0.004mm。Z 轴设定器带有磁性表座，可以牢固地附着在工件或夹具上，其高度一般为 50mm 或 100mm。如图 3-8 所示，其 Z 向对刀操作步骤如下：

1）卸下寻边器，将加工用的刀具装上主轴，将 Z 轴设定器放置在工件上表面上。

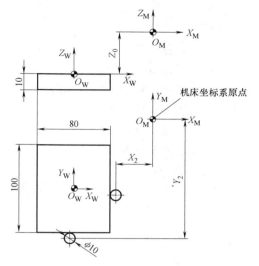

图 3-8 对刀

2）快速移动主轴，使刀具端面慢慢接触到 Z 轴设定器上表面。

3）改用微调操作，使刀具端面慢慢接触到 Z 轴设定器上表面，直到其指针指示到零位。

4）记下此时机床坐标系中的 Z 值，如 -320.200。

5）如 Z 轴设定器的高度为 50mm，那么工件坐标系原点在机床坐标系中的 Z 坐标为：-320.200-50=-370.200。最后将 -370.200 输入到该刀具对应的长度补偿号里去（H01 = -370.200）。

6）同理可以对其他刀具的 Z 向工件坐标原点进行设置。

（九）刀具半径补偿的输入与修改

根据刀具的实际尺寸，将刀具半径补偿值和刀具长度补偿值输入到与程序对应的存储位置。

1）按 "OFFSET SETTING" 键，显示图 3-9 所示刀具补偿设定界面。

2）通过光标键将光标移到要设定刀具半径补偿值的地址号 001 的形状（D）处，输入 "5.2"，按 "INPUT" 键，在 "002" 处输入 "5.0"。

需注意的是，补偿数据的正确性、符号的正确性及数据所在地址的正确性都会影响零件的加工，错误的数据会导致撞刀或工件报废。

（十）自动加工

对刀完成以后调用图 3-1 所示零件的加工程序（O0001），按复位键→按自动加工键→按循环启动键，则加工中心按照程序开始自动加工。加工时要注意调节进给速度和主轴转速。

（十一）零件的检测

零件加工完成以后，要对各个尺寸进行检测。如果尺寸没有达到图样要求，要修改刀补值，重新加工，以达到图样尺寸的要求。

（十二）关机

关机顺序和开机顺序相反，其操作步骤如下：

1) 关机之前先要确认机床各个轴是否在中间位置。
2) 按下红色急停旋钮。
3) 按下红色系统按钮。
4) 关闭机床控制柜上的总电源开关。
5) 关闭机床钥匙开关，并取下钥匙。
6) 关闭压缩空气阀门。
7) 关闭总电源开关，关机完成。

（十三）去毛刺

零件加工完成后需用锉刀修除毛刺，最后复检验收，零件加工完毕。

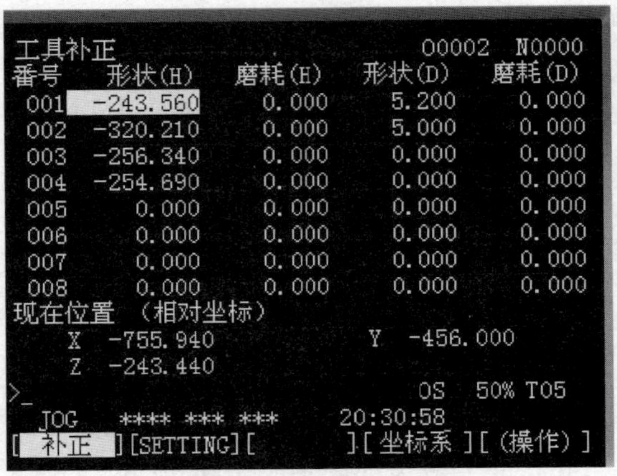

图 3-9　刀具补偿设定界面

五、检查评估

本零件的检查内容与要求见表 3-7。

表 3-7　零件的检查内容与要求

序号	检查内容	要求	检具	结果
1	深度	$8^{+0.05}_{0}$ mm	深度千分尺	
2	外形	$85^{0}_{-0.03}$ mm	75~100mm 外径千分尺	
		$85^{0}_{-0.03}$ mm	75~100mm 外径千分尺	
3	孔距	(64 ± 0.02) mm	游标卡尺	
		(64 ± 0.02) mm	游标卡尺	
4	孔	$\phi10$ mm	游标卡尺	

六、技能训练

根据图 3-10 所示零件的要求，按照本任务的要求，编制程序，输入程序，并加工出合格的零件。

1. 资讯

1) 根据零件特点，需选用何种类型的数控机床？
2) 工件装夹选用什么夹具？如何定位与找平？
3) 加工中心开机前需检查哪些内容？
4) 回参考点需注意哪些事项？
5) 该零件加工需要用几把刀具？应如何装刀？
6) 刀库中的刀具是否与刀具清单相符？刀位号与刀号是否相符？
7) 零件加工完毕后，需要检查哪些项目？要用什么量具？如何测量？
8) 一般需对加工中心哪些部位进行保养？如何保养？

2. 计划与决策

选择机床、夹具、刀具、量具及毛坯类型，确定工件定位和夹紧方案、工作步骤、安全措施、零件检查内容与方法、机床保养内容及小组成员工作分工等。

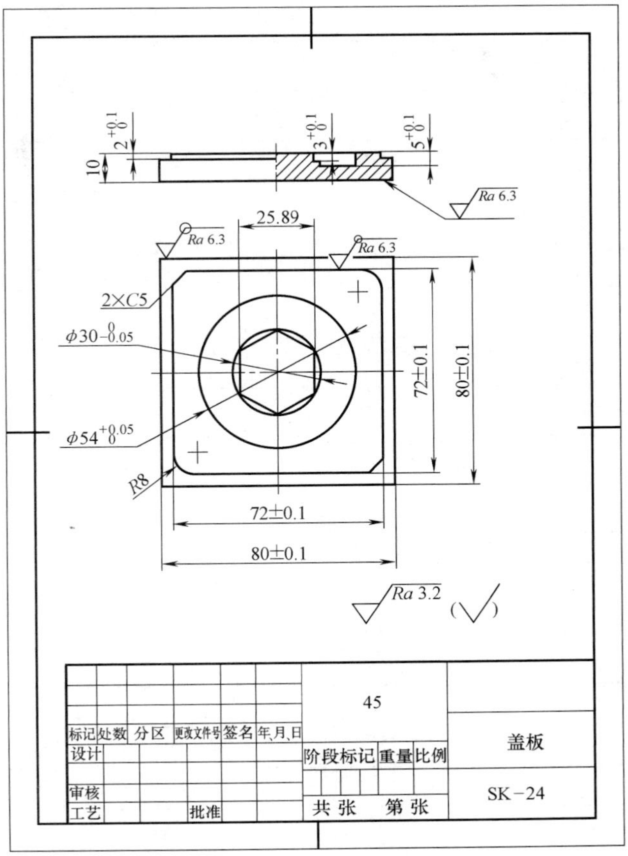

图 3-10　盖板

3. 实施

开机、关机操作	
工件、刀具的装夹	
回参考点	
手动移动滑板	
输入程序	
对刀与刀补值的输入	
程序校验	
程序运行	
机床保养	

4. 检查

按附录 A 规定的检查项目和标准对技能训练进行检查与考核。

5. 评价与总结

按附录 B 规定的评价项目对学生技能训练进行评价。

任务二　配合件的编程与加工

一、任务导入

（一）任务描述

图 3-11、图 3-12 所示为一对配合件，对零件图进行分析，制订零件的加工方案，合理选择刀具和切削用量、编制零件加工程序并加工出合格的零件。

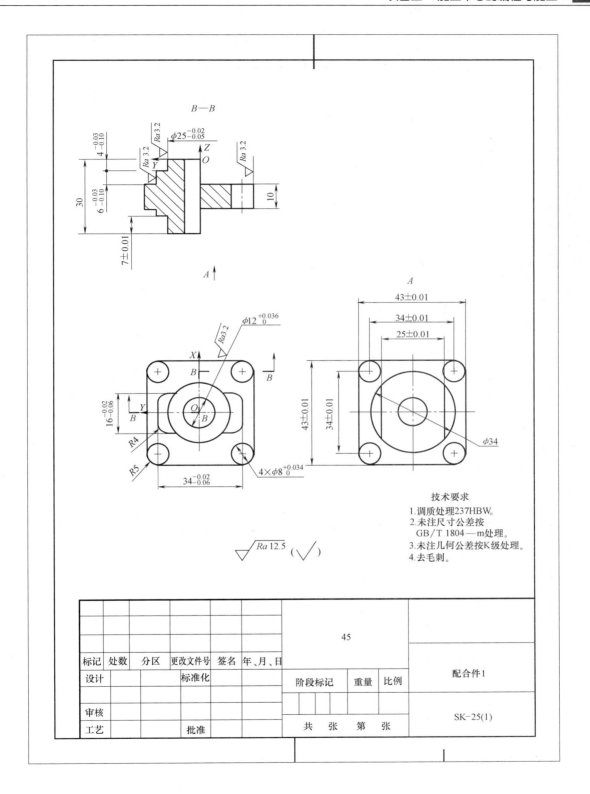

图 3-11 配合件 1

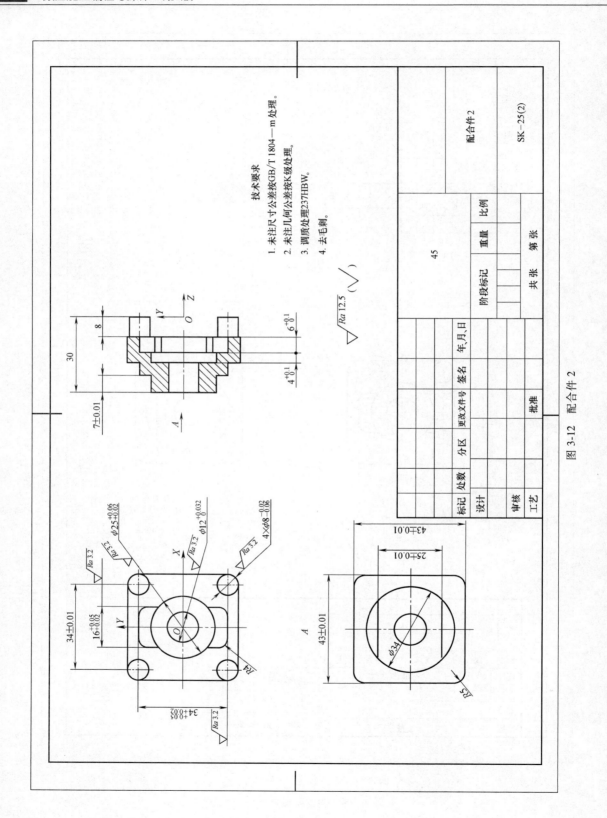

图 3-12 配合件 2

（二）知识目标

1. 熟练掌握加工中心的程序编制方法及特点（注意其与数控铣床程序编制的不同）。
2. 掌握数控镗铣削零件的加工工艺方案的制订和零件多次装夹的精度控制方法。
3. 掌握刀具半径补偿、刀具长度补偿及子程序的灵活应用。
4. 掌握数控加工中刀具与切削用量的合理选择。

（三）能力目标

1. 能正确制订配合件的加工顺序与加工工艺方案。
2. 熟练操作加工中心，会进行工件的找正、对刀等各项工作。
3. 学会此类配合件工序的正确划分及加工工序的合理制订。
4. 掌握工件的测量，通过修改刀补保证配合件的加工精度。

（四）素养目标

用批判性态度审图，精益求精态度进行加工工艺优化，用质量控制方法保证加工质量。

二、知识准备

（一）工艺基础部分

1. 零件的工艺设计要求

加工中心的加工工艺设计应不同于普通机床的工艺设计，这主要是基于以下几点：

1）工艺要求更详细，要具体到每一工步。
2）工艺要求更准确，要准确地计算每一个基点、节点的坐标。
3）工艺要求更完整，要选择好每一把刀具的运动轨迹和切削用量，安排其前后次序等。

2. 零件的工艺设计内容

（1）确定工艺路线　用加工中心加工零件的工艺路线设计与常规工艺方法相同，也包括选定各加工部位的加工方法，加工顺序、定位基准、装夹方法，确定工序集中与分散的程度，合理选用机床型号、刀具，确定切削用量及编写加工中心专用技术文件等内容。但为了合理地使用加工中心、最大限度地发挥其作用，在具体设计工艺路线时，还必须多方面考虑。

（2）确定加工顺序　安排加工顺序时必须保证工件的刚度不被破坏，尽量减少变形；上道工序为下道工序创造基准面及夹紧面；先内后外、先面后孔；相同的装夹方式或同一刀具加工的工序内容最好连续进行，以减少重复定位次数和换刀次数；在同一次装夹中进行的多道工序，应先安排对工件刚度破坏性小的工序。

（3）确定对刀点　对刀点是加工中心中刀具相对于工件运动的起点。对刀点的选择原则是：便于数学处理，简化程序编制；在机床上找正容易；在加工中便于检查；引起的加工误差小。对刀点通常设在零件的设计基准或工艺基准上。

（4）确定换刀点　加工中心在加工过程中往往需要换刀，所以应规定换刀点。为了防止换刀时碰伤零件或夹具，换刀点常常设置在零件或夹具之外的安全区域。

（5）设计进给路线　设计进给路线时，应尽量避免在轮廓加工中进给停顿；注意设计好刀具的切入点与切出点；注意顺铣与逆铣的应用场合；孔系加工要兼顾孔系位置精度与加工效率的关系。加工曲面零件轮廓时要根据曲面的形状、刀具形状及零件的精度要求，选择合理的进给路线。

(二) 编程基础部分

1. 刀具半径补偿

1) 建立和撤销刀具半径补偿的程序段必须是指令补偿平面内不为零的直线移动的程序段。建立刀具半径补偿的指令格式为

$$G00/G01 \quad G41/G42 \quad X\underline{\quad} \quad Y\underline{\quad} \quad D\underline{\quad};$$

撤销刀具半径补偿的指令格式为

$$G00/G01 \quad G40 \quad X\underline{\quad} \quad Y\underline{\quad};$$

2) 建立刀具半径补偿应在切入工件之前进行；而撤销补偿应在切出工件之后进行。

3) 修改刀具半径补偿量应在补偿撤销的状态下进行。如果在已补偿的状态下改变补偿量，则程序段按原来所设定的补偿量来计算，修改无效。

4) 刀具半径补偿量的符号为正，若取负值，则会引起刀具半径补偿指令 G41 与 G42 的相互转化。

5) 产生过切的原因通常有两种：刀具半径大于工件内轮廓转角、刀具直径大于沟槽宽度时产生的过切。

6) 应用刀具半径补偿指令时，刀具的中心始终与工件轮廓相距一个刀具半径补偿量的距离。当刀具磨损或重磨后，刀具半径变小，只需在刀具补偿值中输入改变后的刀具半径，而不必修改程序。采用同一把半径为 R 的刀具，并用同一个程序进行粗、精加工时，设精加工余量为 Δ，则粗加工时设置的刀具半径补偿量为 $R+\Delta$，精加工时设置的刀具半径补偿量为 R，即可在粗加工后留下精加工余量 Δ，进而在精加工时完成切削。

2. 刀具长度补偿

1) 建立、撤销刀具长度补偿的程序段必须是指令主轴方向上不为零的直线移动的程序段。

建立刀具长度补偿的指令格式为

$$G00/G01 \quad G43/G44 \quad Z\underline{\quad} \quad H\underline{\quad};$$

撤销刀具长度补偿的指令格式为

$$G00/G01 \quad G49 \quad Z\underline{\quad};$$

2) Z 值和 H 值均可正可负。当采用 G43 指令时，若刀具长度短于编程时的刀具长度，H 中的数值取正；刀具长于编程时的刀具长度时，H 中的数值取负。G44 指令与 G43 正好相反。

3) 应用刀具长度补偿指令时，若刀具在长度方向上的尺寸发生变化时（如刀具磨损或制造误差），只需改变其补偿值，而不需要改变程序，就可以加工出零件的原定尺寸。

3. 孔加工固定循环指令

FANUC 数控系统与华中数控系统的固定循环指令的功能与应用完全相同，格式也基本一样，见表 3-8。

表 3-8 数控系统固定循环指令的功能与格式

G 指令	指令功能	格 式
G73	高速深孔钻断屑循环	G98/(G99) G73 X__ Y__ Z__ R__ Q__ F__;
G83	高速深孔钻排屑循环	G98/(G99) G83 X__ Y__ Z__ R__ Q__ F__;
G81	钻孔、点钻循环	G98/(G99) G81 X__ Y__ Z__ R__ F__;

（续）

G指令	指令功能	格式
G74	攻左螺纹循环	G98/(G99) G74 X__ Y__ Z__ R__ P__ F__;
G84	攻右螺纹循环	G98/(G99) G84 X__ Y__ Z__ R__ P__ F__;
G82	锪孔、粗镗阶梯孔循环	G98/(G99) G82 X__ Y__ Z__ R__ P__ F__;
G86	粗镗孔循环	G98/(G99) G86 X__ Y__ Z__ R__ F__;
G85	铰孔、精镗孔循环	G98/(G99) G85 X__ Y__ Z__ R__ F__;
G76	精镗孔循环	G98/(G99) G76 X__ Y__ Z__ R__ P__ Q__ F__;
G87	反（背）镗孔循环	G98/(G99) G87 X__ Y__ Z__ R__ P__ Q__ F__;
G88	精镗孔、手动操作返回方式循环	G98/(G99) G88 X__ Y__ Z__ R__ P__ F__;
G89	精镗阶梯孔循环	G98/(G99) G89 X__ Y__ Z__ R__ P__ F__;

以上固定循环的应用、使用方法与华中数控系统相同，下面着重介绍刚性攻螺纹方式。

在攻右螺纹循环G84或攻左螺纹循环G74的前一程序段指令"M29 S__;"，则加工中心进入刚性攻螺纹模式。数控系统执行到该指令时，主轴停止，然后主轴正转指示灯亮，表示进入刚性攻螺纹模式。在刚性攻螺纹循环中，主轴转速和Z轴的进给严格按比例同步，故可以使用刚性夹持的丝锥进行螺纹孔的加工，还可以提高螺纹孔的加工速度，提高加工效率。使用G80和01组G代码都可以解除刚性攻螺纹模式，另外复位操作也可以解除刚性攻螺纹模式。

注意：

1）G74或G84指令中的F值与M29程序段中的S值的比值（F/S）即为螺纹的螺距。

2）S值必须小于系统参数指定的值，否则执行固定循环指令时会出现编程报警。

3）F值必须小于切削进给的上限值（4000mm/min），否则会出现编程报警。

4）在M29指令和固定循环的G指令之间不能有S指令或任何运动指令。

5）不能在攻螺纹循环状态下指令M29。

6）不能在取消刚性攻螺纹模式后的第一个程序段中执行S指令。

7）不要在试运行状态下执行刚性攻螺纹指令。

4. 加工中心换刀程序的设计

加工中心具有自动换刀装置，可以通过程序自动完成换刀操作，而不要人工干涉。在加工中心换刀时，要用到选刀指令（T代码）及换刀指令（M06）。多数加工中心都规定了换刀点位置，即定距换刀。主轴只有运动到换刀点，机械手才执行换刀动作。一般立式加工中心规定换刀点的位置在Z0处（即机床Z轴零点处），同时规定换刀时应有回参考点的准备功能G28指令。卧式加工中心规定换刀点的位置在Z0及XY平面的第二参考点（用"G30 X0 Y0;"指令）处。当控制系统遇到选刀指令T代码时，自动按照刀号选刀，被选中的刀具处于刀库中的换刀位置上。当接到换刀指令M06后，机械手执行换刀动作。换刀程序可采用两种方法。

方法一：N10　G28　Z0　T02;
　　　　　N20　M06;

当刀具自动返回参考点（也是换刀点）时，刀库将T02号刀具选出，然后进行刀具交换，换到主轴上的刀具号为 T02。若 T 功能执行时间（即选择刀时间）长于 Z 轴回零时间，则 M06 指令要等刀库将 T02 号刀具转到换刀点后才执行。这种方法占用机动时间较长。

方法二：N10　G01　Z135. T02；
　　　　…；
　　　　N40　G28　Z0　M06；
　　　　N50　G01　X10. Y68.9　T03；
　　　　…；

在执行 N40 程序段后，主轴换上的是 N10 程序段选出的刀具；换刀后，紧接着选出下次要用的 T03 刀具。在 N10 程序段和 N50 程序段执行选刀时，不占用机动时间，实际应用中通常使用这种换刀方法。

在编制程序时，通常把换刀动作编制成一个换刀子程序，用来实现刀库中当前换刀位置上的刀具与主轴上刀具的交换。下面是两种类型加工中心的换刀子程序

O9000；　　　　　　　（ATC）立式加工中心换刀子程序
M05；　　　　　　　　主轴停
G80　G50.1　M09；　　取消固定循环、取消镜像、切削液关
G91　G28　Z0；　　　　回 Z 轴参考点
G49　M06；　　　　　　取消刀具长度补偿，换刀
M99；
O9000；　　　　　　　卧式加工中心换刀子程序
M05；　　　　　　　　主轴停
G80　G50.1　M09；　　取消固定循环、取消镜像、切削液关
G91　G28　Z0；　　　　回 Z 轴参考点
G30　X0　Y0；　　　　X、Y 轴回到换刀点
G49　M06；　　　　　　取消刀具长度补偿，换刀
M99；

三、方案设计

（一）机床及夹具的选择

采用 XH714D 型立式加工中心，并用规格为 0～200mm 的机用平口钳夹紧工件。

（二）毛坯尺寸及精度

毛坯尺寸为 43mm×43mm×32mm；除上下两个面以外，其余四周面已加工到图样尺寸。

（三）确定工件坐标系

这对配合件是对称零件，故以工件上表面中心为工件坐标系原点。

（四）设计加工方案

先加工下表面，再以下表面定位、以中心孔找正，加工上表面。具体方案如下：

（1）配合件 1（见图 3-11）

1）铣削加工下表面及 φ34mm 外圆，再铣削 25mm 的凸台，保证尺寸 25mm 及高度 7mm，选用 φ16mm 三刃立铣刀。

2）选用 φ10mm 麻花钻钻孔，并扩孔至 φ11.76mm，再铰孔至 $\phi12_{\ 0}^{+0.036}$mm。

3）铣削加工上表面，铣削轮廓 16mm×φ25mm×34mm×R4mm 凸台，选用 φ16mm 三刃立铣刀；Z 方向留精加工余量 0.5mm，φ25mm 外圆单边留精加工余量 0.1mm。

4）精加工凸圆、凸台及外形，保证尺寸，选用 φ8mm 三刃立铣刀。

5）选用 φ7mm 麻花钻钻孔，扩孔至 φ7.8mm 再铰孔至 $\phi 8^{+0.034}_{0}$ mm。

（2）配合件 2（见图 3-12）

1）铣削加工后表面及外圆 φ34mm，再铣削 25mm 的凸台，保证尺寸 25mm 及高度 7mm，选用 φ16mm 三刃立铣刀。

2）选用 φ10mm 麻花钻钻孔，并扩孔至 φ11.76mm，再铰孔至 $\phi 12^{+0.032}_{0}$ mm。

3）铣削加工前表面，粗铣 4 个 $\phi 8^{-0.02}_{-0.06}$ mm 凸圆柱，选用 φ16mm 键槽铣刀。

4）粗铣凹槽，选用 φ6mm 键槽铣刀。

5）精加工 4 个 $\phi 8^{-0.02}_{-0.06}$ mm 凸圆柱及凹槽，以保证最终尺寸，选用 φ6mm 三刃立铣刀。

加工使用的刀具见表 3-9。

表 3-9 数控刀具明细表

零件图号	零件名称	材料	数控刀具明细表			程序编号	车间	使用设备	
图 3-11、图 3-12	配合件	45				O1100	数控实训室	XH714D	
			刀具			刀补地址		换刀方式	加工部位
刀号	刀位号	刀具名称	直径		长度				
			设定	补偿	设定	半径	长度	自动/手动	
T01	01	立铣刀	φ16mm	8mm		D01	H1	自动	
T02	02	麻花钻	φ10mm				H2	自动	
T03	03	扩孔刀	φ11.76mm				H3	自动	
T04	04	铰刀	φ12mm				H4	自动	
T05	05	立铣刀	φ8mm	4mm		D05	H5	自动	
T06	06	麻花钻	φ7.0mm				H6	自动	
T07	07	扩孔刀	φ7.8mm				H7	自动	
T08	08	铰刀	φ8mm				H8	自动	
T09	09	键槽铣刀	φ6mm	3mm		D09	H9	自动	
T10	10	立铣刀	φ6mm			D10	H10	自动	

四、任务实施

（一）编写零件加工程序

加工程序见表 3-10~表 3-21。

表 3-10 加工下部凸台及 φ12mm 孔的程序

程 序	说 明
O1100;	程序名
N010 T01 M98 P1000;	调用 O1000 子程序,换 1 号刀

(续)

程　序	说　明
N020　G90　G54　G00　X-31.　Y15.；	快速定位
N030　G43　H01　Z50.；	建立刀具长度补偿，快速定位至工件上表面50mm处
N040　M03　S700；	主轴正转，转速为700r/min
N050　Z0；	下刀至工件上表面
N060　G01　X-22.　F200；	工进，进给速度为200mm/min
N070　M98　P1001；	调用O1001子程序铣平面
N080　G01　X32.；	移至下刀点
N090　Z-10.；	工进下刀，深度为10mm
N100　M98　P1002；	调用O1002子程序铣ϕ34mm圆凸台及25mm凸台子程序
N110　G00　Z50.；	快速提刀
N120　G00　X0　Y0；	回工件原点
N130　T02　M98　P1000；	调用O1000子程序，换2号刀——麻花钻
N140　G90　G54　G00　X0　Y0；	快速定位
N150　G43　H02　Z50.；	建立刀具长度补偿，快速定位至工件上表面50mm处
N160　M03　S800；	主轴正转，转速800r/min
N170　G98　G83　Q3.　R3.　Z-35.　F80　M08；	深孔加工固定循环，孔深为35mm
N180　G80　M05；	取消固定循环，主轴停
N190　T03　M98　P1000；	调用O1000子程序，换3号刀——扩孔钻
N200　G90　G54　G00　X0　Y0；	快速定位
N210　G43　H03　Z50.；	建立刀具长度补偿，快速定位至工件上表面50mm处
N220　M03　S700；	主轴正转，转速为700r/min
N230　G98　G81　R3.　Z-33.　F80；	孔加工固定循环
N240　G80　M05；	取消固定循环，主轴停
N250　T04　M98　P1000；	调用O1000子程序，换4号刀——铰刀
N260　G90　G54　G00　X0　Y0；	快速定位
N270　G43　H04　Z50.；	建立刀具长度补偿，快速定位至工件上表面50mm处
N380　M03　S100；	主轴正转，转速为100r/min
N390　G98　G85　R3.　Z-36.　F50；	铰孔加工固定循环，孔深为36mm
N400　G91　G00　G28　Z0；	回Z轴零点
N410　M05；	主轴停
N420　G91　G00　G28　Y0　M09；	回Y轴零点，切削液关
N430　M30；	主程序结束

表3-11　换刀子程序

程　序	说　明
O1000；	换刀子程序
N010　M05；	主轴停

(续)

程　　序	说　　明
N020　G80　G49　G40　M09；	取消固定循环、刀具长度补偿及刀具半径补偿,切削液关
N030　G91　G00　G28　Z0；	回 Z 轴零点
N040　M06；	换刀
N050　M99；	子程序结束,返回主程序

表 3-12　铣平面子程序

程　　序	说　　明
O1001；	铣平面子程序
N010　G01　X22.；	
N020　Y0；	
N030　X-22.；	
N040　Y-15.；	
N050　X22.；	
N060　M99；	子程序结束,返回主程序

表 3-13　铣 $\phi34mm$ 凸台及 25mm 凸台子程序

程　　序	说　　明
O1002；	铣凸台子程序
N010　G01　G42　X17.　D01　F100；	建立刀具半径右补偿
N020　Y0；	加工开始
N030　G03　I-17.；	铣 $\phi34mm$ 圆凸台
N040　G01　Y12.5；	进给到 25mm 宽凸台一边 Y 坐标起点处
N050　G00　Z-7.；	提刀至 Z-7mm
N060　G01　X-17.5　F100；	铣 25mm 宽凸台的一边
N070　Y-12.5；	进给到 25mm 宽凸台另一边 Y 坐标起点处
N080　X17.5；	铣 25mm 宽凸台的另一边
N085　G40　G00　X30.；	取消刀补
N090　M99；	子程序结束,返回主程序

表 3-14　加工上面凸台程序

程　　序	说　　明
O1200；	加工上面凸台程序(以下面凸台 25.0mm 处定位并夹紧,利用 $\phi12_{0}^{+0.036}mm$ 孔找正)
N010　T01　M90　P1000；	调用 O1000 子程序,换 1 号刀
N020　G90　G54　G00　G17　X-31.　Y15.；	快速定位
N030　G43　H01　Z50.；	建立刀具长度补偿,快速定位至工件表面 50mm 处
N040　M03　S600；	主轴正转,转速为 600r/min
N050　Z0；	下刀至工件表面

(续)

程　　序	说　　明
N060　G01　X-22.　F200；	工进,进给速度为 200mm/min
N070　M98　P1001；	调用 O1001 子程序铣平面
N080　X32.0；	移至下一个加工起始点
N090　M98　P1003；	调用 O1003 子程序加工 ϕ25mm 圆和长方形凸台
N100　G00　Z50.　M05；	提刀,主轴停
N120　T05　M98　P1000；	调用 O1000 子程序,换 5 号刀,精加工凸台
N130　G90　G54　G00　X-27.　Y17.5；	快速定位
N140　G43　H05　Z50.　M03　S800；	建立刀具长度补偿,快速定位,主轴正转
N150　M08　Z-10.；	下刀,切削液开
N160　M98　P1005；	调用 O1005 子程序,铣外轮廓
N170　G00　Z50.；	提刀
N180　G00　G40　X0　Y0；	取消刀补
N190　T06　M98　P1000；	调用 O1000 号子程序,换 6 号刀
N200　G90　G54　G00　X-17.　Y17.；	快速定位
N210　G43　H06　Z50.　M03　S800；	建立刀具长度补偿,快速定位,主轴正转
N220　G98　G81　R-7.　Z-28.　F80；	钻孔固定循环,深度为 28mm
N230　M98　P1004；	调用 O1004 号子程序钻三个孔
N240　G80　M05；	取消固定循环,主轴停
N250　T07　M98　P1000；	调用 O1000 子程序换 7 号刀
N260　G90　G54　G00　X-17.　Y17.；	快速定位
N270　G43　H07　Z50.　M03　S800；	建立刀具长度补偿,快速定位,主轴正转,切削液开
N280　G98　G81　R-7.　Z-22.　F100；	钻孔固定循环,深度 22mm
N290　M98　P1004；	调用 O1004 子程序,扩三个孔
N300　G00　Z100.　M05；	提刀,主轴停
N310　T08　M98　P1000；	调用 O1000 子程序,换 8 号刀
N320　G90　G54　G00　X-17.　Y17.；	快速定位
N330　G43　Z50.　H08　M03　S100；	建长度补偿,切削液开,主轴正转
N340　G98　G85　R-7.　Z-28.　F50；	铰孔固定循环,孔深 28mm
N350　M98　P1004；	调用 O1004 子程序铰三个孔
N360　G00　Z50.　M05；	提刀,主轴停
N370　G91　G00　G28　Z0；	Z 轴回零点
N380　G28　Y0；	Y 轴回零点
N390　M30；	主程序结束

表 3-15　粗铣 25mm 圆凸台和长方形凸台子程序

程　　序	说　　明
O1003；	粗铣 25mm 圆凸台和长方形凸台子程序
N010　G01　Z-3.5　F50；	下刀

(续)

程　　序	说　　明
N020　G01　G42　X12.6　Y0　D01　F100；	建立刀具半径右补偿
N030　G03　I-12.6；	开始加工
N040　G02　X21.6　Y9.　R9.；	圆弧切出
N050　G00　G40　X32.；	取消刀具半径补偿
N060　G01　Z-9.5　F200；	下刀，深度为9.5mm，进给速度为200mm/min
N070　G01　G42　X22.　Y17.5　D01　F100；	建立刀具半径右补偿
N080　X-12.7；	开始加工
N090　Y-17.5；	
N100　X12.7；	
N110　Y17.5；	
N120　G40　X0　Y0；	取消刀补
N130　M99；	子程序结束，返回主程序

表 3-16　加工三个孔的子程序

程　　序	说　　明
O1004；	加工三个孔的子程序
N010　X17.；	
N020　Y-17.；	
N030　X-17.；	
N040　M99；	子程序结束，返回主程序

表 3-17　铣外轮廓子程序

程　　序	说　　明
O1005；	铣外轮廓子程序
N010　G01　G41　X-14.5　Y17.5　D05　F100；	建立刀具半径左补偿，切向切入
N020　X14.5；	开始加工
N030　Y-17.5；	
N040　X-14.5；	
N050　Y17.；	
N060　X4.；	
N070　G02　X8.　Y13.　R4.；	
N080　G01　Y11.325；	
N090　G03　X9.091　Y8.579　R4.；	
N100　G02　Y-8.579　R12.5；	
N110　G03　X8.　Y-11.325　R4.；	
N120　G01　Y-13.；	
N130　G02　X4.　Y-17.　R4.；	
N140　G01　X-4.；	

（续）

程　序	说　明
N150　G02　X-8.　Y-13.　R4.；	
N160　G01　Y-11.325；	
N170　G03　X-9.091　Y-8.579　R4.；	
N180　G02　Y8.579　R12.5；	
N190　G03　X-8.　Y11.325　R4.；	
N200　G01　Y13.；	
N210　G02　X-4.　Y17.　R4.；	
N220　G03　X1.　Y22.　R5.；	加工结束
N230　G00　Z-4.；	提刀
N240　G40　X-5.；	取消刀具半径补偿
N250　G01　G41　Y17.5　D05　F100；	建立刀具半径左补偿
N260　G03　X0　Y12.5　R5.；	加工开始
N270　G02　J-12.5；	
N280　G03　X0　Y22.5　R5.；	圆弧切向切出
N290　G00　Z5.　M05；	提刀，主轴停
N300　G00　G40　X0　Y0；	取消刀具半径补偿
N310　M99；	子程序结束，返回主程序

配合件 2 的加工程序中，后表面、$\phi34mm$ 外圆及 25mm 凸台程序与配合件 1 对应部分相同。

表 3-18　配合件 2 前表面加工程序

程　序	说　明
O1300；	以后面凸台 25mm 处定位并夹紧，利用 $\phi12_0^{+0.032}mm$ 孔找正
N010　T01　M98　P1000；	调用 O1000 子程序，换 1 号刀
N020　G90　G54　G00　X-60.　Y60.；	快速定位
N030　G43　H01　Z5.　M03　S600；	建立刀具长度补偿，快速下刀，主轴正转
N050　M98　P1201；	调用 O1201 子程序，加工第二象限 $\phi8mm$ 圆柱
N060　G51.1　X0；	Y 轴镜像
N070　M98　P1201；	调用 O1201 子程序，加工第一象限 $\phi8mm$ 圆柱
N080　G50.1　X0；	取消 Y 轴镜像
N090　G51.1　X0　Y0；	X、Y 轴镜像
N100　M98　P1201；	调用 O1201 子程序，加工第四象限 $\phi8mm$ 圆柱
N110　G50.1　X0　Y0；	取消 X、Y 轴镜像
N120　G51.1　Y0；	X 轴镜像
N130　M98　P1201；	调用 O1201 子程序，加工第三象限 $\phi8mm$ 圆柱
N140　G50.1　Y0；	取消 X 轴镜像
N150　G00　X0　Y0；	刀具回工件原点
N160　G01　Z-9.8　F80；	下刀扩孔
N170　G00　Z5.；	提刀

（续）

程　　序	说　　明
N180　X-30.　Y22.；	定位
N190　Z-22.；	下刀
N200　M98　P1202；	调用 O1202 子程序，精加工外形
N210　G00　Z50.　M05；	提刀，主轴停
N220　T09　M98　P1000；	调用 O1000 子程序，换 9 号刀——键槽刀
N230　G90　G54　G00　X0　Y0；	快速定位
N240　G43　H09　Z50.　M03　S900；	建刀具长度补偿，快速定位，主轴正转，切削液开
N250　Z-13.8；	下刀
N260　D09　M98　P1203；	调用 O1203 子程序，粗加工内槽，刀补号为 D09
N270　G00　G40　X0　Y0　M05；	取消刀具半径补偿、主轴停
N280　G91　G28　G00　Z0；	回 Z 轴零点
N290　T10　M98　P1000；	调用 O1000 子程序，换 10 号刀——立铣刀
N300　G90　G54　G00　X0　Y0；	快速定位
N310　G43　H10　Z50.　M03　S1000；	建立刀具长度补偿，快速定位，主轴正转
N320　G01　Z-14.　F50；	下刀
N330　D10　M98　P1203；	调用 O1203 子程序，精加工内槽，刀补号为 D10
N340　G00　G40　X0　Y0　M05；	取消刀具半径补偿，主轴停
N350　G91　G28　G00　Z0；	回 Z 轴零点
N360　M30；	主程序结束

表 3-19　加工 ϕ8mm 圆台子程序

程　　序	说　　明
O1201；	加工 ϕ8mm 圆台子程序
N005　G00　X-40.　Y30.	
N010　G01　Z-8.　F50；	下刀
N020　G01　G41　X-17.　Y21.　D01　F80；	建立刀具半径左补偿
N030　G02　J-4.；	
N040　G01　X-10.；	
N050　G00　Z5.；	
N060　G40　X0　Y22.；	取消刀具半径补偿
N070　M99；	子程序结束，返回主程序

表 3-20　铣外形子程序

程　　序	说　　明
O1202；	铣外形子程序
N010　G01　G41　X-21.5　Y21.5　D01　F100；	建立刀具半径左补偿
N020　X16.5；	
N030　G02　X21.5　Y16.5　R5.；	
N040　G01　Y-16.5；	
N050　G02　X16.5　Y-21.5　R5.；	
N060　G01　X-16.5；	
N070　G02　X-21.5　Y-16.5　R5.；	

（续）

程　　序	说　　明
N080　G01　Y16.5;	
N090　G02　X-16.5　Y21.5　R5.;	
N100　G03　X-6.5　Y31.5　R10.;	
N110　G00　Z5.;	
N120　G40　X0　Y0;	取消刀具半径补偿
N130　M99;	子程序结束，返回主程序

表 3-21　铣内槽子程序

程　　序	说　　明
O1203;	铣内槽子程序
N010　G01　G41　X8.　Y11.325　F40;	建立刀具半径左补偿
N020　G01　Y13.;	
N030　G03　X4.　Y17.　R4.;	
N040　G01　X-4.;	
N050　G03　X-8.　Y13.　R4.;	
N060　G01　Y11.325;	
N070　G02　X-9.091　Y8.579　R4.;	
N080　G03　Y-8.579　R12.5;	
N090　G02　X-8.　Y-11.325　R4.;	
N100　G01　Y-13.;	
N110　G03　X-4.　Y-17.　R4.;	
N120　G01　X4.;	
N130　G03　X8.　Y-13.　R4.;	
N140　G01　Y-11.325;	
N150　G02　X9.091　Y-8.579　R4.;	
N160　G03　Y8.579　R12.5;	
N170　G02　X8.　Y11.325　R4.	
N180　G03　X-2.　R5.;	
N190　G40　G00　X0　Y0;	取消刀具半径补偿
N200　G91　G01　Z-4.　F50;	
N210　G90　G01　G41　X11.　Y0　D09;	建立刀具半径左补偿
N220　G03　I-11.;	
N230　G01　X12.5;	
N240　G03　I-12.5;	
N250　G03　X2.5　Y0　R5.;	
N260　G00　Z5.;	
N270　M99;	子程序结束，返回主程序

注意：加工中心在加工凸圆弧和凹圆弧时，进给速度分别会加速和减速，且圆弧半径越小，加、减速程度越大。加工时要学会调节进给倍率。

（二）零件的加工

按照任务一给出的加工步骤进行加工训练。

五、检查评估

1) 检查工件形状是否符合图样的要求。
2) 测量工件尺寸是否符合图样的精度要求。填写表 3-22、表 3-23。

表 3-22 配合件（1）检查内容与要求

序 号	检查内容	要 求	检 具	结 果
1	凸台	$34_{-0.06}^{-0.02}$ mm	外径千分尺	
		$16_{-0.06}^{-0.02}$ mm	外径千分尺	
		$\phi 25_{-0.05}^{-0.02}$ mm	外径千分尺	
		$6_{-0.10}^{-0.03}$ mm	深度千分尺	
		$4_{-0.10}^{-0.03}$ mm	深度千分尺	
2	孔距	(34 ± 0.01) mm	游标卡尺	
		(34 ± 0.01) mm	游标卡尺	
3	外形	(43 ± 0.01) mm	外径千分尺	
		(43 ± 0.01) mm	外径千分尺	
		$R5$ mm	半径样板	
4	销孔	$\phi 12_{0}^{+0.036}$ mm	塞规	
		$\phi 8_{0}^{+0.034}$ mm	塞规	
5	反面	(25 ± 0.01) mm	外径千分尺	
		(7 ± 0.01) mm	深度千分尺	
		$\phi 34.0$ mm	游标卡尺	

表 3-23 配合件（2）检查内容与要求

序 号	检查内容	要 求	检 具	结 果
1	外形	(43 ± 0.01) mm	外径千分尺	
		(43 ± 0.01) mm	外径千分尺	
		$R5$ mm	半径样板	
2	4个圆柱	(34 ± 0.01) mm	外径千分尺	
		(34 ± 0.01) mm	外径千分尺	
		$\phi 8_{-0.06}^{-0.02}$ mm	外径千分尺	
3	凹槽	$16_{+0.02}^{+0.05}$ mm	内径千分尺	
		$34_{+0.02}^{+0.05}$ mm	内径千分尺	
		$25_{+0.02}^{+0.06}$ mm	内径千分尺	
		$4_{0}^{+0.1}$ mm	深度千分尺	
		$6_{0}^{+0.1}$ mm	深度千分尺	
		$R4$ mm	半径样板	
4	反面	(25.0 ± 0.01) mm	外径千分尺	
		(7.0 ± 0.01) mm	深度千分尺	
		$\phi 34.0$ mm	游标卡尺	
5	中间孔	$\phi 12_{0}^{+0.032}$ mm	塞规	

六、技能训练

试用 FANUC 0i-M 系统编制图 3-13、图 3-14 所示的一对配合件的加工程序,并加工出合格的零件。

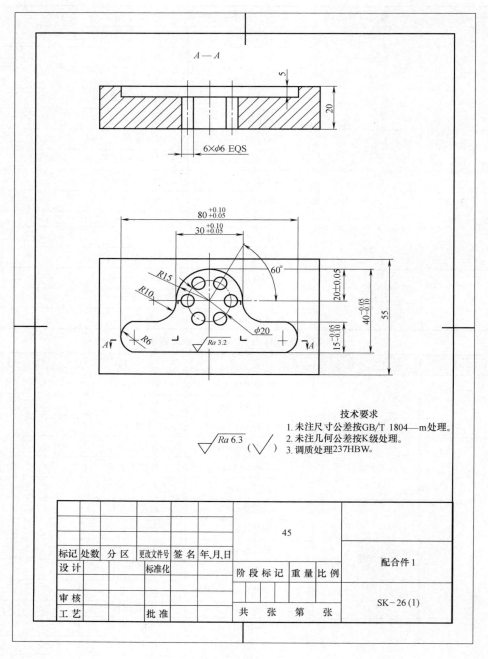

图 3-13 配合件 1

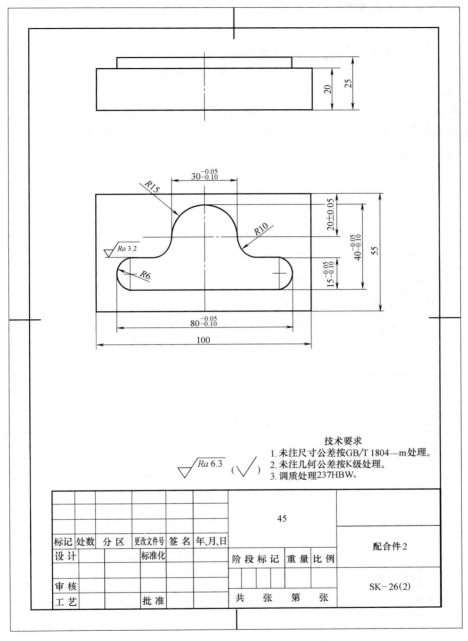

图 3-14　配合件 2

1. 资讯

1) 根据零件特点，需要选用何种类型的数控机床？
2) 需要加工哪些部位？哪些部位精度要求较高？
3) 零件的材料是什么？应选用何种类型的刀具？
4) 加工时需要用哪几把刀具？
5) 零件如何定位与夹紧？

6）配合件应先安排加工哪件更容易保证加工精度？

7）如何安排加工顺序？请列出加工工艺路线。

8）如何设计两零件的切入、切出及进给路线轨迹？

9）零件加工完毕后，需要进行哪些检查？要用什么量具？如何测量？

2. 计划与决策

选择机床、夹具、刀具、量具及毛坯类型，确定工件定位与夹紧方案、工作步骤、安全措施、工件坐标系、粗加工去除毛坯余量、零件检查内容与方法、机床保养内容及小组成员工作分工等。

3. 实施
（1）程序编制

（2）完成相关操作

机床运行前的检查	
工件装夹与找正	
程序输入	
装刀，对刀，输入 G54 坐标值和刀补值	
程序校验与模拟加工轨迹录屏	
零件加工	
量具选用，零件检查并记录	
机床、工具、量具保养与现场清扫	

4. 检查

按附录 A 规定的检查项目和标准对技能训练进行检查与考核。

5. 评价与总结

按附录 B 规定的评价项目对学生技能训练进行评价。

任务三　薄壁件的编程与加工

一、任务导入

（一）任务描述

试用 FANUC 0i-M 数控系统编制图 3-15 所示薄壁件的加工程序，并加工出合格的零件。

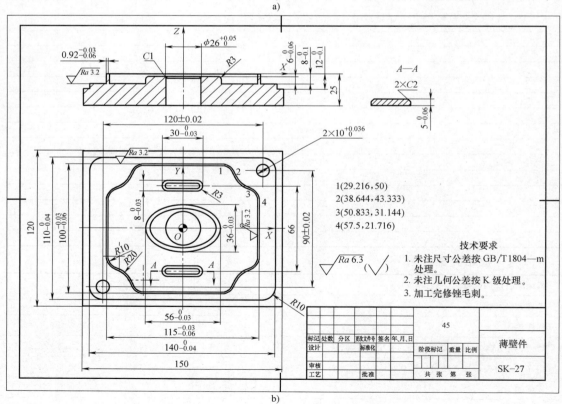

图 3-15　薄壁件
a）三维实体　b）零件图

（二）知识目标

1. 掌握薄壁零件加工工艺制订及精度控制方法。
2. 掌握运用宏程序对椭圆、倒圆弧及长方体的倒角、槽等结构的加工方法。
3. 掌握镜像、坐标系旋转等功能指令的应用。

（三）能力目标

1. 能正确制订中等复杂二维零件的加工工艺。
2. 具有精度控制的能力。

（四）素养目标

培养爱岗敬业、争创一流、艰苦奋斗、勇于创新、淡泊名利、甘于奉献的劳模精神。

二、知识准备

（一）镜像功能指令（G51.1、G50.1）

镜像功能指令多用于零件上相互对称的几何结构的加工，可以把结构单元编成一个子程序，然后主程序通过镜像功能指令调用子程序（见图 3-16）。

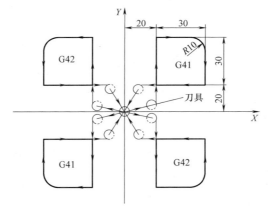

图 3-16　镜像功能

镜像指令格式为

G17/G18 G51.1 X0；　　　　　　　关于 Y 轴镜像

G17/G19 G51.1 Y0；　　　　　　　关于 X 轴镜像

G17 G51.1 X0 Y0；　　　　　　　关于 X、Y 轴（原点）镜像

G17/G18/ G50.1 X0；　　　　　　取消 Y 轴镜像

G17/G19 G50.1 Y0；　　　　　　　取消 X 轴镜像

G17 G50.1 X0 Y0；　　　　　　　取消 X、Y 轴（原点）镜像

注意：

1）对 X 轴和 Y 轴镜像由 M 功能指令指定的，为使镜像功能有效，需将系统的镜像功能打开（可由"OFFSET SETTING"设定，也可由系统参数设定）。

2）镜像功能可由 G 代码指定。G51.1 指令为设置镜像，G50.1 指令为取消镜像。当 M 功能和 G 代码同时指令镜像功能时，G 代码优先。

3）只对 X 轴或 Y 轴镜像时，表 3-24 所示指令将与源程序相反。

表 3-24　镜像功能指令说明

指　　　令	说　　　明
圆弧指令	G02 与 G03 互换（顺时针圆弧与逆时针圆弧互换）
刀具半径补偿指令	G41 与 G42 互换（左刀补与右刀补互换）
坐标旋转	旋转方向互换（顺时针与逆时针互换）

注：同时对 X 轴和 Y 轴镜像时，圆弧指令、刀具半径补偿指令、坐标旋转均不改变。

如图 3-16 所示，轮廓加工时，镜像功能将原本顺铣的加工路线（第Ⅰ象限）变为逆铣（第Ⅱ或Ⅳ象限），两者加工质量有一定差异，且顺铣与逆铣受力情况不同，让刀不同，对精度加工尺寸影响较大，所以轮廓加工或区域精加工时很少用镜像功能。镜像较适合对称孔的加工。

4）镜像功能使用完毕后，必须取消。

5）G90 模式下使用镜像功能时必须从坐标原点或对称点开始加工，取消镜像也要回到坐标原点或对称点。

（二）坐标系旋转指令（G68、G69）

用旋转指令可将工件坐标系旋转某一指定角度（见图 3-17）。如果工件的形状由许多相同的图形组成，则可将图形单元编成一个子程序，然后用主程序（包含旋转指令）调用子程序，可简化编程，减少存储空间。

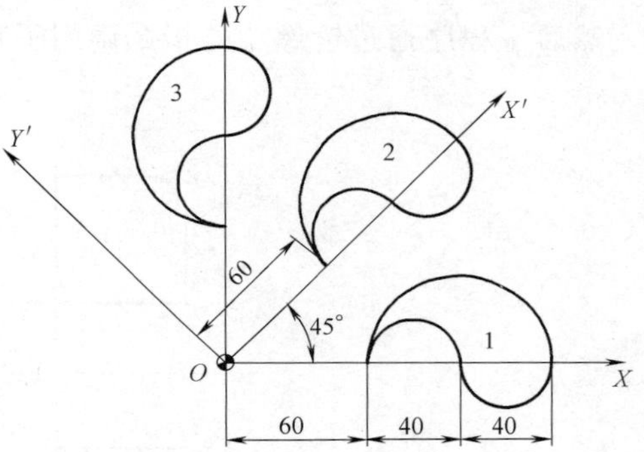

坐标系旋转指令格式为

　　G17 G68 X＿　Y＿　R＿;
　　G18 G68 X＿　Z＿　R＿;
　　G19 G68 Y＿　Z＿　R＿;

图 3-17　坐标系旋转

说明：1）以 XY 平面旋转为例，指令中的 X、Y 为旋转中心的坐标值，应以绝对坐标编程（G90）。R 为旋转角，若使用小数点编程，单位为（°）；若不使用小数点编程，则为最小设定单位。角度旋转范围为 0°～360°，逆时针方向取正值，顺时针方向取负值。如果省略 X、Y，则以刀具当前位置为旋转中心。

2）取消坐标系旋转功能采用 G69 指令。

（三）极坐标指令（G16、G15）

FANUC 系统编程时可用极坐标描述运动轨迹。极坐标由极径和角度构成，极径永远为正值，逆时针方向角度为正，顺时针方向角度为负。极坐标指令多用于钻孔加工。

使用极坐标指令：G16　X＿ Y＿；

取消极坐标指令：G15；

其中，X 为极径，Y 为角度。

如图 3-18 所示，编写极坐标程序如下：

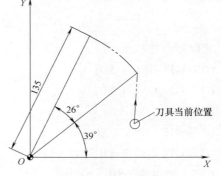

图 3-18　极坐标编程

G17 G90 G16；
G00 X135. Y39.；
G03 X135. Y65. R135.；

三、方案设计

（一）选择机床及夹具
采用 XH714D 型立式加工中心，用规格为 0~200mm 机用平口钳夹紧工件。

（二）毛坯尺寸及精度
毛坯尺寸为 150mm×120mm×25mm，6 个面已加工到图样尺寸。

（三）确定工件坐标系
从图 3-15 中可知，该零件是对称零件，故以工件上表面中心为工件坐标系原点。

（四）设计加工方案
采用一次装夹，自动换刀，完成全部加工，所用刀具见表 3-25。

加工方案如下：

工序 1：粗加工，挖槽，铣外形。选用 ϕ16mm 键槽铣刀。

工序 2：粗加工，铣削椭圆，方台，选用 ϕ10mm 键槽铣刀。

工序 3：粗加工，钻孔 ϕ25.5mm，选用 ϕ25.5mm 麻花钻。

工序 4：精加工，铣外形、四方台及薄壁外形至图样尺寸，选用 ϕ16mm 立铣刀。

工序 5：精加工，铣薄壁内腔、椭圆及方台，并倒圆弧、倒角，选用 ϕ10mm 立铣刀。

工序 6：精镗孔，镗 ϕ26mm 孔，选用 ϕ26mm 的精镗刀。

工序 7：钻孔，钻 2×ϕ8.5mm 的孔，选用 ϕ8.5mm 的麻花钻。

工序 8：扩孔，扩 2×ϕ9.7mm 的孔，选用 ϕ9.7mm 的扩孔钻。

工序 9：铰孔，铰 2×ϕ10H7 孔，选用 ϕ10mm 的铰刀。

工序 10：对孔 ϕ26mm 倒角，选用 ϕ10mm 立铣刀。

表 3-25 数控刀具明细表

零件图号	零件名称	材料	数控刀具明细表		程序编号	车间	设备
图 3-15	薄壁件	45			O2000	数控实训室	XH714D
刀号	刀位号	刀具名称	刀具		刀补数值	换刀方式	加工部位
			直径	长度			
			设定	补偿	设定	半径	长度	自动/手动	
T01	01	键槽铣刀	ϕ16mm	D01	H01	R8.2mm		自动	
T02	02	键槽铣刀	ϕ10mm	D02	H02	R5.2mm		自动	
T03	03	锥柄麻花钻	ϕ25.5mm		H03			自动	
T04	04	立铣刀	ϕ16mm	D03	H04	R8mm		自动	
T05	05	立铣刀	ϕ10mm	D04 D06	H05	R5mm R5.92mm		自动	
T06	06	精镗刀	ϕ26mm		H06			自动	
T07	07	麻花钻	ϕ8.5mm		H07			自动	
T08	08	扩孔钻	ϕ9.7mm		H08			自动	
T09	09	铰刀	ϕ10mm		H09			自动	

四、任务实施

（一）编写零件加工程序

加工程序见表 3-26~表 3-33。

表 3-26 主程序

程　　序	说　　明
O2000；	主程序名
N010　G91　G28　G00　Z0；	程序初始化
N020　T01　M06；	换 1 号刀——φ16mm 键槽铣刀
N030　G90　G54　G00　X-25.074　Y40.；	快速定位
N040　G43　H01　Z50.　M03　S550；	建立刀具长度补偿，快速定位，主轴起动
N050　G00　Z5.；	先下刀至工件上表面 5mm 处
N060　G01　Z-7.6　F50；	工进下刀
N070　M98　P2001；	调用 O2001 子程序粗铣内腔左边
N080　G51.1　X0；	建立 Y 轴镜像
N090　G00　X25.074　Y40.0；	快速定位
N100　G01　Z-7.6　F50；	工进下刀
N110　M98　P2001；	调用 O2001 号程序，粗铣内腔右边
N120　G50.1　X0.；	取消 Y 轴镜像
N130　G00　X-90.　Y68.；	快速定位
N140　G01　Z-11.6　F50；	工进下刀
N150　D01　M98　P2002；	调用 O2002 子程序，粗铣外形，D01 = 8.2mm
N160　G91　G28　G00　Z0　M05；	Z 轴回零，主轴停
N170　T02　M06；	换 2 号刀——φ10mm 键槽铣刀
N180　G90　G54　G00　X40.　Y0；	快速定位
N190　G43　H02　Z50.　M03　S800；	建立长度补偿，快速定位，主轴起动
N200　Z5.；	初始下刀
N210　G01　Z-8.　F30；	工进下刀
N220　G01　G42　X28.　Y0　D02　F50；	建立刀具半径右补偿
N230　M98　P2003；	调用 O2003 子程序，加工 56mm×36mm 的椭圆
N240　G52　X0　Y33.；	指定局部坐标系
N250　G00　X25.　Y-11.；	快速定位
N260　G01　Z-7.6　F30；	工进下刀
N270　D02　M98　P2004；	调用 O2004 子程序，加工上方台
N280　G52　X0　Y0；	取消局部坐标系
N290　G00　X0　Y-33.；	快速定位
N300　G52　X0　Y-33；	指定局部坐标系
N310　G51.1　Y0；	建立 X 轴镜像

（续）

程　序	说　明
N320　G00　X25.　Y-11.；	快速定位
N330　G01　Z-7.6　F40；	工进下刀
N340　M98　P2004；	调用O2004号程序，加工下方台
N350　G52　X0　Y0；	取消局部坐标系
N360　G50.1　Y0；	取消X轴镜像
N370　G91　G28　G00　Z0　M05；	Z轴回零，主轴停
N380　T03　M06；	换3号刀——φ25.5mm麻花钻
N390　G54　G90　G00　X0　Y0；	快速定位
N400　G43　H03　Z50.　M03　S300；	建立刀具长度补偿，快速定位，主轴起动
N410　G98　G81　R5.　Z-30.　F50；	固定循环指令加工中间孔
N420　G91　G28　G00　Z0　M05；	Z轴回零，主轴停
N430　T06　M06；	换6号刀——φ26mm精镗刀，加工中间孔
N440　G90　G54　G00　X0　Y0；	快速定位
N450　G43　H06　Z50.　M03　S300；	建立长度补偿，快速定位，主轴起动
N460　G98　G76　Q1.　R5.　Z-26.　F50；	镗孔固定循环，加工中间孔
N470　G91　G28　G00　Z0　M05；	Z轴回零，主轴停
N480　T04　M06；	换4号刀——φ16mm立铣刀
N490　G90　G54　G00　X-25.074　Y40.；	快速定位
N500　G43　H04　Z50.　M03　S550；	建立长度补偿，快速定位，主轴起动
N510　G00　Z5.；	初始下刀
N520　G01　Z-8.　F50；	工进下刀
N530　M98　P2001；	调用O2001子程序，精加工内腔左边
N540　G51.1　X0；	建立Y轴镜像
N550　G00　X25.074　Y40.；	快速定位
N560　G01　Z-8.　F50；	工进下刀
N570　M98　P2001；	调用O2001子程序，精加工内腔右边
N580　G50.1　X0；	取消Y轴镜像
N590　G00　X-90.　Y68.0；	快速定位
N600　Z-12.；	快速下刀
N610　D03　M98　P2002；	调用O2002子程序精加工外形
N620　G91　G28　G00　Z0　M05；	Z轴回零，主轴停
N630　T05　M06；	换5号刀——φ10mm立铣刀
N640　G90　G54　G00　X45.5　Y-21.716；	快速定位
N650　G43　H05　Z50.　M03　S800；	建立长度补偿，快速定位，主轴起动
N660　Z5.；	初始下刀
N670　M98　P2005；	调用O2005子程序，精加工薄壁内腔

(续)

程　　序	说　　明
N680　G01　X36.　Y0　F100;	过渡到椭圆加工
N690　D04　M98　P2006;	调用 O2006 子程序，加工椭圆，倒 $R3\text{mm}$ 圆弧及中间孔 $C1\text{mm}$
N700　G00　X0　Y33.;	快速定位
N710　G52　X0　Y33.;	指定局部坐标系
N720　D04　M98　P2007;	调用 O2007 子程序，精加工小方台，倒 $C2\text{mm}$
N730　G00　Z5.;	提刀
N740　G52　X0　Y0;	取消局部坐标系
N750　G00　X0　Y-33.;	快速定位
N760　G52　X0　Y-33.;	指定局部坐标系
N770　D04　M98　P2007;	调用 O2007 子程序，精加工小方台，倒 $C2\text{mm}$
N780　G00　Z50.　M05;	提刀、主轴停
N790　G52　X0　Y0;	取消局部坐标系
N800　G91　G28　G00　Z0;	Z 轴回零
N810　T07　M06;	换 7 号刀——$\phi 8.5\text{mm}$ 麻花钻
N820　G90　G54　G00　X60.　Y45.;	快速定位
N830　G43　H07　Z50.　M03　S800;	建立刀具长度补偿，快速定位，主轴起动
N840　G98　G81　R-3.　Z-28.　F80;	固定循环：加工孔
N850　X-60.　Y-45.;	加工第二个孔
N860　G00　Z50.　M05;	提刀
N870　G91　G28　Z0.;	Z 轴回零
N880　T08　M06;	换 8 号刀 $\phi 9.7\text{mm}$ 扩孔刀
N890　G90　G54　G00　X-60.　Y-45.;	快速定位
N900　G43　H08　Z50.　M03　S800;	建立刀具长度补偿，快速定位，主轴起动
N910　G98　G81　R-5.　Z-26.　F150;	固定循环：扩孔
N920　X60.　Y45.;	扩孔位置
N930　G00　Z50.　M05;	提刀，主轴停
N940　G91　G28　Z0.;	Z 轴回零
N950　T09　M06;	换 9 号刀——$\phi 10$ 铰刀
N960　G90　G54　G00　X60.　Y45.;	快速定位
N970　G43　H09　Z50.　M03　S120;	建立刀具长度补偿，快速定位，主轴起动
N980　G98　G85　R-5.　Z-30.　F50;	固定循环：铰孔
N990　X-60.　Y-45;	铰另一个孔
N1000　G00　Z50.　M05;	提刀，主轴停
N1110　M30;	程序结束

表 3-27 铣内腔子程序

程　　序	说　　明
O2001;	铣内腔子程序名
N010　G01　X-47.5　Y17.574;	
N020　Y-17.574;	
N030　X-25.074　Y-40.;	
N040　X-24.　Y-27.218;	
N050　X-37.　Y-11.888;	
N060　Y11.888;	
N070　X-24.　Y27.218;	
N080　X-25.074　Y40.;	
N090　G00　Z5.;	
N100　M99;	子程序结束,返回主程序

表 3-28 铣外形子程序

程　　序	说　　明
O2002;	铣外形子程序名
N010　G01　G42　X-70.　Y60.　F100;	建立右刀补
N020　Y-45.;	
N030　G03　X-60.　Y-55.　R10.;	
N040　G01　X60.;	
N050　G03　X70.　Y-45.　R10.;	
N060　G01　Y45.;	
N070　G03　X60.　Y55.　R10.;	
N080　G01　X-60.;	
N090　G03　X-70.　Y45.　R10.;	
N100　G02　X-80.　Y35.　R10.;	圆弧切出
N110　G01　G40　X-90.;	取消刀具半径补偿
N120　G91　G00　Z4.;	相对当前位置提高 4mm
N130　G90　G01　G42　X-57.5　Y21.716　D01　F80;	建立右刀补
N140　Y-21.716;	
N150　G03　X-50.833　Y-31.144　R10.;	
N160　G02　X-38.644　Y-43.333　R20.;	
N170　G03　X-29.216　Y-50.　R10.;	
N180　G01　X29.216;	
N190　G03　X38.644　Y-43.333　R10.;	
N200　G02　X50.833　Y-31.144　R20.;	
N210　G03　X57.5　Y-21.716　R10.;	

（续）

程　　序	说　　明
N220　G01　Y21.716;	
N230　G03　X50.833　Y31.144　R10.;	
N240　G02　X38.644　Y43.333　R20.;	
N250　G03　X29.216　Y50.　R10.;	
N260　G01　X-29.216;	
N270　G03　X-38.644　Y43.333　R10.;	
N280　G02　X-50.833　Y31.144　R20.;	
N290　G03　X-57.5　Y21.716　R10.;	
N300　G02　X-77.5　Y21.716　R10.;	圆弧切出
N310　G01　G40　X-76.779　Y32.707;	取消刀具半径补偿
N320　G01　X-47.297　Y59.972　F60;	
N330　X47.297;	
N340　X76.779　Y32.707;	
N350　X74.621　Y-29.139;	
N360　X45.583　Y-58.4;	
N370　X-45.583;	
N380　X-74.621　Y-29.139;	
N390　G00　Z50.;	
N400　M99;	子程序结束，返回主程序

表 3-29　椭圆加工子程序

程　　序	说　　明
O2003;	加工椭圆子程序名
N010　#1=0;	起始角度
N020　#2=28;	椭圆长轴
N030　#3=18;	椭圆短轴
N040　WHILE[#1 LE 360]DO1;	小于或等于360°执行下面语句
N050　#4=#2*COS[#1];	X轴中间计算值
N060　#5=#3*SIN[#1];	Y轴中间计算值
N070　G01　X[#4]　Y[#5]　F50;	直线插补至目标点
N080　#1=#1+0.1;	角度每次以0.1°递增
N090　END1;	循环结束
N100　G00　Z5.;	提刀
N110　G40　X25.　Y20.;	取消刀具半径补偿
N120　M99;	子程序结束，返回主程序

表 3-30　方台加工子程序

程　　序	说　　明
O2004;	加工 30mm×8mm 方台子程序名
N010　G01　G42　X15.　Y-4.　F50;	建立右刀补
N020　Y1.;	
N030　G03　X12.　Y4.　R3.;	
N040　G01　X-12.;	
N050　G03　X-15.　Y1.　R3.;	
N060　G01　Y-1.;	
N070　G03　X-12.　Y-4.　R3.;	
N080　G01　X12.;	
N090　G03　X15.　Y-1.　R3.;	
N100　G02　X21.　Y5.　R6.;	
N110　G40　Y-5.;	取消刀具半径补偿
N120　G00　Z5.;	
N130　M99;	子程序结束,返回主程序

表 3-31　薄壁内腔加工子程序

程　　序	说　　明
O2005;	铣薄壁内腔子程序名
N010　G01　Z-8.0　F40;	下刀
N020　G01　G41　X57.5　D06　F40;	建立左刀补,D06=5.92mm
N030　Y21.716;	
N040　G03　X50.833　Y31.144　R10.;	
N050　G02　X38.644　Y43.333　R20.;	
N060　G03　X29.216　Y50.　R10.;	
N070　G01　X-29.216;	
N080　G03　X-38.644　Y43.333　R10.;	
N090　G02　X-50.833　Y31.144　R20.;	
N100　G03　X-57.5　Y21.716　R10.;	
N110　G01　Y-21.716;	
N120　G03　X-50.833　Y-31.144　R10.;	
N130　G02　X-38.644　Y-43.333　R20.;	
N140　G03　X-29.216　Y-50.　R10.;	
N150　G01　X29.216;	
N160　G03　X38.644　Y-43.333　R10.;	
N180　G02　X50.833　Y-31.144　R20.;	
N190　G03　X57.5　Y-21.716　R10.;	

(续)

程 序	说 明
N200 G03 X47.5 Y-11.716 R10.;	
N210 G01 G40 X37.5;	
N220 G00 Z-5.;	
N230 M99;	子程序结束,返回主程序

表 3-32 椭圆倒圆弧及中间孔倒角 C1mm

程 序	说 明
O2006;	加工椭圆,倒 R3mm 圆弧及中间孔倒 C1mm 程序名
N010 G01 G42 X33. F1000;	建立右刀补
N020 #1=0;	加工椭圆,倒 R3mm 圆弧
N030 WHILE[#1 LE 90] DO1;	条件判别
N040 #2=3*SIN[#1]-5;	Z 轴中间计算值
N050 G01 Z[#2] F1500;	工进下刀
N060 #3=0;	椭圆起始角度
N070 #4=28;	椭圆长轴
N080 #5=18;	椭圆短轴
N090 WHILE[#3 LE 360] DO2;	条件判别
N100 #6=#4-[3-3*COS[#1]];	X 轴中间计算值
N120 #7=#5-[3-3*COS[#1]];	Y 轴中间计算值
N120 #8=#6*COS[#3];	X 轴目标点
N130 #9=#7*SIN[#3];	Y 轴目标点
N140 G01 X[#8] Y[#9] F1000;	直线插补至目标点
N150 #3=#3+0.5;	角度变量每次以 0.5° 递增
N160 END2;	循环结束
N170 #1=#1+1;	每次以 1° 递增
N180 END1;	循环结束
N190 G00 Z2.;	提刀
N200 G00 G40 X0 Y0;	取消刀补
N210 Z-3.;	快速下刀
N220 #1=0;	φ26mm 孔倒 C1mm
N230 WHILE[#1 LE 1] DO1;	条件判断式
N240 #2=#1-3;	Z 轴中间计算值
N250 #3=13+#1;	X 轴中间计算值
N260 G01 Z[#2] F1500;	工进下刀
N270 G41 X[#3] D04 F50;	建立左刀补
N280 G03 I[-#3] F1000;	圆弧插补

(续)

程　　序	说　　明
N285　G00　G40　X0　Y0;	取消刀补
N290　#1=#1+0.10;	每次以0.1mm递增
N300　END1;	循环结束
N310　G01　X21.　F100;	铣椭圆凸台表面
N320　X-21.;	
N330　X-18.;	
N340　G02　I18.;	
N350　G00　Z5.;	
N360　M99;	子程序结束,返回主程序

表 3-33　小方台倒角子程序

程　　序	说　　明
O2007;	小方台倒角子程序名
N010　G00　X20.　Y-10.;	
N020　G01　Z-5.　F500;	
N030　Y-1.　F200;	
N040　#1=0;	起始值
N050　WHILE[#1 LE 2] DO1;	条件判断式
N060　#2=#1-5;	Z轴中间计算值
N070　#3=8-#1;	R变化量
N080　G01　Z[#2]　F1000;	轴向进给
N090　G42　Y1.　F200;	建立右刀补
N100　G03　X12.　Y[9-#1]　R[#3];	
N110　G01　X-12.;	
N120　G03　X[#1-20]　Y1.R[#3];	
N130　G01　Y-1.;	
N140　G03　X-12.　Y[#1-9]　R[#3];	
N150　G01　X12.;	
N160　G03　X[20-#1]　Y-1.　R[#3];	
N170　G01　G40　Y-5;	取消刀补
N180　#1=#1+0.1;	每次以0.1mm递增
N190　END1;	
N200　G01　Y0;	
N210　X-12.;	
N220　M99;	子程序结束,返回主程序

(二) 零件的加工

按照加工方案给出的加工步骤进行加工。

五、检查评估

本零件的检查内容与要求见表 3-34。

表 3-34 零件的检查内容与要求

序 号	检查内容	要 求	检 具	结 果
1	矩形台	$110_{-0.04}^{0}$ mm	外径千分尺	
		$140_{-0.04}^{0}$ mm	外径千分尺	
		$12.0_{-0.1}^{0}$ mm	游标深度卡尺	
2	薄壁外形	$115_{-0.06}^{-0.03}$ mm	外径千分尺	
		$100_{-0.06}^{-0.03}$ mm	外径千分尺	
		$0.92_{-0.06}^{-0.03}$ mm	外径千分尺	
		$8_{-0.1}^{0}$ mm	游标深度卡尺	
3	椭圆凸台	$36_{-0.03}^{0}$ mm	游标卡尺	
		$56_{-0.03}^{0}$ mm	游标卡尺	
		$R3$ mm 圆角	半径样板	
		$6_{-0.06}^{0}$ mm	深度尺	
4	小方台	$R3$ mm 圆角	角度尺	
		$8_{-0.03}^{0}$ mm	游标卡尺	
		$30_{-0.03}^{0}$ mm	游标卡尺	
		$5_{-0.06}^{0}$ mm	游标深度卡尺	
5	孔	$\phi 26_{0}^{+0.05}$	孔规	
6	销孔	$\phi 10_{0}^{+0.036}$	孔规	
		120 mm ± 0.02	游标卡尺	
		90 mm ± 0.02	游标卡尺	

六、技能训练

试用坐标系旋转功能编制图 3-19 所示零件的数控程序。

1. 资讯

1）该零件的生产是单件生产还是批量生产？

2）如果毛坯是没有铸孔的实体，需要加工哪些部位？哪些部位的精度要求较高？

3）零件的材料是什么？可选用何种类型的刀具？

4）加工时需要用哪几把刀具？

5）切削用量的选择需考虑哪些因素？

6）如何安排该零件的加工顺序？请列出加工工艺路线。

7）零件的外圆用什么类型的机床加工更好？工件采用什么夹具？怎样夹紧？

8）零件的 6 个通槽与中心孔的加工如何定位与夹紧，用什么机床加工较好？

9）6 个通槽的加工采用什么方式可简化编程？

10）零件加工完毕后，需要进行哪些检查？需要使用什么量具？如何测量？

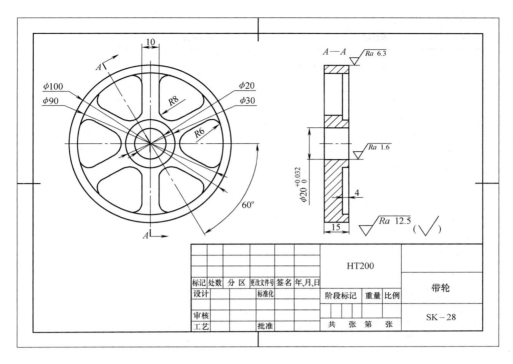

图 3-19 带轮

2. 计划与决策

选择机床、夹具、刀具、量具及毛坯类型，确定工件定位与夹紧方案、工作步骤、安全措施、工件坐标系、粗加工去毛坯余量、零件检查内容与方法、机床保养内容及小组成员工作分工等。

3. 任务实施

(1) 程序编制

(2) 完成相关操作

机床运行前的检查	
工件装夹与找正	
程序输入	
装刀,对刀,输入 G54 坐标值和刀补值	
程序校验与模拟加工轨迹录屏	

零件加工	
量具选用,零件检查并记录	
机床、工具、量具保养与现场清扫	

4. 检查

按附录 A 规定的检查项目和标准对技能训练进行检查与考核。

5. 评价与总结

按附录 B 规定的评价项目对学生技能训练进行评价。

任务四　箱体类零件的编程与加工

一、任务导入

（一）任务描述

图 3-20 所示为蜗杆减速器箱体，试编制其数控加工程序并加工出合格产品。

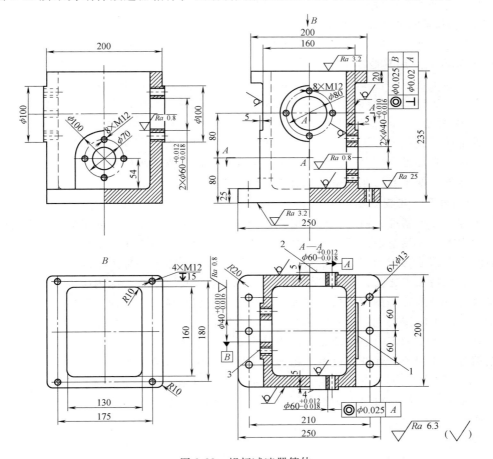

图 3-20　蜗杆减速器箱体

（二）知识目标

了解箱体零件加工工艺规程的编制方法，掌握多个坐标系应用的编程思路与方法。

（三）能力目标

能够编制箱体类零件的加工程序，并能够操作卧式加工中心加工出合格的产品。

（四）素养目标

强化安全意识和设备维护保养对降低事故率的意义，采取合理措施提高生产效率和降低成本，培育精益生产理念。

二、知识准备

（一）箱体类零件加工中定位基准的选择

1. 粗基准的选择

粗基准的选择对零件主要有两个方面的影响，即影响零件加工表面与不需加工表面的位置精度和加工表面的余量分配。减速器箱体上的轴承孔为主要表面，毛坯上已预铸出毛坯孔，要求它的加工余量均匀，故选择轴承孔作为粗基准。

2. 精基准的选择

精基准的选择主要考虑加工精度，一般优先考虑基准重合原则。本零件的设计基准是底座平面和两对轴承孔的轴线，故选择设计基准为精基准。

（二）箱体类零件加工顺序的安排

箱体类零件加工顺序的安排一般遵循以下原则：

1. 先基准面、后其他面

零件在加工过程中，作为定位基准的表面应先加工出来，后续工序则可以基准面定位加工其他表面。定位基准面越精确，装夹误差就越小，就越容易保证零件的加工精度。

2. 先面后孔

因为平面的面积大，用平面定位可以确保定位可靠、夹紧牢固，所以容易保证孔的加工精度。其次，先加工平面可以去除铸件毛坯表面的凹凸不平、夹砂等缺陷，为提高孔的加工精度创造条件，便于对刀及调整，也有利于保护刀具。

3. 粗精分开、先粗后精

为了保证加工精度，粗、精加工最好分开进行。因为粗加工时切削量大，工件所受切削力、夹紧力大，发热量多，工件内部存在着较大的内应力，如果粗、精加工连续进行，则精加工后的零件精度会因为应力的重新分布而很快丧失。对于某些加工精度要求高的零件，在粗加工之后和精加工之前，还应安排低温退火或时效处理工序来消除内应力。对加工中心来说，其显著特点是工序集中，粗、精加工无法分开，但可做到先粗加工后精加工。本零件的支承轴孔粗加工后按先主后次原则还穿插安排一些螺纹孔加工，再精加工，在工步层级上实现粗精分开。由于加工中心冷却充分，故对主要孔的精度影响不大。

粗精分开还利于合理选用设备。粗加工主要是切掉大部分加工余量，并不要求有较高的加工精度，所以粗加工应在功率较大、精度不太高的机床上进行；精加工工序则要求用较高精度的机床完成。粗、精加工分别在不同的机床上加工，既能充分发挥设备能力，又能延长精密机床的使用寿命。

4. 先主后次

箱体上用于紧固的螺纹孔、小孔等可视为次要表面，因为这些次要表面往往需要依据主要表面定位来加工，所以宜将这些结构安排在轴承孔后加工。

（三）箱体类零件的编程

箱体类零件加工通常选用带回转工作台的卧式加工中心（其坐标系见图 2-11）进行多面镗、铣加工，即在一道工序内要对工件的多个表面进行切削加工。为了便于编程、调试及加工，通过使用指令"G00 B ___;"旋转工作台，使机床主轴与工件的每一个加工表面垂直，这时需要对每个加工表面设置一个对应的工件坐标系，工件坐标系原点偏置值分别被存储到相应的 G54~G59 零点偏置中。

如何找出这些工件坐标系原点相对机床坐标系原点的零点偏置值呢？比较好的方法是先确定工件上某一基准点在机床坐标系中的坐标值，如图 3-21 所示，O_m 为机床坐标系原点，O_r 点为工件上的一个基准点，O_r 点在机床坐标系中的坐标值为 (X_{mr}, Z_{mr})。由于箱体各加工面上工件坐标系原点相对某一基准点具有确定的尺寸关系，通过坐标变换计算，即可得到工件其他表面上工件坐标系原点的零偏值。

由于回转工作台中心在 XOZ 平面内的零偏值可通过对刀操作来确定，因此只要选择工件上与回转工作台中心重合的那个点作为基准点，问题就比较容易解决。

例如，如图 3-21 所示，已知 O_r 是回转工作台中心（工件上的基准点），O_r 在机床坐标系中的坐标值为 (X_{mr}, Z_{mr})；O_w 是箱体侧面工件坐标系原点，O_w 在 $X_rO_rZ_r$ 坐标系中的坐标为 $(X_{rw'}, Z_{rw'})$，O_w 为回转工作台旋转 $-90°$ 后位置，其坐标为 (X_{rw}, Z_{rw})；侧面工件坐标原点 O_w' 与 O_w 之间的关系为 $X_{rw}=-Z_{rw'}$，$Z_{rw}=X_{rw'}$；O_m 为机床坐标系原点。求工件台回转 $-90°$（处于加工位置）时，侧面工件坐标系原点相对机床坐标系原点的零点偏置值 (X, Z)。由图 3-21 可知：$X=X_{mr}+X_{rw}=X_{mr}-Z_{rw'}$；$Z=Z_{mr}-Z_{rw}=Z_{mr}-X_{rw'}$，因此，箱体侧面工件坐标系原点的零偏值为 $(X_{mr}-Z_{rw'}, Z_{mr}-X_{rw'})$。用同样的方法可求出箱体其他面旋转到加工位置时的工件坐标系原点相对机床坐标系零点偏置值。

1. 确定零点偏置值的具体步骤

1）确定工件上某一工件坐标系零点作为基准点（该点与其他工件坐标系原点有确定关系）。

2）通过对刀操作找出回转工作台中心在机床坐标系 $X_mO_mZ_m$ 中的坐标值 X_{mr}、Z_{mr}。

3）通过测量与找正方法将加工零件位置摆正，并将该基准点与回转工作台中心重合。

4）计算出工件其他各被测点（工件坐标系原点）相对于工件基准点的坐标数值。

5）根据上述已知的几种数据，应用坐标转换公式计算出相应各加工表面工件坐标系原点在机床坐标系 $X_mO_mZ_m$ 中的坐标值（零点偏置值）。

6）将各求得的各工件坐标系原点零点偏置值存入零偏值存储器中，以便加工相应表面时调用。

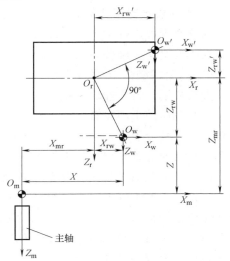

图 3-21 箱体工件坐标系原点零偏值的确定

2. 确定回转工作台中心在机床坐标系中的零点偏置值

回转工作台中心一般都有一个中心孔，可作为夹具安装的基准孔。为找出回转工作台中心在机床坐标系中的零点偏置值,需准备标准检验棒、千分表、千分尺等检测工具。

具体操作步骤如下:

1) 以回转中心孔为基准安装标准检验棒。

2) 将工作台沿 X 方向快速移到主轴附近。

3) 将磁性表座牢固地吸在主轴端部,并使千分表测头垂直 Z 轴方向放置。

4) Z 方向移动主轴使测头接近检验棒,同时沿 X 轴方向左右调整回转工作台位置,直至测头触及检验棒。

5) 使主轴沿 Z 轴方向来回移动,寻找最高点,找到后固定,旋转千分表刻度盘使指针指向零,然后沿 Z 轴方向退出;将主轴旋转 180°,使主轴前进直至测头压到检验棒另一侧,并找到最高点,然后根据偏差值调整 X 方向位置,直至左右两侧读数一致,如图 3-22 所示。

6) 记下此时显示屏上 X 轴绝对坐标值,则 X 向的零点偏置值可通过 X 轴绝对坐标值和检验棒半径计算得到。

7) 卸下磁性表座及千分表,Z 方向移动主轴靠近检验棒,使主轴端面与检验棒 Z 向最前端点接触,则回转工作台中心 Z 向零点偏置值可通过显示屏上 Z 轴绝对坐标值和检验棒半径计算出来。

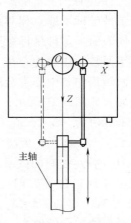

图 3-22 检测同轴度

(四) 箱体类零件的定位与调整

箱体类零件定位与调整的目的是摆正工件,并使工件上基准点与回转工作台中心在 $X_rO_rZ_r$ 平面内重合。

1. 单件生产时箱体类零件的定位与调整

箱体类零件单件生产的关键是工件找正和调整,要保证箱体对面孔的同轴度要求,必须保证加工时机床主轴轴线与工作台回转中心在同一个平面内相交。

(1) 工件找正 利用工件已加工面找正,使工件的已加工面与坐标轴方向平行或垂直。具体方法如下:将磁性表座吸在主轴端面上,百分表测头垂直工件的已加工表面,调整百分表,使测头压缩 1 圈左右,将工件沿 X 轴方向或 Z 轴方向移动,根据指针的摆向调整工件位置,直至百分表指针摆动在允许范围内。如果工件表面是毛坯面,一般用划针找正,方法同上,只是通过观看划针与工件表面之间的间隙来调整工件位置。

(2) 工件对称中心与工作台回转轴同轴调整 具体方法如下:将磁性表座吸在主轴端面上,百分表测头垂直于工件的已加工表面,调整百分表,使测头压缩 0.5~1 圈左右,旋转表壳使指针指向零;然后沿 Z 轴后退到安全位置,工作台回转 180°,使主轴沿 Z 轴前进,靠近箱体对立面。测量间隙或过盈值,粗调工件位置,重复上述操作步骤,直到箱体两对面百分表指针偏摆在允许范围内。将工作台回转 90°,调整箱体垂直面方向的同轴度,方法同上,如图 3-23 所示。

2. 批量生产时箱体类零件的定位与调整

箱体类零件批量生产时一般使用专用夹具来安装定位,这样可省去找正和调整时间,因此夹具安装很关键。夹具安装与调整一般借助已加工好的合格零件来进行。通过已加工好的同轴孔或面来调整工件回转中心与主轴轴线空间位置，使之在同一平面内相交。

三、方案设计

（一）分析零件图，了解生产纲领

蜗杆减速器箱体加工内容较多，具体是：4个凸台面的铣削；2个φ60mm和2个φ40mm孔镗削、16个M12螺纹孔加工；底座基准面、底座上平面及安装孔加工；与箱盖的结合面及4×M12螺纹孔加工。其中，精度要求较高处为两对垂直孔，因为是轴承孔，不但尺寸精度要求高，而且还有垂直度、同轴度要求。因为是单件生产，可以将4个轴承孔、16个端面螺纹孔及端面加工按工序集中原则安排在加工中心上加工。

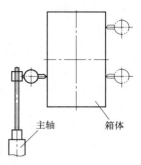

图3-23 工件对称中心与回转中心同轴度的调整

（二）制订零件加工工艺方案

1）以轴承孔为粗基准找正，划出减速器箱体上下两平面的加工余量和上下两板四侧面加工余量。

2）以箱盖结合面及相邻两侧面作为定位面，按划线找正箱体位置，保证底座法兰四侧面余量均匀，按划线铣削底座平面，留精铣平面余量2mm。同时，用立铣刀将底座法兰相邻两侧面铣平，保证尺寸250mm×200mm。选用φ60mm面铣刀和φ20mm立铣刀，选用普通立式铣床。

3）以加工好的箱体底座平面作为定位精基准，用铣平的相邻两侧面找正工件，用压板压紧底座上平面，粗铣、精铣结合面及侧面，保证尺寸200mm×200mm，保证结合面法兰厚度20mm，表面粗糙度值为$Ra3.2\mu m$。选用φ120mm面铣刀和φ20mm立铣刀，选用普通立式铣床。

4）以加工好的箱体底座平面作为定位精基准，用铣平的相邻两侧面找正工件，用压板压紧箱盖结合面，注意夹紧位置选择工件前后位置。铣削底座上平面，根据工件上下平面高度余量和底座法兰实际厚度决定铣削余量。选用φ120mm面铣刀，选用普通立式铣床。

5）为4个M12螺纹孔中心位置划线，并打好样冲眼。

6）以加工好的底座平面作为定位精基准，用铣平的相邻两侧面找正工件，钻4个M12螺纹底孔，攻4个M12螺纹孔。选用φ10.2mm麻花钻和M12机用丝锥，选用普通立式钻床。

7）以加工好的上盖结合平面定位，用压板压紧上盖法兰面的下平面，精铣底座平面到高度尺寸235mm；表面粗糙度值为$Ra3.2\mu m$。选用普通立式铣床。

8）以上盖结合平面作为定位平面，用相邻两侧面找正工件，在底座安装基准面上划出6个φ13mm的螺栓孔，并打好样冲眼。

9）以加工好的上盖结合平面定位，用压板压紧上盖法兰面的下平面，钻6个φ13mm螺栓孔。选用普通立式钻床。

10）以加工好的底座平面作为定位精基准，用铣平的相邻两侧面找正工件，用压板压紧底座上平面，铣削箱体4个凸台面，镗削两个φ60mm孔和两个φ40mm孔，加工16个M12的螺纹孔。选用φ120mm面铣刀，φ39.5mm、φ59.5mm的粗镗刀，φ40mm、φ60mm的

精镗刀, φ4mm 中心钻、φ10.2mm 麻花钻, 以及 M12 机用丝锥; 选用带回转工作台的卧式加工中心。

11) 清毛刺并清洗。

思考: 如果是批量生产, 需要使用专用夹具, 工件装夹通常采用一面两销定位, 销孔需在底座 6 个 φ13mm 螺栓孔中选择两个, 选哪两个孔较好, 该两孔应如何保证尺寸的一致性?

(三) 安排加工中心工序

考虑到加工中心工作台分度时间远小于刀具交换时间, 本例按使用刀具来划分工步, 并遵循先面后孔、先粗后精的原则安排本道工序的加工顺序。

1) 用 φ120mm 面铣刀铣削 4 个凸台面 (加工顺序为 1→3→4→2, 见图 3-20)。
2) 用 φ59.5mm 粗镗刀镗两个蜗轮轴轴承孔 (加工顺序为 2→4)。
3) 用 φ39.5mm 粗镗刀镗两个蜗杆轴轴承孔 (加工顺序为 1→3)。
4) 用 φ4mm 中心钻钻 16 个螺纹孔的中心孔 (加工顺序为 3→1→2→4)。
5) 用 φ10.2mm 麻花钻钻 16 个 M12 螺纹底孔 (加工顺序为 4→2→3→1)。
6) 用 M12 机用丝锥攻 16 个 M12 螺纹 (加工顺序为 1→3→4→2)。
7) 用 φ60mm 精镗刀镗两个蜗轮轴轴承孔 (加工顺序为 2→4)。
8) 用 φ40mm 精镗刀镗两个蜗杆轴轴承孔 (加工顺序为 1→3)。

箱体零件 4 个加工部位的切换通过回转工作台分度实现。

(四) 选择刀具及切削用量

本工序加工所需刀具及切削用量见表 3-35。

表 3-35 刀具及切削用量

零件图号	零件名称	材料	数控刀具明细表		程序编号			车间	使用设备	
3-20	蜗杆减速器箱体	HT200			O2000			数控实训室	HS-400	
刀号	刀位号	刀具名称	刀具		刀具长度补偿地址			换刀方式	切削用量	
			直径设定	长度设定	G54	G55	G56	G57	主轴转速/(r/min)	进给速度/(mm/min)
T01	01	面铣刀	φ120mm		H11	H12	H13	H14	自动	360	100
T02	02	粗镗刀	φ59.5mm			H22		H24	自动	400	80
T03	03	粗镗刀	φ39.5mm		H31		H33		自动	500	80
T04	04	中心钻	φ4mm		H41	H42	H43	H44	自动	1500	60
T05	05	麻花钻	φ10.2mm		H51	H52	H53	H54	自动	600	100
T06	06	机用丝锥	M12		H61	H62	H63	H64	自动	300	525
T07	07	精镗刀	φ60mm			H72		H74	自动	600	60
T08	08	精镗刀	φ40mm		H81		H83		自动	720	60

为了更好地阅读程序, 将箱体各加工部位对应的工件坐标系及每把刀具在各工件坐标系中刀具长度补偿地址列入表 3-36 中。

表3-36 加工部位工件坐标系与刀具长度补偿地址

刀具编号(名称)	加工部位1		加工部位2		加工部位3		加工部位4	
	长度补偿	工件坐标系	长度补偿	工件坐标系	长度补偿	工件坐标系	长度补偿	工件坐标系
T01 面铣刀	H11	G54	H12	G55	H13	G56	H14	G57
T02 粗镗刀		G54	H22	G55		G56	H24	G57
T03 粗镗刀	H31	G54		G55	H33	G56		G57
T04 中心钻	H41	G54	H42	G55	H43	G56	H44	G57
T05 麻花钻	H51	G54	H52	G55	H53	G56	H54	G57
T06 机用丝锥	H61	G54	H62	G55	H63	G56	H64	G57
T07 精镗刀		G54	H72	G55		G56	H74	G57
T08 精镗刀	H81	G54		G55	H83	G56		G57

(五)确定编程原点

各加工部位的工件坐标系原点设定在需要镗削的孔的轴线与凸台端面交点处。

四、任务实施

(一)编写零件加工程序

零件的加工程序见表3-37~表3-40。

表3-37 箱体加工程序

程序	说明
O2000;	程序名
G21 G90 G97 G94 G40;	初始化
T01 M98 P100;	调换刀子程序,换面铣刀
M03 S360;	起动主轴
G54 G00 X-120. Y6.;	选择工件坐标系G54,并移到铣平面起始点
G43 Z0 H11;	建立刀具长度补偿
G01 X120. F100;	铣削加工部位1凸台平面
G49 G00 Z100.;	主轴刀具退出
G91 G00 B180.;	转至加工部位3
G90 G56 G43 G00 Z0 H13;	选择工件坐标系G56
G01 X-120. Y6. F100;	铣削加工部位3凸台平面
G49 G00 Z100.;	
G91 G00 B90.;	转至加工部位4
G90 G57 G00 Y0;	选择工件坐标系G57
G43 G00 Z0 H14;	
G01 X120. F100;	铣削加工部位4凸台平面
G49 G00 Z100.;	
G91 G00 B180.;	转至加工部位2
G90 G55 G43 Z0 H12;	

(续)

程　　序	说　　明
G01　X-120.　F100;	铣削加工部位 2 凸台平面
G49　G00　Z100.;	
G28　G91　Z0;	
T02　M98　P100;	换 φ59.5mm 粗镗刀
M03　S400;	
G90　G00　X0　Y0;	
G43　Z50.　H22;	调刀补
G86　Z-30.　R5.　F80;	粗镗加工部位 2 上的 φ60mm 孔
G00　G49　Z100.;	
G00　B180.;	转 180°,使加工部位 4 处于加工位置
G57　G43　Z50.　H24;	换工件坐标系,建立刀具长度补偿
G86　X0　Y0　Z-30.　R5.　F80;	粗镗加工部位 4 上的 φ60mm 孔
G00　G49　Z100.;	
G91　B90.;	转至加工部位 1
T03　M98　P100;	换镗加工部位 1 上的 φ39.5mm 孔的粗镗刀
M03　S500;	
G90　G54　G00　G43　Z50.　H31;	
G86　X0　Y0　Z-30.　R5.　F80;	粗镗加工部位 1 上 φ40mm 孔到 φ39.5mm
G00　G49　Z100;	
G91　B180.;	转 180°,使加工部位 3 处于加工位置
G90　G56　G43　Z50.　H33;	
G86　X0　Y0　Z-30.　R5.　F80;	粗镗加工部位 3 上 φ40mm 孔到 φ39.5mm
G00　G49　Z100.;	
T04　M98　P100;	换中心钻
M03　S1500;	
G90　G00　X0　Y0;	
G43　Z50.　H43;	
G81　Z-5.　R3.　F60　K0;	钻加工部位 3 上的 4 个定位孔
M98　P200;	
G49　G00　Z100.;	
G91　B180.;	转 180°,使加工部位 1 处于加工位置
G90　G54　G00　G43　Z50.　H41;	换工件坐标系
G81　Z-5.　R3.　F60　K0;	钻加工部位 1 上的 4 个定位孔
M98　P200;	
G49　G00　Z100.;	
G91　B90.;	转 90°,使加工部位 2 处于加工位置

（续）

程　　序	说　　明
G90　G55　G00　G43　Z50.　H42；	
G81　Z-5.　R3.　F60　K0；	钻加工部位2上的4个定位孔
M98　P300；	
G49　G00　Z100.；	
G91　B180.；	转180°,使加工部位4处于加工位置
G90　G57　G43　Z50.　H44；	
G81　Z-5.　R3.　F60　K0；	钻加工部位4上的4个定位孔
M98　P300；	
G00　G49　Z100.；	
T05　M98　P100；	换钻螺纹底孔的麻花钻
M03　S600；	
G90　G00　X0　Y0；	
G43　Z50.　H54；	
G81　Z-30.　R3.　F100　K0；	钻加工部位4上的4个螺纹底孔
M98　P300；	
G49　G00　Z100.；	
G91　B180.；	使加工部位2处于加工位置
G55　G90　G00　X0　Y0；	
G43　Z50.　H52；	
G81　Z-30.　R3.　F100　K0；	钻加工部位2上的4个螺纹底孔
M98　P300；	
G49　G00　Z100.；	
G91　B90.；	使加工部位3处于加工位置
G56　G90　G00　X0　Y0；	
G43　Z50.　H53；	
G81　Z-30.　R3.　F100　K0；	钻加工部位3上的4个螺纹底孔
M98　P200；	
G49　G00　Z100.；	
G91　B180.；	使加工部位1处于加工位置
G54　G90　G00　X0　Y0；	
G43　Z50.　H51；	
G81　Z-30.　R3.　F100　K0；	钻加工部位1上的4个螺纹底孔
M98　P200；	
G49　G00　Z100.；	
T06　M98　P100；	换M12机用丝锥
M03　S300；	
G90　G00　X0　Y0；	
G43　Z50.　H61；	
G84　Z-30.　R4.　P2000　F525　K0；	攻加工部位1上的4个M12螺纹
M98　P200；	
G49　G00　Z100.；	

（续）

程　序	说　明
G91　B180.；	使加工部位 3 处于加工位置
G90　G56　G00　X0　Y0；	
G43　Z50.　H63；	
G84　Z-30.　R4.　P2000　F525　K0；	攻加工部位 3 上的 4 个 M12 螺纹
M98　P200；	
G49　G00　Z100.；	
G91　B90.；	使加工部位 4 处于加工位置
G90　G57　G00　X0　Y0；	
G43　Z50.　H64；	
G84　Z-30.　R4.　P2000　F525　K0；	攻加工部位 4 上的 4 个 M12 螺纹
M98　P300；	
G49　G00　Z100.；	
G91　B180.；	使加工部位 2 处于加工位置
G90　G55　G00　X0　Y0；	
G43　Z50.　H62；	
G84　Z-30.　R4.　P2000　F525　K0；	攻加工部位 2 上的 4 个 M12 螺纹
M98　P300；	
G49　G00　Z100.；	
T07　M98　P100；	换 φ60mm 孔精镗刀
M03　S600；	
G90　G00　X0　Y0；	
G43　Z50.　H72；	
G76　Z-30.　R5.　Q1.　P2000　F60；	精镗加工部位 2 处的 φ60mm 孔
G00　G49　Z100.；	
G91　G00　B180.；	使加工部位 4 处于加工位置
G90　G57　G43　Z50.　H74；	
G76　X0　Y0　Z-30.　R5.　Q1.　P2000　F60；	精镗加工部位 4 处的 φ60mm 孔
G00　G49　Z100.；	
G91　G00　B90.；	使加工部位 1 处于加工位置
T08　M98　P100；	换 φ40mm 孔精镗刀
M03　S720；	
G90　G54　G00　G43　Z50.　H81；	精镗加工部位 1 处 φ40mm 孔
G76　X0　Y0　Z-30.　R5.　Q1.　P2000　F60；	
G00　G49　Z100.；	
G91　B180.；	使加工部位 3 处于加工位置
G90　G56　G43　G00　Z50.　H83；	

(续)

程　　序	说　　明
G76　X0　Y0　Z-30.　R5.　Q1.　P2000　F60；	精镗加工部位 3 处的 φ40mm 孔
G00　G49　Z100.　M05；	
M30；	

表 3-38　换刀子程序

程　　序	说　　明
O100；	换刀子程序
G80　G40　G51.0；	
M05；	
M09；	
G28　G91　Y0　Z0；	
G49；	
M06；	
M99；	

表 3-39　加工 1、3 部位螺纹孔子程序

程　　序	说　　明
O200；	加工 1、3 部位螺纹孔位置子程序
G99　X35.　Y0；	
X0　Y35.；	
X-35.　Y0；	
G98　X0　Y-35.；	
M99；	

表 3-40　加工 2、4 部位螺纹孔子程序

程　　序	说　　明
O300；	加工 2、4 部位螺纹孔位置子程序
G99　X40.　Y0；	
X0　Y40.；	
X-40.　Y0；	
G98　X0　Y-40.；	
M99；	

（二）零件的加工

1）工件的装夹与找正，要求箱体对称中心与工作台回转中心重合，箱体加工面与坐标轴平行或垂直。

2）机床开机前的保养与检查。确定设备正常后，开机并进行返回参考点操作。

3）按要求将刀具装入刀库。

4）输入程序，对刀，计算与设置刀具零点偏置值。

5) 程序检查、调试与空运行。

6) 运行程序,加工零件。

五、检查评估

本零件的检查内容与要求见表3-41。

表3-41 零件的检查内容与要求

序号	检查部位	检查内容与要求	检 具	结 果
1	上结合面	4×M12	螺纹塞规	
		孔距175mm×180mm	游标卡尺	
		表面粗糙度值 $Ra3.2\mu m$	表面粗糙度样块	
		凸台厚 20mm	游标卡尺	
2	箱体底面	6×φ13mm	游标卡尺	
		孔距 60mm、210mm	游标卡尺	
		表面粗糙度值 $Ra3.2\mu m$	表面粗糙度样块	
		底座厚 25mm	游标卡尺	
3	加工部位1、3	8×M12	螺纹塞规	
		分布圆 φ70mm	游标卡尺	
		$2\times\phi40^{+0.010}_{-0.016}$mm	内径千分尺	
		凸台高 5mm	游标深度卡尺	
		孔中心到内腔底面高 54mm	深度千分尺	
		$2\times\phi40^{+0.010}_{-0.016}$mm 孔到外底面高 80mm	深度千分尺	
		$2\times\phi40^{+0.010}_{-0.016}$mm 孔表面粗糙度值 $Ra0.8\mu m$	表面粗糙度样块	
4	加工部位2、4	8×M12		
		分布圆 φ80mm	游标卡尺	
		$2\times\phi60^{+0.012}_{-0.018}$mm	内径千分尺	
		凸台高 5mm	游标深度卡尺	
		$2\times\phi60^{+0.012}_{-0.018}$mm 孔到外底面高 160mm	游标深度卡尺	
		$2\times\phi60^{+0.012}_{-0.018}$mm 孔与 $2\times\phi40^{+0.010}_{-0.016}$mm 孔中心距为 80mm	游标卡尺	
		2×φ60mm 孔表面粗糙度值 $Ra0.8\mu m$	表面粗糙度样块	
5	同轴度	加工部位4的 $\phi60^{+0.012}_{-0.018}$mm 孔相对加工部位2的 $\phi60^{+0.012}_{-0.018}$mm 孔同轴度公差为 φ0.025mm	检验棒	
6		加工部位1的 $\phi40^{+0.010}_{-0.016}$mm 孔相对加工部位3的 $\phi40^{+0.010}_{-0.016}$mm 孔同轴度公差为 φ0.025mm	检验棒	

(续)

序号	检查部位	检查内容与要求	检 具	结 果
7	垂直度	两个 $\phi 40_{-0.016}^{+0.010}$ mm 孔轴线相对两个 $\phi 60_{-0.018}^{+0.012}$ mm 孔轴线垂直度公差为 $\phi 0.02$ mm	检验棒,百分表	

六、课后思考

1. 本零件的生产批量是单件小批还是大批量?

2. 该零件加工需要加工哪些部位?加工有何要求?

3. 生产纲领不同,是否选用夹具、安排加工工艺方案也不同?若为单件生产,则如何考虑?

4. 加工本零件需要选用何种系统何种类型的数控机床?

5. 零件加工完毕,需要进行哪些检查?要用什么量具?如何测量?

6. 操作加工中心时需要注意哪些安全事项?

任务五 零件的自动编程与加工

一、任务导入

(一) 任务描述

使用 CAXA 制造工程师 2016 自动编程软件,对图 3-24 所示的曲面零件进行轨迹生成及 G 代码生成,然后利用数控铣进行铣削加工。

(二) 知识目标

1. 了解 CAXA 制造工程师 2016 自动编程软件的基本绘图功能。

2. 了解 CAXA 制造工程师 2016 自动编程软件的轨迹生成功能、参数设定、轨迹仿真功能及后处理功能。

3. 了解通过 RS-232 数据接口进行程序传输的功能。

4. 了解曲面加工的刀具选择及铣

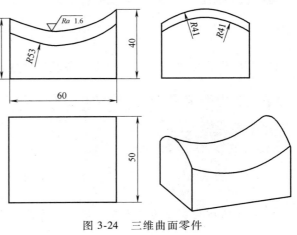

图 3-24 三维曲面零件

削参数的设定。

（三）能力目标

1. 会根据曲面的特征选用轨迹生成命令，合理选择刀具类型和铣削参数。
2. 能用轨迹仿真及后处理功能生成有效 G 代码，并修改为数控机床可以识别的代码。
3. 能熟练利用程序传输软件通过 RS-232 接口进行数控程序的传输。
4. 能熟练应对三维曲面加工时的突发状况，并随时调节加工参数。

（四）素养目标

通过选用国产软件，支持民族品牌，激发学生爱国热情，坚定"四个自信"。

二、知识准备

（一）CAXA 制造工程师 2016 软件界面简介

图 3-25 所示为 CAXA 制造工程师 2016 软件操作界面。

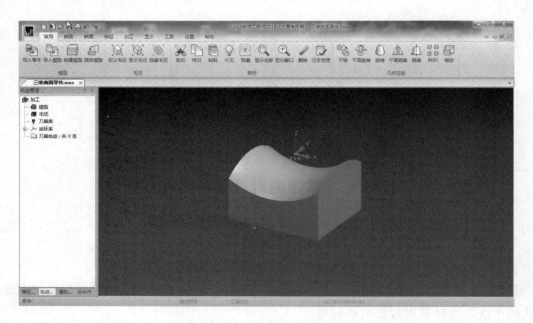

图 3-25　CAXA 制造工程师 2016 软件操作界面

图 3-26 所示为"加工"菜单下的各轨迹生成命令、轨迹仿真及后处理等功能。

图 3-26　"加工"菜单

图 3-27 所示为实体仿真界面，是轨迹仿真加工的独立界面。

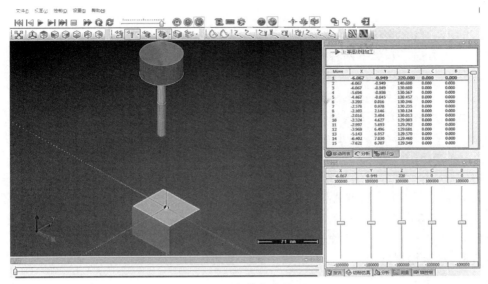

图 3-27 实体仿真界面

（二）等高线粗加工

等高线粗加工的功能是生成分层且等高的粗加工刀路轨迹，是 CAXA 制造工程师 2016 唯一一个三维曲面粗加工刀路轨迹。要生成等高线粗加工轨迹，需对加工参数、区域参数、连接参数、干涉检查、切削用量、坐标系、刀具参数、几何共八个模块进行相应的参数设置（本书只针对该任务需应用的轨迹命令进行介绍）。

1. 加工参数设置

"加工参数"设置对话框如图 3-28 所示。

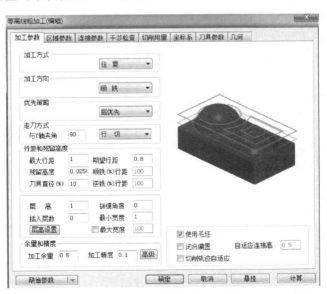

图 3-28 "加工参数"设置对话框

（1）加工方式　有如下两种选择。

1）单向：刀具以单一的顺铣或逆铣方式加工工件。
2）往复：刀具以顺铣和逆铣混合方式加工工件。
（2）加工方向　有如下两种选择：
1）顺铣：生成顺铣的加工路径，零件的加工效果较好。
2）逆铣：生成逆铣的加工路径，零件的加工效率较高。
（3）优先策略　有如下两种选择：
1）层优先：按层高数值进行分层加工。即截面优先，把模型同一高度所有余量加工完后再往下一层加工。
2）区域优先：按区域进行分模块加工。即深度加工优先，当模型中有两个或更多深腔特征需要加工时，会按分层方式把其中一个深腔加工至底部，再提刀至另一个深腔用分层方式加工，直至所有深腔加工完成。
（4）走刀方式　有如下两种选择。
1）环切：根据零件加工特征的形状生成环绕的切削轨迹。
2）行切：生成与 Y 轴成一定夹角的平行切削轨迹，通常角度设定范围为 0°~360°。
（5）行距和残留高度、层高　参数设定如下。
1）最大行距：XY 平面上两相邻切削轨迹间的最大距离。当指定最大行距时，软件会自动匹配残留高度及刀具直径（%）数值。
2）期望行距：XY 平面上两相邻切削轨迹间的实际距离。
3）残留高度：用圆角铣刀、球头铣刀铣削时相邻切削轨迹间残余量的高度。当指定残留高度时，软件会自动匹配最大行距及刀具直径（%）数值。
4）刀具直径（%）：设置刀具直径比例。当指定刀具直径比例时，软件会自动匹配最大行距及残留高度值。
5）层高：Z 向每加工层的背吃刀量。
6）拔模角度：高度方向的加工轨迹会出现与数值对应的斜度。
7）插入层数：两层之间插入轨迹。
8）层高设置："层高"对话框如图 3-29 所示，可对层高定义方式和层高、层数具体数值进行设置，设定对粗加工后的残余部分，用相同的刀具从下往上生成加工路径。
9）切削轨迹自适应：根据模型特征，在内部自动计算与之匹配且合理的轨迹切削宽度。
（6）余量和精度　参数设定如下。
1）加工余量：相对模型表面的残留高度，可以为负值，但不能超过刀具半径。
2）加工精度：输入模型的加工精度。计算模型的轨迹误差小于此值。加工精度越低，模型形状的误差也增大，模型表面越粗糙。加工精度越高，模型形状的误差也减小，模型表面越光滑，但是会使轨迹段的数目增多，轨迹数据量变大，加工时间增加。

图 3-29　"层高"对话框

2. 区域参数设置

"区域参数"设置对话框如图 3-30 所示。

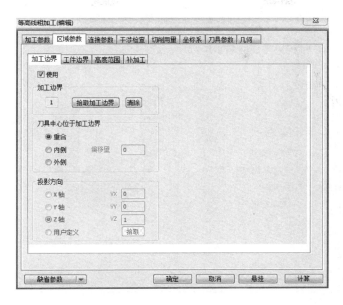

图 3-30 "区域参数"设置对话框

(1) "加工边界"参数设置对话框（见图 3-30） 通过选取已绘制好的曲线作为边界线来限定加工区域在 XY 平面上的范围，防止刀具在不加工区域动作，提高加工效率。

1) 加工边界。勾选"使用"，可以拾取已有的边界曲线。

2) 刀具中心位于加工边界：刀具中心相对于加工边界的位置（见图 3-31）。

重合：刀具中心位于边界上。

内侧：刀具中心位于边界的内侧。

外侧：刀具中心位于边界的外侧。

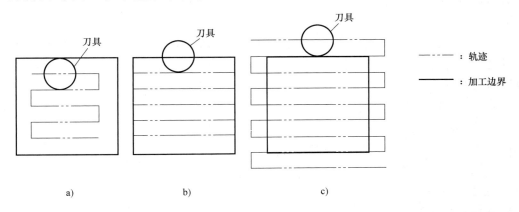

图 3-31 刀具中心相对于加工边界的位置示意图
a) 边界内侧　b) 边界上　c) 边界外侧

（2）"工件边界"参数设置对话框（见图3-32）。

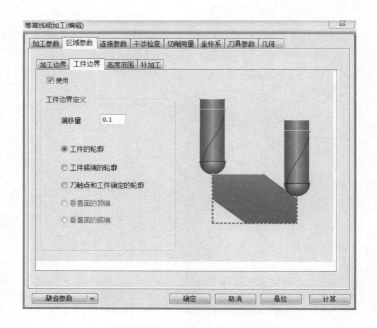

图3-32 "工件边界"参数设置对话框

1）使用：选择使用后以工件本身为边界。

2）工件边界定义：

工件的轮廓：刀具中心位于工件轮廓上。

工件底端的轮廓：刀尖位于工件底端轮廓。

刀触点和工件确定的轮廓：刀接触点位于轮廓上。

（3）"高度范围"参数设置对话框（见图3-33）可以精确控制刀具轨迹在 Z 轴方向的范围。

1）自动设定：选择"自动设定"，软件可通过模型或毛坯高度尺寸自动确定 Z 轴的加工范围。

2）用户设定：选择"用户设定"，用户则可以以绝对坐标形式输入起始高度和终止高度，以便灵活定义 Z 轴加工范围。如果起始高度和终止高度值相同，则只在这一高度层生成单层的加工轨迹。

（4）"补加工"参数设置对话框（见图3-34） 选择"使用"，软件自动计算前一把刀加工后的剩余量，进行补加工。

1）粗加工刀具直径：填写前一把刀的直径。

2）粗加工刀具圆角半径：填写前一把刀的圆角半径。

3）粗加工余量：填写粗加工的余量。

3. 连接参数设置

"连接参数"设置对话框如图3-35所示。

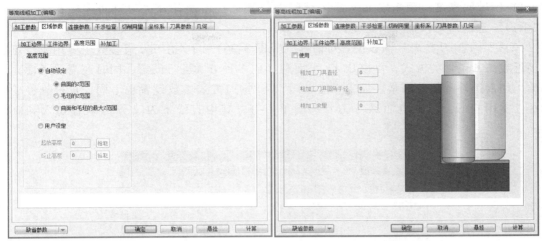

图 3-33 "高度范围"参数设置对话框　　图 3-34 "补加工"参数设置对话框

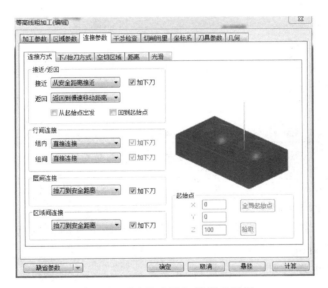

图 3-35 "连接参数"设置对话框

(1) "连接方式"参数设置对话框（见图 3-35）　用户可以根据加工现状设置刀具路径的行间、层间、区域间的连接方式。

1）接近/返回：从设定的高度接近工件和从工件返回到设定高度。勾选"加下刀"选项后可以加入所选定的下刀方式。

2）行间连接：作用是使每两个行距之间的轨迹连接更加符合实际的加工过程，分为"组内"和"组间"两种设置方式。"组内"和"组间"连接均有直接连接、抬刀到慢速移动距离、抬刀到安全距离、光滑连接、抬刀到快速移动距离等几种连接方式。勾选"加下刀"选项后可以加入所选定的下刀方式。

3）层间连接：用来定义相邻两切削层之间的轨迹连接，设置方法与行间连接相同。勾选"加下刀"选项后可以加入所选定的下刀方式。

4）区域间连接：用来定义不同区域间的轨迹连接，设置方法与行间连接相同。勾选"加下刀"选项后可以加入所选定的下刀方式。

（2）"下/抬刀方式"参数设置对话框（见图3-36） 下/抬刀方式参数主要用来设定刀具接近或离开工件的方式，可以从 XY 平面和 Z 向多种方式进行设定，同时还需要考虑刀具种类、切入工件部位等因素。加工方法不同，下/抬刀方式参数设置也不同，可根据经验来选择。常用的下刀方式为直线下刀、螺旋下刀等，其中直线下刀又分为垂直切入和倾斜切入。

图3-36 "下/抬刀方式"参数设置对话框

1）中心可切削刀具：可选择自动、直线、螺旋、往复、沿轮廓五种下刀方式。

2）倾斜角：用于设定倾斜线与轨迹开始切削段的夹角。

3）斜面长度：倾斜切入轨迹段的长度，以切削开始位置的刀位点为参考点，该数值的设置与刀具直径比例有关。

4）允许刀具在毛坯外部：勾选后允许刀具轨迹生成在毛坯外部。

5）预钻孔点：标识需要钻孔的点。

（3）"空切区域"参数设置对话框（见图3-37）

1）安全高度：刀具快速移动而不会与毛坯或模型发生干涉的高度。

2）平面法矢量平行于：通常使用主轴方向。

3）平面法矢量：在用户定义方式下进行设定，通常使用 Z 轴正向。

4）保持刀轴方向直到距离：保持刀轴的方向达到所设定的距离。

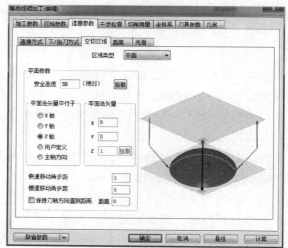

图3-37 "空切区域"参数设置对话框

(4)"距离"参数设置对话框（见图3-38）

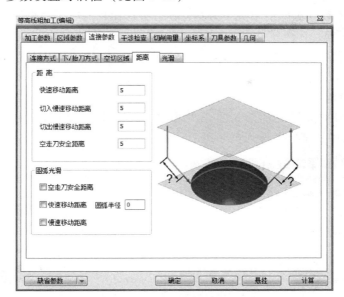

图3-38 "距离"参数设置对话框

1）快速移动距离：在切入或切削开始前的一段刀位轨迹的位置长度，这段轨迹以快速移动方式进给。

2）切入慢速移动距离：在切入或切削开始前的一段刀位轨迹的位置长度，这段轨迹以切入慢速下刀速度进给。

3）切出慢速移动距离：在切出或切削结束前的一段刀位轨迹的位置长度，这段轨迹以切出慢速走刀速度进给。

4）空走刀安全距离：距离工件的安全高度。

(5)"光滑"参数设置对话框（见图3-39）

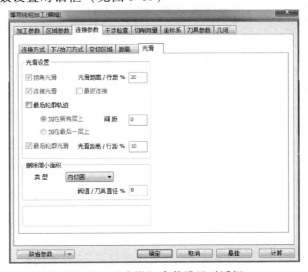

图3-39 "光滑"参数设置对话框

1) 光滑设置：将拐角或轮廓进行光滑处理。
2) 删除微小面积：删除面积大于刀具直径百分比面积的曲面的轨迹。

4. 干涉检查设置

"干涉检查"参数设置对话框如图3-40所示。干涉检查的作用是预防、控制及补救在生成加工轨迹的过程中由于刀具、干涉面等不良因素而导致的系列问题。

5. 切削用量设置

"切削用量"参数设置对话框如图3-41所示。切削用量是机床的加工控制参数之一，在每一种加工方法中，都有关于切削用量的设置。

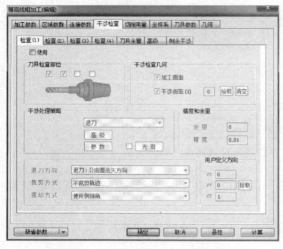 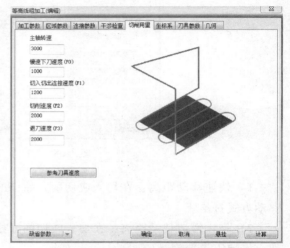

图3-40 "干涉检查"参数设置对话框　　　　图3-41 "切削用量"参数设置对话框

各速度参数用于设定轨迹各位置的相关进给速度及主轴转速，如图3-42所示。

（1）主轴转速　设定机床主轴旋转的角速度大小，单位为r/min。

（2）慢速下刀速度（F0）　设定慢速下刀高度到切入工件前刀具移动速度的大小，单位为mm/min。

（3）切入切出连接速度（F1）　设定切入轨迹段、切出轨迹段、连接轨迹段、接近轨迹段及返回轨迹段的速度大小，单位为mm/min。此速度通常小于切削速度。

图3-42 切削用量

（4）切削速度（F2）　设定正常切削工件时轨迹段进给速度的大小，单位为mm/min。

（5）退刀速度（F3）　设定刀具离开工件回到安全高度时轨迹段进给速度的大小，单位为mm/min。在安全高度以上刀具的移动速度取快速返回（G00）的速度。

6. 坐标系设置

"坐标系"参数设置对话框如图3-43所示。在每一个加工功能参数表中，都有坐标系参数设置。

在"坐标系"参数设置对话框中,可通过拾取或赋值定义,设定新的工件坐标系。通常默认为世界坐标系(.sys.)。若建立有多个坐标系,则根据实际需求进行选择。坐标系确定后,生成的加工轨迹则以该坐标系作为参照。

7. 刀具参数设置

"刀具参数"设置对话框如图3-44所示。在每一个加工功能参数表中,都有刀具参数设置。

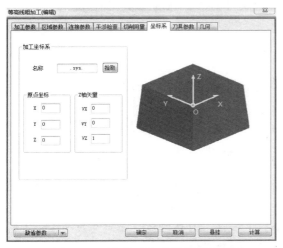 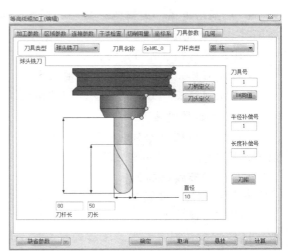

图3-43 "坐标系"参数设置对话框　　　　图3-44 "刀具参数"设置对话框

(1) 刀库　刀库用于定义、确定和储存各种刀具的有关数据,以便用户在加工过程中从刀具库调用刀具信息。刀库中能存放用户定义的不同的刀具(见图3-45),包括激光刀、钻头、铣刀、雕刻刀等,用户在使用中可以很方便地从刀具库中取出所需的刀具。

类型	名称	刀号	直径	刃长	锥角	全长	刀杆类型	刀杆直径	半径补偿号	长度补偿号
激光刀	Lasers_0	0	5.000	50.000	0.000	80.000	圆柱	..	0	0
立铣刀	EdML_0	0	10.000	50.000	0.000	80.000	圆柱	10.000	0	0
立铣刀	EdML_0	1	10.000	50.000	0.000	100.000	圆柱+圆锥	10.000	1	1
圆角铣刀	BulML_0	2	10.000	50.000	0.000	80.000	圆柱	10.000	2	2
圆角铣刀	BulML_0	3	10.000	50.000	0.000	100.000	圆柱+圆锥	10.000	3	3
球头铣刀	SphML_0	4	10.000	50.000	0.000	80.000	圆柱	10.000	4	4
球头铣刀	SphML_0	5	12.000	50.000	0.000	100.000	圆柱+圆锥	10.000	5	5
燕尾铣刀	DvML_0	6	20.000	6.000	45.000	80.000	圆柱	20.000	6	6
燕尾铣刀	DvML_0	7	20.000	6.000	45.000	100.000	圆柱+圆锥	10.000	7	7
球形铣刀	LoML_0	8	12.000	12.000	0.000	80.000	圆柱	12.000	8	8
球形铣刀	LoML_1	9	10.000	10.000	0.000	100.000	圆柱+圆锥	10.000	9	9

图3-45 "刀具库"对话框

(2) 刀具类型　用户可选择不同的刀具类型,如立铣刀、圆角铣刀、球头铣刀等。

(3) 刀具名称　是指刀具在刀具库中的名称,用户也可以自定义名称。

(4) 刀杆类型　分为圆柱、圆柱+圆锥两种。当刀具夹持部分与切削部分直径不相同时，定义其过渡部分为圆锥状。

（5）刀具号　刀具的编号，用于后置处理时的自动换刀指令。刀具号具有唯一性，对应机床刀具库。

（6）半径补偿号　刀具半径补偿值的编号。

（7）长度补偿号　刀具长度补偿值的编号。

（8）直径　刀杆上切削刃部分的直径。

（9）圆角半径　刀具侧刃与底部切削刃间的过渡半径，不大于刀具半径。用圆角铣刀加工时，才有此定义。

（10）外直径　刀杆部分的直径，应小于球直径。用球形铣刀加工时，才有此定义。

（11）刃长　刀具切削刃部分的长度。

（12）刀杆长　刀尖到刀柄之间的距离。刀杆长度应大于切削刃长度。

8. 几何参数设置

"几何"参数设置对话框如图3-46所示。在每一个加工功能参数表中，都有几何参数设置，用于拾取、显示和删除在加工中所有需要选择的曲面特征。

（三）扫描线精加工

扫描线精加工是适用于生成较为平坦、型面单一的曲面精加工刀路轨迹，该轨迹是生成在 XY 平面内且与 Y 轴成一定角度的平行加工轨迹。要生成扫描线精加工轨迹，需对加工参数、区域参数、连接参数、干涉检查、切削用量、坐标系、刀具参数、几何共八个模块进行相应的参数设置，这里只介绍与等高线粗加工不同的参数设定。

1. 加工参数设置

"加工参数"设置对话框如图3-47所示。

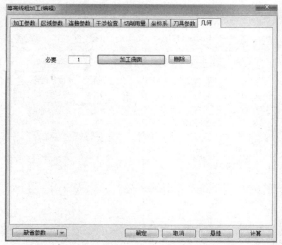

图3-46　"几何"参数设置对话框

图3-47　"加工参数"设置对话框

其中加工方式、余量和精度、行距和残留高度、与 Y 轴夹角等功能在等高线粗加工讲解时已做了描述，此处不再赘述。

加工开始角位置：根据实际情况，确定加工起始位置，如图3-48所示。

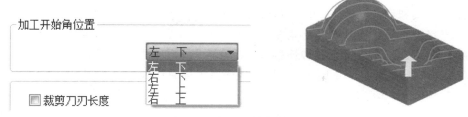

图 3-48 加工开始角位置设置

2. 区域参数设置

"区域参数"设置对话框如图 3-49 所示。其中,加工边界、工件边界、高度范围、补加工等功能在等高线粗加工讲解时已做了描述,此处不再赘述。

(1) "坡度范围"参数设置对话框(见图 3-49) 勾选"使用"选项后,用户能够设定倾斜面角度和加工区域。

1) 斜面角度范围。在斜面的起始和终止角度内填写数值,完成坡度的设定。

2) 加工区域。选择所要加工的部位是在加工角度范围以内还是在加工角度范围以外。

(2) "分层"参数设置对话框(见图 3-50) 扫描线精加工轨迹中的分层功能可用于锻件以及铸件等余量较多且余量分布均匀的毛坯加工,该功能可实现在 Z 方向根据实际情况增减刀具轨迹层数。勾选"使用"选项后,能够设定层间参数;不勾选"使用",则刀具轨迹只生成一层。

1) 层数:刀具轨迹在 Z 方向生成的层数。

2) 间距:每一层刀具轨迹之间的距离。

3. 连接参数设置

"连接参数"设置对话框如图 3-51 所示。其中,空切区域、距离、起始/结束段等参数设置在等高线粗加工讲解时已做了描述,此处不再赘述。

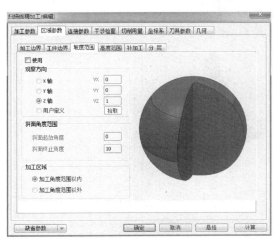

图 3-49 "区域参数"设置对话框

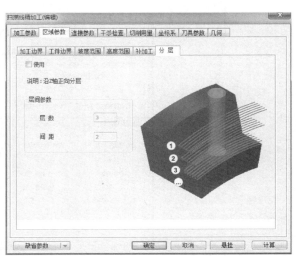

图 3-50 "分层"参数设置对话框

（1）"间隙连接"参数设置对话框（见图3-52） 在该对话框中可对分离的刀具轨迹之间间隙的连接方式和切入/切出方式进行设置。间隙分为小、大两种。小间隙和大间隙连接方式均有：直接连接、抬刀到慢速移动距离、抬刀到安全距离、沿曲面连接、光滑连接、抬刀到快速移动距离、三段连接等几种连接方式。小间隙和大间隙切入/切出方式均有：没有、仅有切入、仅有切出、切入/切出四种，只有当选择了仅有切入、仅有切出、切入/切出三种方式时后面的切入/切出参数设置才有意义。

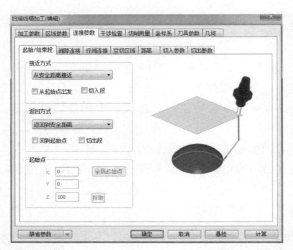 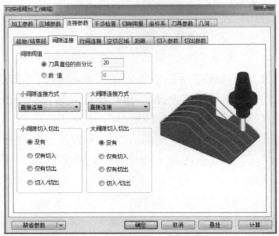

图3-51 "连接参数"设置对话框　　　　图3-52 "间隙连接"参数设置对话框

（2）"行间连接"参数设置对话框（见图3-53） 该界面用于对平行的两相邻刀具轨迹之间的连接过渡方式和切入/切出方式进行设置。行间也分为小、大两种。小行间和大行间的连接方式及小行间和大行间的切入/切出方式均与小间隙和大间隙的参数设置方法相同。

图3-53 "行间连接"参数设置对话框

（3）"切入参数"和"切出参数"设置对话框（见图 3-54） 曲面扫描精加工时合理地设置切入/切出加工参数，可提高零件切入/切出位置的加工精度，提升加工的稳定性。在"选项"下拉列表中，有 12 种不同的切入/切出方式供用户根据实际情况进行选择（见图 3-55），用得较多的是"相切圆弧"方式。根据选择的切入/切出方式，下方参数会出现与之对应的具体参数，用户可对其进行设置。

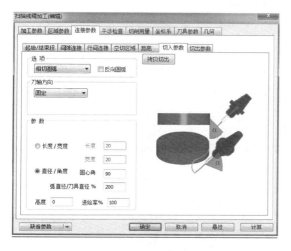
a)

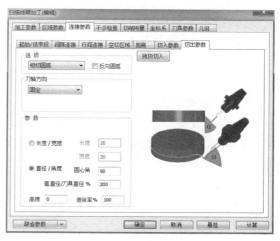
b)

图 3-54 "切入参数"和"切出参数"设置对话框

三、方案设计

（一）分析零件图

图 3-24 所示的三维曲面零件形状简单，表面粗糙度值小，但尺寸无公差要求。曲面的加工通常使用 CAM 软件进行自动编程，对于简易而有规律的曲面特征也可用宏程序编程，本任务使用 CAXA 制造工程师 2016 国产 CAM 软件进行自动编程，对软件参数进行合理的设置，使零件达到图样要求。

（二）选择机床类型

选择配有 FANUC 0i-M 系统的数控铣床或加工中心。

图 3-55 选项中的切入/切出方式

（三）选择夹具

本零件选择最常用的夹具——机用平口钳进行装夹，夹具自身的各项精度须达到要求。

（四）制订加工方案

一次性装夹，先进行等高线粗加工，并留有 0.2~0.5mm 的精加工余量；再进行曲面扫描线精加工，以保证零件的精度。

（五）确定刀具及切削用量

利用球头铣刀进行铣削加工，刀具及切削用量的选择见表 3-42。

表 3-42 刀具及切削用量的选择

序号	刀具名称及规格	刀具号	主轴转速/(r/min)	进给速度/(mm/min)	最大进给量/mm	精加工余量/mm
1	φ10mm 三刃球头铣刀	T1	3000	2000	0.8	0.3
2	φ10mm 四刃球头铣刀	T2	4000	500	0.3	0

(六) 确定编程原点

编程原点设在零件上表面中心处。

四、任务实施

(一) 生成轨迹

1. 毛坯设定

根据题目给出的毛坯尺寸画出线框，用拾取两点（拾取上下框的对角点）方式定义毛坯，如图 3-56 所示。

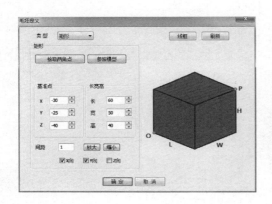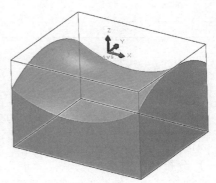

图 3-56 定义零件毛坯

2. 零件粗加工

选用等高线粗加工方式对零件进行粗加工（见图 3-57～图 3-64）。在"加工参数"设置对话框中进行如下重要参数设置：加工方式选择往复，加工方向选择顺铣，优先策略选择层优先，走刀方式选择行切（与 Y 轴夹角设为 90°，沿流线方向较美观），最大行距及期望行距均设为 1mm，层高设为 0.8mm，加工精度设为 0.3mm，加工余量（精加工余量）设为 0.3mm。在"区域参数"设置对话框中进行如下重要参数设置：勾选"使用"选项，手动拾取加工边界，选择刀具中心位于加工边界外侧。在"连接参数"设置对话框中进行如下重要参数设置：选择从安全距离接近、返回到慢速移动距离，行间连接设为直接连接，层间连接及区域间连接均设为抬刀到安全距离。安全高度设为 50mm。快速移动及空走刀安全距离均设为 20mm，切入/切出慢速移动距离均设为 5mm。切削用量参数和刀具参数按照表 3-42 进行设置。在几何界面拾取加工曲面，其余参数采用默认值，最后单击"确定"按钮，则软件自动计算并生成等高线粗加工轨迹，如图 3-65 所示。

项目三　加工中心的编程与加工

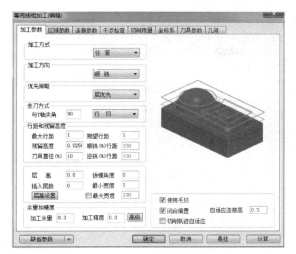

图 3-57　加工参数的设置

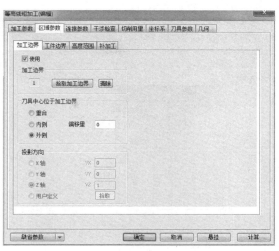

图 3-58　加工边界的设置

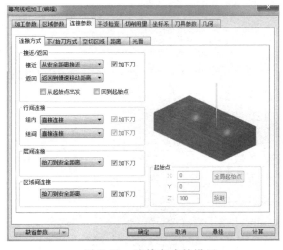

图 3-59　连接方式的设置

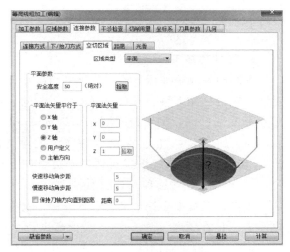

图 3-60　空切区域的设置

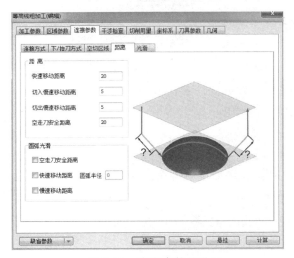

图 3-61　距离参数的设置

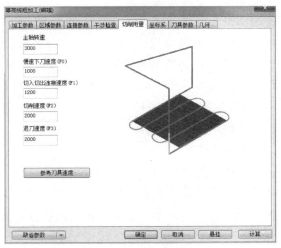

图 3-62　切削用量的设置

233

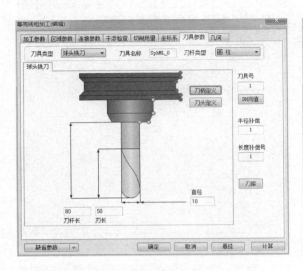

图 3-63 刀具参数的设置

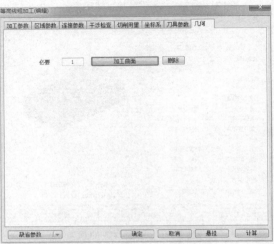

图 3-64 几何参数的设置

3. 零件精加工

选用扫描线精加工方式对零件进行精加工(见图 3-66~图 3-69)。在"加工参数"设置对话框中进行如下重要参数设置:加工方式选择往复,加工余量设为 0mm,加工精度设为 0.01mm,最大行距设为 0.2mm,加工开始角位置设为左下,与 Y 轴夹角设为 90°。在"区域参数"设置对话框中进行如下重要参数设置:勾选"使用"选项,选择使用加工边界,手动拾取加工边界,刀具中心位于加工边界外侧,高度范围点选用户设定,起始高度设为 0mm,终止高度设为 -25mm。在"连接参数"设置对话框中进行如下重要参数设置:选择从慢速移动距离接近、返回到安全距离,间隙连接及行间连接均设为直接连接,安全高度设为 50mm,快速移动及空走刀安全距离均设为 20mm,切入/切出慢速移动距离均设为 5mm。切削用量参数和刀具参数按照表 3-42 进行设置,在几何界面拾取加工曲面,其余参数默认,最后单击"确定"按钮,则软件自动计算并生成扫描线精加工轨迹,如图 3-70 所示。

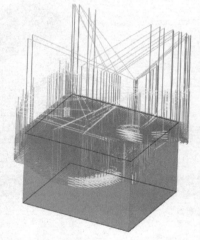

图 3-65 等高线粗加工轨迹

4. 轨迹仿真

选择特征树中的刀具轨迹(见图 3-71),此时粗、精加工轨迹全部变成红色。鼠标停在特征树中的刀具轨迹上,单击右键,弹出快捷菜单,选择"实体仿真"选项,进入仿真界面。调整好看图视角及显示比例,然后单击运行键开始仿真 ▶(仿真速度可以在速度设定栏 ▭▬▭ 根据需要自行拖动),仿真加工结果如图 3-72 所示。

项目三　加工中心的编程与加工

图 3-66　加工参数的设置

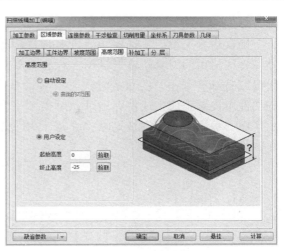

图 3-67　高度范围的设置

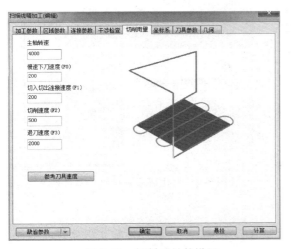

图 3-68　切削用量的设置

图 3-69　刀具参数的设置

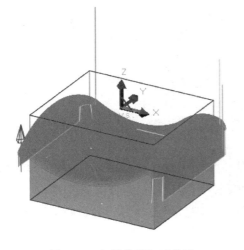

图 3-70　扫描线精加工轨迹

图 3-71　特征树

235

5. 后置处理

确认仿真无误后，选择特征树中的刀具轨迹，此时粗、精加工轨迹全部变成红色。鼠标停在特征树中的刀具轨迹上，单击右键，弹出快捷菜单，在后置处理子菜单中选择"生成G代码"选项，弹出"生成后置代码"对话框（见图3-73）。根据需求选择数控系统，在代码文件中设置程序生成保存地址，单击"确定"按钮，软件会自动计算并弹出所生成的加工程序，程序文件后缀格式为".cut"，用记事本打开，根据实际情况对程序进行修改并保存，如图3-74所示。

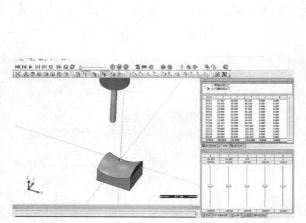

图 3-72　仿真加工结果

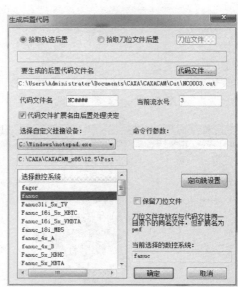

图 3-73　"生成后置代码"对话框

（二）传输程序

传输程序有两种方式：一次性传输和在线传输（即DNC）。一次性传输是完整地把程序传输至数控系统，待所有程序传输完以后再调用进行加工。这种传输方式占用系统内存较大，适用于程序量小于系统寄存器容量的情况。在线传输是指一边传输一边加工，使用完的程序不存储在系统中，不占用系统内存，适用于程序量大于系统寄存器容量的情况。程序传输要使用专门的传输软件，目前，由CAXA制造工程师软件后置处理生成的程序可使用红旗缸头程序传输软件或者Mastercam软件来传输。此零件使用红旗缸头软件，采用一次性传输方式。先打开软件，进入操作界面，如图3-75所示；单击打开按钮 ，找到需传输的程序并选择单击"打开"，程序被调入操作界面，如图3-76所示。机床和计算机端口需连接好，并进行通信参数的设置，机床做好接收程序的准备，接收（此时所有电子设备需关机，以防信号干扰），单击软件传送图标 ，开始传输程序。

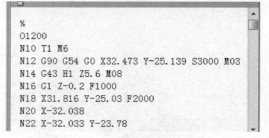

图 3-74　生成的 G 代码

图 3-75 红旗缸头软件操作界面

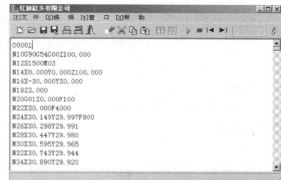

图 3-76 已被调入程序的操作界面

(三) 加工中心操作及加工

1) 返回参考点。

2) 找正机用平口钳各位置参数,保证钳口与机床 X 轴的平行度,找正机用平口钳支承面等高面。

3) 放置高精度等高块,保证工件伸出钳口表面 25mm 左右,且使工件表面等高(打表法)。

4) 安装 $\phi 10mm$ 球头粗加工铣刀,用对刀工具对刀或铣刀直接对刀,将 X、Y 对刀值输入工件零点,G54 地址中的 Z 地址须为 0。在 T1H1 处输入 Z 对刀值。X、Y 零点偏置在工件的对称中心,Z 零点设置在工件上表面。

5) 将 T1 号铣刀放入刀库一号刀位,并换二号刀位,安装 $\phi 10mm$ 球头精加工铣刀,只需 Z 轴对刀,把对刀值输入 T2H2 地址。

6) 调用加工程序,自动状态下进行等高线粗加工。粗加工完毕后,机床自动更换精加工铣刀,进行扫描线精加工。

7) 精加工完毕后,检测工件。如合格,拆卸工件、修毛刺。

8) 卸下所有刀具,清扫加工中心,使加工中心工作台中央停至主轴正下方(重力平衡),工作台上油,关机。

五、检查评估

本零件的检查内容与要求见表 3-43。

表 3-43 零件的检查内容与要求

序 号	检查内容	检 具	配 分	评分标准	结 果
1	60mm	游标卡尺	5 分	超差不得分	
2	50mm	游标卡尺	5 分	超差不得分	
3	40mm	游标卡尺	10 分	超差不得分	
4	35mm	游标卡尺	15 分	超差不得分	
5	$R53mm$	半径样板	15 分	超差不得分	
6	两处 $R41mm$	半径样板	20 分	超差一处扣 10 分	
7	$Ra1.6\mu m$	表面粗糙度样块	30 分	超差一级扣 10 分	

六、技能训练

试分析图 3-77 所示零件，完成曲面零件的加工工艺分析及程序编制，并在 FANUC 系统加工中心上加工出来。

1. 资讯

1）该零件是二维曲面还是三维曲面？能否用手工编程？

2）需要选用哪种类型的数控机床？

3）加工时需要用哪几把刀具？对刀具的形状、材料及几何参数有何要求？

4）选择切削用量时需考虑哪些因素？

5）如何安排该零件的加工顺序？请列出其工艺路线。

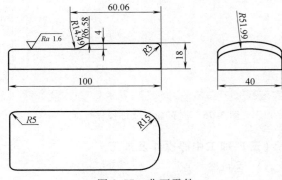

图 3-77 曲面零件

2. 计划与决策

选择机床、夹具、刀具、量具及毛坯类型，确定工件定位与夹紧方案、工作步骤、安全措施、工件坐标系、粗加工去毛坯余量、零件检查内容与方法、机床保养内容及小组成员工作分工等。

3. 实施

（1）零件建模

（2）完成相关操作

工件、刀具装夹操作	
工艺参数设置与后置处理	
程序检查与修改	
通信参数设备与程序传输	
多把刀具的对刀操作及刀补值确定	
程序校验操作	
精度控制操作	
工具和量具使用与零件检查	
机床、工具、量具保养与现场清扫	

4. 检查

按附录 A 规定的检查项目和标准对技能训练进行检查与考核。

5. 评价与总结

按附录 B 规定的评价项目对学生技能训练进行评价。

练习思考题

一、选择题

1. 使用 G28 指令时，（　　）。
   A. 必须先取消刀具半径补偿　　　　B. 必须先取消刀具长度补偿
   C. 半径补偿和长度补偿都必须取消　　D. 两者都不必要
2. 数控机床一般不具备的插补方式是（　　）。

A. 直线插补 B. 圆弧插补 C. 双曲线插补 D. 螺旋线插补
3. 宏程序中，变量#24 对应的引数是（ ）。
 A. S B. X C. Y D. Z
4. 宏程序中，形式# i = # j 的意义是（ ）。
 A. 赋值 B. 定义、转换 C. 逻辑和 D. 逻辑乘
5. 工件自动循环中，若要跳过一个程序段，则在编程时应在相应的程序段前加（ ）。
 A. 符号 B. G 指定 C. /符号 D. T 指令
6. 加工中心开机回参考点后，输入并运行程序段"G91 X100 Y50 F100;"，机床的状态为（ ）。
 A. 机床不运行 B. 机床以 G00 方式运行
 C. 机床以"G01 F100;"方式运行 D. 机床超程报警
7. 在补偿寄存器中输入的 D 值的含义为（ ）。
 A. 只表示刀具半径 B. 粗加工时的刀具半径
 C. 粗加工时的刀具半径与精加工余量之和 D. 精加工时的刀具半径与精加工余量之和
8. G16 指令的含义为（ ）。
 A. 极坐标取消 B. 极坐标设定
 C. 米制输入 D. 英制输入
9. "G16 G17 G90 G00 X__ Y__ Z__;"中，"X__"表示（ ）。
 A. 终点 X 轴坐标 B. 起点 X 轴坐标
 C. 半径 D. 角度
10. 设刀具当前位置为（30，-34，6），执行"G91 G01 Z15. F110;"后，Z 方向实际的位移量为（ ），刀具的 Z 轴绝对坐标值为（ ）。
 A. 9mm B. 21mm C. 15mm D. 6mm

二、编程题

试编制图 3-78～图 3-80 所示零件的加工程序，并用数控仿真软件加工出来。

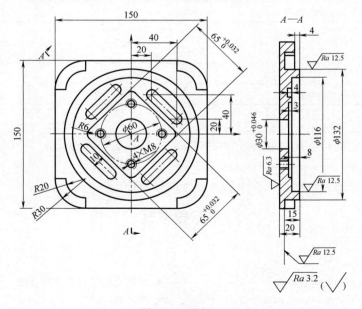

图 3-78 零件 1

项目三 加工中心的编程与加工

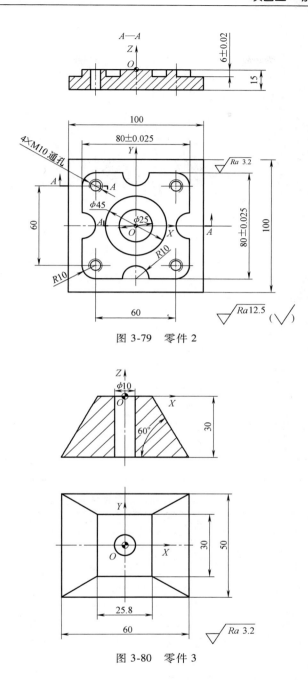

图 3-79 零件 2

图 3-80 零件 3

附 录

附录 A 任务完成检查考核表

序号	检查项目	检查标准	配分	检查结果	
				自评	互评
1	零件尺寸	见图样	30分		
2	表面粗糙度	见图样	10分		
3	设备操作	见操作说明书	20分		
4	工件、刀具装夹	见安装使用要求	10分		
5	设备的正确使用与维护保养	见设备保养标准	5分		
6	安全操作规范	见设备安全操作规程	10分		
7	刀具、工具等工位器具摆放	见现场管理标准	5分		
8	零件的测量方法与量具使用	见零件检测与量具使用	5分		
9	职业素养	见行为规范标准	5分		
	总计		100分		

附录 B 任务完成综合评价表

评价类型	项目	子项目	自评	互评	老师评价
专业能力（60%）	资讯（5%）	搜集信息（2%）			
		引导问题回答（3%）			
	计划决策（6%）	计划可操作性（3%）			
		决策正确性（3%）			
	实施（25%）	工作步骤执行（10%）			
		操作规程性（5%）			
		安全意识（5%）			
		设备保养与现场整理（5%）			
	检查（4%）	全面性、准确性（2%）			
		异常情况排除（2%）			
	过程（5%）	熟练性与正确性（3%）			
		操作规程性（2%）			
	结果（10%）	结果质量（10%）			
	作业（5%）	完成质量（5%）			

（续）

评价类型	项目	子项目	自评	互评	老师评价
社会能力（20%）	团结协作（10%）	分工合理（5%）			
		配合默契（5%）			
	与人沟通（10%）	语言表达清楚（5%）			
		主动性（5%）			
方法能力（20%）	计划能力（10%）	计划合理性（5%）			
		计划可操作性（5%）			
	决策能力（10%）	决策正确（10%）			
评价评语					

附录 C　SINUMERIK 808D 数控车系统指令集

指令	分组	含义或图示	格式或说明
G01 *	模态有效运行指令	直线插补	G01　X__　Z__　F__
G02		顺时针方向圆弧插补	G02/G03　X__　Z__　I__　K__　F__ G02/G03　X__　Z__　CR=__　F__
G03		逆时针方向圆弧插补	G02/G03　AR=__　I__　K__　F__ G02/G03　AR=__　X__　Z__　F__
CIP		通过中间点进行圆弧插补	CIP　X__　Z__　I1=__　K1=__　F__
CT		圆弧插补；切线过渡	GT　X__　Z__　F__；圆弧,正切过渡到前路径段
G33		螺纹切削,使用定螺距	G33　Z__　K__
G331		螺纹插补	
G332		螺纹插补,退回	
RND =		倒圆角	过渡圆弧半径
CHR =		倒角	指定以斜边为底的等腰三角形腰长
CHF =		倒角	指定以斜边为底的等腰三角形底长
G04	非模态有效运行指令,暂停	预设暂停时间	G04　F__ 或 G04　S__
G63		异步攻螺纹	
G74		同步回参考点	G74　X=__　Z=__
G75		接近固定点	G75　X=__　Z=__
TRANS	可编程框架	零点偏移	TRANS　X__　Z__ TRANS　无数据,清除原有偏移指令
ROT		旋转	
SCALE		可编程的比例系数	SCALE　X__　Z__
MIRROR		可编程镜像	
ASCALE		可编程比例缩放系数,补充当前指令	ASCALE　X__　Z__

(续)

指令	分组	含义或图示	格式或说明
ATRANS	可编程框架	可编程的偏移,附加到当前偏移(增量值)	ATRANS X__ Z__
AROT		可编程旋转,补充当前指令	AROT RPL__
AMIRROR		可编程镜像,补充当前指令	
GOTOF+标记		向前跳过(朝程序尾段跳过)	
GOTOB+标记		向后跳过(朝程序首段跳过)	
G110		极点定义,相对于上次编程的设定位置	
G111		极点定义,相对于当前工件坐标系的原点	G111 X__ Z__
G112		极点定义,相对于上一有效极点	G112 AP=__ RP=__
G18 *	Z X 平面	选择 XOZ 平面	
G40 *	刀具半径补偿	刀具半径补偿方式取消	G40 G00/G01 X__ Z__ (F__)
G41		刀具半径左补偿	G41 G00/G01 X__ Z__ D__ (F__)
G42		刀具半径右补偿	G42 G00/G01 X__ Z__ D__ (F__)
G500 *	可设定的零点偏移	取消可设定的零点偏移	
G54～G59		可设定的零点偏移 1～6	
G70	工件测量 英制/米制	英制尺寸	
G71 *		米制尺寸	
G90 *	绝对/增量尺寸模态有效	绝对尺寸输入	
G91		增量尺寸输入	
G94	进给率/主轴旋转进给率模态有效	进给率 F,单位 mm/min	
G95 *		进给率 F,单位 mm/r	
G96		恒定切削速度有效	
G97		取消恒定切削速度	
CYCLE81		钻中心孔	与 SINUMERIK 808D 数控铣相同
CYCLE82		沉孔加工	与 SINUMERIK 808D 数控铣相同
CYCLE83		深孔加工	与 SINUMERIK 808D 数控铣相同
CYCLE84		刚性攻螺纹	与 SINUMERIK 808D 数控铣相同

（续）

指令	分组	含义或图示	格式或说明
CYCLE93		切槽循环 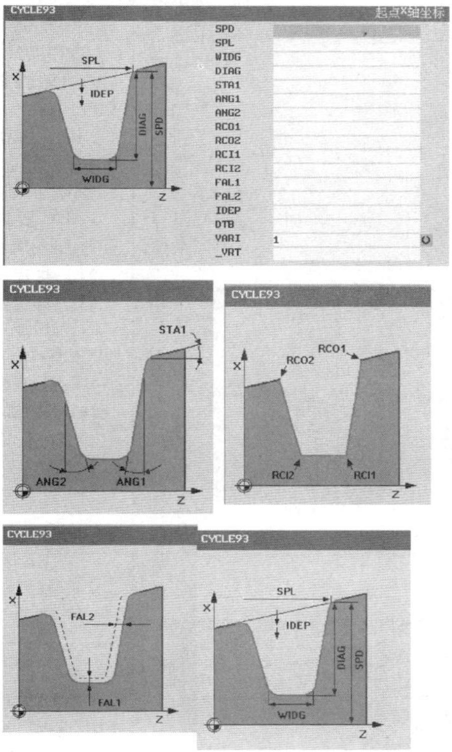	CYCLE93（SPD, SPL, WIDG, DIAG, STA1, ANG1, ANG2, RCO1, RCO2, RCI1, RCI2, FAL1, FAL2, IDEP, DTB, VARI, _VRT） SPD: X轴起刀点坐标 SPL: Z轴起刀点坐标 WIDG: 槽宽 DIAG: 槽深 STA1: 轮廓与纵向轴之间夹角 ANG1: 纵坐标正向和凹槽靠近起始点一侧槽壁夹角 ANG2: 纵坐标正向和凹槽远离起始点一侧槽壁夹角 RCO1: 靠近凹槽加工起始点一侧的倒角长度 RCO2: 远离凹槽加工起始点一侧的倒角长度 RCI1: 槽底靠近加工起始点一侧的倒角 RCI2: 槽底远离加工起始点一侧的倒角 FAL1: 凹槽底部精加工余量 FAL2: 凹槽边沿精加工余量 IDEP: 进刀深度 DTB: 在凹槽底部停顿时间 VARI: 倒角计算方式选择 _VRT: 加工凹槽时的可变返回距离
CYCLE92		切断循环 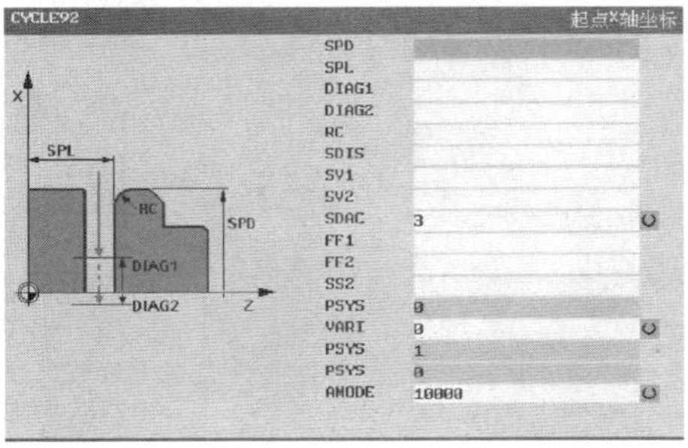	CYCLE92（SPD, SPL, DING1, DING2, RC, SDIS, SV1, SV2, SDAC, FF1, FF2, SS2 0, VARI, 1, 0, AMODE） SPD: X轴起刀点坐标 SPL: Z轴起刀点坐标 DIAG1: 转速降低时的深度 DIAG2: 切断时的最终深度 RC: 倒角宽度 SDIS: 安全距离, 无符号 SV1: 恒定切削速度 SV2: 恒定切削时的主轴最大转速 SDAC: 主轴旋转方向 FF1: 到达转速降低时深度的进给率 FF2: DING2时的进给率 SS2: 降低的主轴转速 PSVS: 内部参数, 不能修改 VARI: 返回到 SPD+SDIS 定义的位置 PSYS: 内部参数, 不能修改 PSVS: 内部参数, 不能修改 AMODE: 倒圆与倒角选项

指令	分组	含义或图示	格式或说明
CYCLE95		切削循环（毛坯轮廓切削） 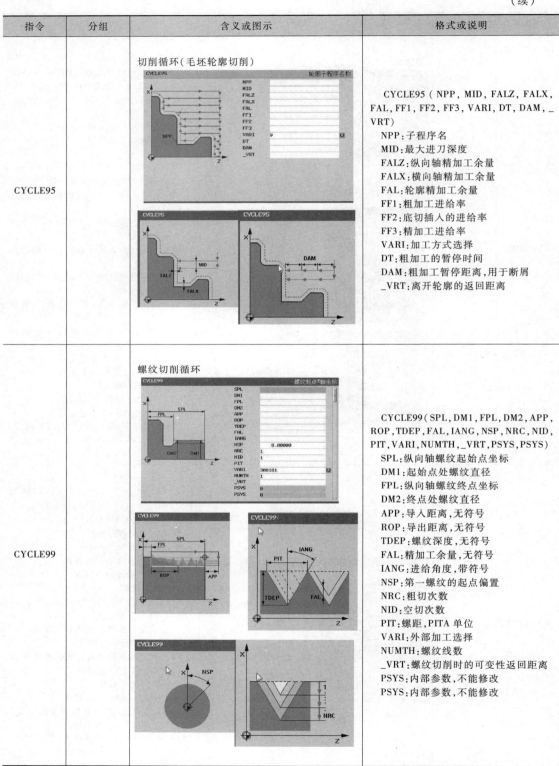	CYCLE95(NPP, MID, FALZ, FALX, FAL, FF1, FF2, FF3, VARI, DT, DAM, _VRT) NPP:子程序名 MID:最大进刀深度 FALZ:纵向轴精加工余量 FALX:横向轴精加工余量 FAL:轮廓精加工余量 FF1:粗加工进给率 FF2:底切插入的进给率 FF3:精加工进给率 VARI:加工方式选择 DT:粗加工的暂停时间 DAM:粗加工暂停距离,用于断屑 _VRT:离开轮廓的返回距离
CYCLE99		螺纹切削循环	CYCLE99(SPL, DM1, FPL, DM2, APP, ROP, TDEP, FAL, IANG, NSP, NRC, NID, PIT, VARI, NUMTH, _VRT, PSYS, PSYS) SPL:纵向轴螺纹起始点坐标 DM1:起始点处螺纹直径 FPL:纵向轴螺纹终点坐标 DM2:终点处螺纹直径 APP:导入距离,无符号 ROP:导出距离,无符号 TDEP:螺纹深度,无符号 FAL:精加工余量,无符号 IANG:进给角度,带符号 NSP:第一螺纹的起点偏置 NRC:粗切次数 NID:空切次数 PIT:螺距,PITA 单位 VARI:外部加工选择 NUMTH:螺纹线数 _VRT:螺纹切削时的可变性返回距离 PSYS:内部参数,不能修改 PSYS:内部参数,不能修改

注：表中带 * 的 G 指令为机床上电时功能生效的指令。

附录D HNC-21T华中数控车系统指令集

指令	组别	功能含义	编程格式	说 明
G00 *	01	快速定位	G00　X(U)__　Z(W)__	绝对编程,(X,Z)为终点坐标值,增量编程(U,W)为终点相对起点增量值,F为进给速度/进给量
G01		直线插补	G01　X(U)__　Z(W)__　F__	
			G01　X(U)__　Z(W)__　C__　F__	(X,Z)为未倒角前两相邻程序段轨迹的交点绝对坐标值;C为倒角终点相对于相邻两直线的交点距离
			G01　X(U)__　Z(W)__　R__　F__	(X,Z)为终点坐标值,车锥面并倒圆角
G02		顺时针圆弧插补	G02　X(U)__　Z(W)__　R__　F__	R为圆半径。其他字地址解释同G00/G01
			G02　X(U)__　Z(W)__　I__　K__　F__	I、K为圆心相对圆弧起点在X、Z方向上的增量值。其他字地址解释同G00/G01
G03		逆时针圆弧插补	G03　X(U)__　Z(W)__　R__　F__	R为圆半径。其他字地址解释同G00/G01
			G03　X(U)__　Z(W)__　I__　K__　F__	I、K为圆心相对圆弧起点在X、Z方向上的增量值。其他字地址解释同G00/G01
G04	00	暂停	G04　P__	P的单位是s
G20	08	英制输入		
G21 *		米制输入		
G28	00	自动回参考点	G28　X__　Z__	X、Z为中间点绝对坐标
G29		自动从参考点返回	G29　X__　Z__	从参考点经中间点返回指令终点(X,Z)绝对坐标
G32	01	恒螺距螺纹切削	G32　X(U)__　Z(W)__　R__　E__　P__　F/I__　Q__	R表示Z向退尾量,E表示X向退尾量;P为主轴基准脉冲处距离螺纹切削起点的主轴转角;F指令螺纹导程;I指令英制螺纹导程
G34		攻螺纹切削	G34　K__　F__　P__	K指令起点到孔底的距离;F指令螺纹导程;P指令刀具在孔底暂停时间
G36 *	17	直径编程		
G37		半径编程		
G40 *	09	刀具半径补偿取消	G00(G01)G40　X(U)__　Z(W)__　(F__)	
G41		刀具半径补偿左侧	G00(G01)G41　X(U)__　Z(W)__　(F__)	
G42		刀具半径补偿右侧	G00(G01)G42　X(U)__　Z(W)__　(F__)	
G46		极限转速限制	G46 X__　P__	与G96恒线速度控制配套使用,X指令主轴最低转速,P指令主轴最高转速
G53	00	直接机床坐标系编程		
G54 * ~ G59	11	选择工件坐标系1~6	G54	G54工件坐标系原点在机床坐标系中的坐标值通过对刀确定,并设置到G54工件坐标系的X、Z坐标中去

（续）

指令	组别	功能含义	编程格式	说明
G71	06	内/外径切削复合循环	G71 U(Δd) R(r) P(ns) Q(nf) X(Δx) Z(Δz) F(f) S(s) T(t)	用于无凹槽的内外径粗车复合循环。Δd:切削深度(半径值);r:退刀量;ns:精加工路径第一程序段号;nf:精加工路径最后程序段号;Δx:X方向精加工余量(直径指定),Δz:Z方向精加工余量;f、s、t:粗加工切削三要素
			G71 U(Δd) R(r) P(ns) Q(nf) E(e) F(f) S(s) T(t)	用于带凹槽的内外径粗车复合循环。e:X方向精加工余量,外径切削为正、内径切削为负。其他参数含义同上
G72		端面车削复合循环	G72 W(Δd) R(r) P(ns) Q(nf) X(Δx) Z(Δz) F(f) S(s) T(t)	参数含义同G71
G73		闭环轮廓复合循环	G73 U(ΔI) W(ΔK) R(r) P(ns) Q(nf) X(Δx) Z(Δz) F(f) S(s) T(t)	ΔI:X轴方向粗加工总余量;ΔK:Z轴方向粗加工总余量;r:粗加工次数;ns:精加工路径第一程序段;nf:精加工路径最后程序段;Δx、Δz:X、Z方向精加工余量
G74		端面深孔钻加工循环	G74 Z(W)__ R(e)__ Q(ΔK)__ F__	e:转孔每进一刀的退刀量,为正值;ΔK:每次进刀的深度,为正值
G75		外径切槽循环	G75 X(U)__ R(e)__ Q(ΔK)__ F__	
G76		螺纹切削复合循环	G76 C(c) R(r) E(e) A(a) X(x) Z(x) I(i) K(k) U(d) V(Δdmin) Q(Δd) P(p) F(l)	c:精加工次数;r:螺纹Z向退尾长度;e:螺纹X向退尾长度;a:刀尖角度;Δdmin:最小切深(半径值);d:精加工余量(半径值);I:螺纹半径差,I=0直纹;k:螺纹高度(半径值);Δd:第一刀切削深度(半径值),l:螺距
G80		内/外柱面切削循环	G80 X(U)__ Z(W)__ F__	绝对编程时,(X,Z)为切削终点坐标值;增量编程时,(U,W)为切削终点相对循环起点坐标增量
		内/外锥面切削循环	G80 X(U)__ Z(W)__ I__ F__	I:切削起点与切削终点的半径差。其他参数同上
81		垂直轴线端面切削循环	G81 X(U)__ Z(W)__ F__	字地址含义同G80
		圆锥端面切削循环	G82 X(U)__ Z(W)__ K__ F__	K:切削起点与切削终点的Z坐标值之差。其他参数同G80
G82		圆柱螺纹切削循环	G82 X(U)__ Z(W)__ F__ R__ C__ P__ F/J	C:螺纹线数。单线螺纹时,为主轴基准脉冲处距离切削起点的主轴转角;多线螺纹时,为相邻螺纹头的切削起点之间对应主轴转角。F:导程;J:英制导程
		圆锥螺纹切削循环	G82 X(U)__ Z(W)__ I__ F__ R__ C__ P__ F/J	I:螺纹起点与螺纹终点的半径差,符号为差的符号。其他参数含义同上
G90 *	13	绝对编程	G90 X__ Z__	
G91		相对编程	G91 X__ Z__	

（续）

指令	组别	功能含义	编程格式	说明
G92	00	坐标系设定	G92 X__ Z__	
G94 *	14	每分钟进给	G94 F__	
G95		每转进给	G95 F__	
G96	16	恒表面速度控制	G96 S__	
G97 *		取削恒线速度控制	G97 S__	

注：1. 北京凯恩帝数控系统车和广州数控系统数控车常用的编程指令与FANUC系统数控车相同，故不一一列举。
2. 带 * G 指令为机床上电时功能生效的指令。

附录 E SINUMERIK 808D 数控铣系统指令集

功能指令	组别	功能含义	格式和解释
G00	1:运动指令，模态有效	快速移动	G00 X__ Y__ Z__ G00 AP=__ RP=__
G01 *		直线插补	G01 X__ Y__ F__ G01 AP=__ RP=__ F__
G02		顺时针方向圆弧插补	G02/G03 X__ Y__ I__ J__ F__ G02/G03 X__ Y__ CR=__ F__ ;CR为圆半径
G03		逆时针方向圆弧插补	G02/G03 AR=__ I__ J__ F__ ;AR为圆心角 G02/G03 AR=__ X__ Y__ F__
CIP		通过中间点进行圆弧插补	CIP X__ Y__ Z__ I1=__ J1=__ K1=__ F__
CT		圆弧插补;切线过渡	CT X__ Y__ F__ ;圆弧，正切过渡到前路径段
G33		螺纹切削,使用定螺距	G33 Z__ K__ ;螺纹钻孔带补偿夹具
G331		螺纹插补	G331 Z__ K__ S__ ;不带补偿夹具的攻螺纹
G332		螺纹插补-退回	G332 Z__ K__ ;刚性攻螺纹,如在Z轴上退回运行
RND =		倒圆角	过渡圆弧半径
CHR =		倒角	指定以斜边为底的等腰三角形腰长
CHF =		倒角	指定以斜边为底的等腰三角形底长
G04	2:特殊运动指令，非模态	预设暂停时间	G04 F__
G74		同步回参考点	G74 X=__ Z=__
G75		接近固定点	G75 X=__ Z=__

（续）

功能指令	组别	功能含义	格式和解释
TRANS	3：写入存储器，非模态	零点偏移	TRANS X__ Y__ Z__ TRANS；无数据，清除原有偏移指令
SCALE		可编程的比例系数	SCALE X__ Y__ Z__
MIRROR		可编程镜像	MIRROR X0；对坐标轴镜像，单独程序段
ASCALE		可编程比例缩放系数，补充当前指令	ASCALE X__ Y__ Z__
ATRANS		补充偏移	ATRANS X__ Y__ Z__
ROT		可编程旋转	AROT RPL=__
AROT		可编程旋转，补充当前指令	AROT RPL=__；在当前平面 G17~G19 上旋转，单独程序段
AMIRROR		可编程镜像，补充当前指令	AMIRROR X0；对坐标轴镜像，单独程序段
GOTOF+标记		向前跳过（朝程序尾段跳过）	
GOTOB+标记		向后跳过（朝程序首段跳过）	
G110		极点定义，相对于上次编程的设定位置	
G111		极点定义，相对于当前工件坐标系的原点	G111 X__ Y__
G112		极点定义，相对于上一有效极点	G112 AP=__ RP=__
G17 *	6. 平面选择	XY 平面	
G18		ZX 平面	
G19		YZ 平面	
G40 *	7：刀具半径补偿	刀具半径补偿方式取消	G40 G0/G1 X__ Y__（F__）
G41		刀具半径左补偿	G41 G0/G1 X__ Y__ D__（F__）
G42		刀具半径右补偿	G42 G0/G1 X__ Y__ D__（F__）
G500 *	8：可设定的零点偏移	取消可设定的零点偏移	
G54~G59		可设定的零点偏移 1~6	
G70	13：工件测量英制/米制	英制尺寸	
G71 *		米制尺寸	
G90 *	14：绝对/增量尺寸模态有效	绝对尺寸输入	
G91		增量尺寸输入	
G94	进给率/主轴旋转进给率模态有效	进给率 F，单位为 mm/min	
G95 *		进给率 F，单位为 mm/r	

（续）

功能指令	组别	功能含义	格式和解释
CYCLE81	固定循环	钻孔循环	CYCLE81（RTP，RFP，SDIS，DP，DPR） RTP：返回位置的坐标值 RFP：基准平面在工件零点平面下坐标位置（绝对值） SDIS：安全间隙，即由快进转为进给点坐标值 DP：最终钻孔深度坐标位置（绝对值） DPR：相对于基准面的最终钻削深度
CYCLE82	固定循环	钻削：锪平面	CYCLE82（RTP，RFP，SDIS，DP，DPR，DTB） DTB 在最终钻孔深处停顿时间 其他参数含义同 CYCLE81
CYCLE83	固定循环	深孔加工	CYCLE83（RTP，RFP，SDIS，DP，DPR，FDEP，FDPR，DAM，DTB，DTS，FRF，VARI，AXN，MDEP，VRT，DTD，DIS1） FDEP：到达首次钻孔深度 Z 坐标值 FDPR：从参考平面向下钻孔深度 DAM：递减量 DTB：在切削深度的停留时间 DTS：在起始点外的停顿时间 FRF：原有效进给率保持不变 VARI：断削生效 AXN：指定刀具轴 MDEP：最小钻削深度 VRT：断削时钻头的退回值 DTD：在最终钻削深度处的停顿时间 DIS1 重新插入钻孔可编程限制距离 其他参数含义同 CYCLE81

（续）

功能指令	组别	功能含义	格式和解释
CYCLE84	固定循环	刚性攻螺纹	CYCLE84（RTP，RFP，SDIS，DP，DPR，DTB，SDAC，MPIT，PIT，POSS，SST，SST1，AXN，PSYS，PSYS，VARI，DAM，VRT） DTB：最后攻螺纹深度时的停顿时间 SDAC：循环结束后主轴状态 MPIT：米制螺纹尺寸 PIT：右旋螺纹螺距 POSS：主轴准停位置 SST：攻螺纹主轴转速 SST1：退回时主轴转速 AXN：刀具轴 PSYS：内部参数，不能修改 PSYS：内部参数，不能修改 VARI：断削生效 DAM：钻孔深度，相对值 VRT：可变返回距离 其他参数含义同CYCLE81
CYCLE840		攻螺纹，带补偿衬套	CYCLE840（RTP，RFP，SDIS，DP，DPR，DTB，SDR，SDAC，ENC，MPIT，PIT，AXN） DTB：最后攻螺纹深度时的停顿时间 SDR：退回时转动方向 SDAC：循环结束后主轴旋转方向 ENC：攻螺纹值 MPIT：米制螺纹尺寸 PIT：右旋螺纹螺距 AXN：刀具轴 其他参数含义同CYCLE81
CYCLE85		铰孔1	CYCLE85（RTP，RFP，SDIS，DP，DPR，DTB，FFR，RFF） FFR：进给率 RFF：实数 退回进给 其他参数含义同CYCLE81
CYCLE86		镗孔	CYCLE86（RTP，RFP，SDIS，DP，DPR，DTB，SDIR，RPA，RPO，RPAP，POSS） SDIR：旋转方向 RPA：退回运行，第一轴 RPO：退回运行，第二轴 RPAP：退回运行，钻削轴 POSS：主轴位置 其他参数含义同CYCLE81
CYCLE87		带停止的钻孔1	CYCLE87（RTP，RFP，SDIS，DP，DPR，SDIR） SDIR：主轴旋转方向 其他参数含义同CYCLE81

（续）

功能指令	组别	功能含义	格式和解释
CYCLE88	固定循环	带停止的钻孔2	CYCLE88（RTP，RFP，SDIS，DP，DPR，DTB，SDIR） DTB：钻深处的暂停时间 SDIR：主轴旋转方向 其他参数含义同CYCLE81
CYCLE89	固定循环	铰孔2	CYCLE89（RTP，RFP，SDIS，DP，DPR，DTB） DTB：孔底处的暂停时间 其他参数含义同CYCLE81
HOLES1	固定循环	成排孔钻削	HOLES1（SPCA，SPCO，STA1，FDIS，DBH，NUM） SPCA：参考点X轴坐标 SPCO：参考点Y轴坐标 STA1：和X轴之间的夹角 FDIS：从参考点到第一孔的距离 DBH：孔间距 NUM：孔数
HOLES2	固定循环	圆周孔钻削循环	HOLES2（CPA，CPO，RAD，STA1，INDA，NUM） CPA：圆周孔中心横坐标 CPO：圆周孔中心纵坐标 RAD：孔分布所在圆半径 STA1：圆心与圆周上第一孔中心连线同横坐标夹角 INDA：圆周上相邻两孔中心夹角 NUM：圆周上分布孔数
CYCLE71	固定循环	端面铣削	CYCLE71（RTP，RFP，SDIS，DP，PA，PO，LENG，WID，STA，MID，MIDA，FDP，FALD，FFP1，VARI，FDP1） PA：矩形起点X轴坐标 PO：矩形起点Y轴坐标 LENG：矩形X轴长度，带符号 WID：矩形Y轴长度，带符号 STA：纵轴和X轴之间的夹角 MID：每次进给的最大进给深度 MIDA：最大进给深度，相对坐标 FDP：切削方向的空转行程，相对坐标 FALD：底部的精加工余量 FFP1：平面进给率 VARI：外部加工选择 FDP1：平面上的空转行程，相对坐标 其他参数含义同CYCLE81

（续）

功能指令	组别	功能含义	格式和解释
CYCLE72	固定循环	轮廓铣削循环	CYCLE72（KNAME，RTP，RFP，SDIS，DP，MID，FAL，FALD，FFP1，FFD，VARI，RL，AS1，LP1，FF3，AS2，LP2） KNAME：轮廓子程序名称 MID：一次进给最大深度 FAL：侧壁轮廓的精加工余量 FALD：底平面的精加工余量 FFP1：平面上运动的刀具进给率 FFD：刀具插进材料后的进给率 VARI：以 G1 对中间行程粗加工，并在轮廓末端返回到 RTP+SDIS 定义的高度 RL：使用 G41 左刀补 AS1：空间路径上沿四分之一圆接近轮廓 LP1：接近圆弧的半径 FF3：返回路径的进给率 AS2：空间路径上沿四分之一圆返回 LP2：返回圆弧的半径 RTP，RFP，SDIS，DP 参数含义同 CYCLE81
SLOT2		圆弧槽铣削循环	SLOT2（RTP，RFP，SDIS，DP，DPR，NUM，AFSL，CPA，CPO，RAD，STA1，INDA，FFD，FFP1，WID，CDIR，FAL，VARI，MIDF，FFP2，SSF，FFCP） NUM：圆周上分布槽数 AFSL：槽长角度 WID：槽宽 CPA：圆心 X 轴坐标 CPO：圆心 Y 轴坐标 RAD：圆弧半径 STA1：起始角 INDA：分度角 FFD：深度进给率 FFP1：平面进给率 MID：每次进给最大深度 CDIR：铣削方向 FAL：槽侧壁精加工余量 VARI：加工类型 MIDF：精加工时最大进给深度 FFP2：精加工时进给率 SSF：精加工时主轴转速 FFCP：圆形路径上中间位置进给率 其他参数含义与 CYCLE81 相同

(续)

功能指令	组别	功能含义	格式和解释
SLOT1	固定循环	铣削圆弧上键槽 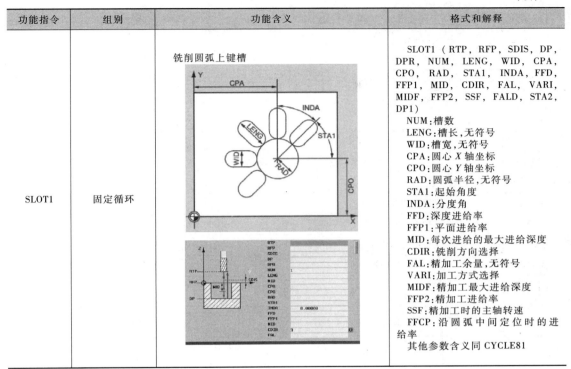	SLOT1（RTP, RFP, SDIS, DP, DPR, NUM, LENG, WID, CPA, CPO, RAD, STA1, INDA, FFD, FFP1, MID, CDIR, FAL, VARI, MIDF, FFP2, SSF, FALD, STA2, DP1） NUM：槽数 LENG：槽长，无符号 WID：槽宽，无符号 CPA：圆心 X 轴坐标 CPO：圆心 Y 轴坐标 RAD：圆弧半径，无符号 STA1：起始角度 INDA：分度角 FFD：深度进给率 FFP1：平面进给率 MID：每次进给的最大进给深度 CDIR：铣削方向选择 FAL：精加工余量，无符号 VARI：加工方式选择 MIDF：精加工最大进给深度 FFP2：精加工进给率 SSF：精加工时的主轴转速 FFCP：沿圆弧中间定位时的进给率 其他参数含义同 CYCLE81

注：表中带 * 的 G 指令为机床上电时功能生效的指令。

附录 F　FANUC 0i 数控系统指令集

G 代码	组	功　　能	编程格式
G00 *	01	定位	G00　X__　Y__　Z__；
G01		直线插补	G01　X__　Y__　Z__　F__；
G02		顺时针圆弧插补	G17　G02　X__　Y__　R__　F__； G17　G02　X__　Y__　I__　J__　F__；
G03		逆时针圆弧插补	G17　G03　X__　Y__　R__　F__； G17　G03　X__　Y__　I__　J__　F__；
G02		螺旋线插补 CW	G17　G02　X__　Y__　R__　Z__　F__； G17　G02　X__　Y__　I__　J__　Z__　F__；
G03		螺旋线插补 CCW	G17　G03　X__　Y__　R__　Z__　F__； G17　G03　X__　Y__　I__　J__　Z__　F__；
G04	00	停刀，准确停止	G04　X__； G04　P__；
G15 *	17	极坐标指令取消	
G16		极坐标指令	G16　X__　Y__；（X 极半径，Y 极角）
G17 *	02	选择 XY 平面	
G18		选择 ZX 平面	
G19		选择 YZ 平面	

(续)

G代码	组	功能	编程格式
G20	06	英寸输入	
G21 *		毫米输入	
G27	00	返回参考点检测	G27 X__ Y__ Z__;
G28		返回参考点	G28 X__ Y__ Z__;
G29		从参考点返回	G29 X__ Y__ Z__;
G30		返回第2,3,4参考点	G30 P2 X__ Y__ Z__; G30 P3 X__ Y__ Z__;G30 P4 X__ Y__ Z__;
G31		跳转功能	G31 X__ Y__;
G33	01	螺纹切削	G33 Z__ F__;
G37	00	自动刀具长度测量	G37 X__ Y__ Z__;
G39		拐角偏置圆弧插补	
G40 *	07	刀具半径补偿取消/三维补偿取消	G40G00 X__ Y__;G40G01 X__ Y__ F__;
G41		刀具半径左补偿/三维补偿	G41G00 X__ Y__ D__;G41G01 X__ Y__ D__ F__;
G42		刀具半径右补偿	G42G00 X__ Y__ D__;G42G01 X__ Y__ D__ F__;
G43	08	正向刀具长度补偿	G43G00/G01 Z__ H__/F__;
G44		负向刀具长度补偿	G44G00/G01 Z__ H__/F__;
G49 *		刀具长度补偿取消	G49G00/G01 Z__/F__;
G50 *	11	比例缩放取消	
G51		比例缩放有效	G51 X__ Y__ Z__;
G50.1 *	22	可编程镜像取消	
G51.1		可编程镜像有效	
G52	00	局部坐标系设定	G52 X__ Y__ Z__;
G53		选择机床坐标系	G53 X__ Y__ Z__;
G54~G59	14	选择工件坐标系1~6	G54~G59;
G60	00/01	单方向定位	G60 X__ Y__ Z__;
G61	15	准确停止方式	
G62		自动拐角倍率	
G63		攻螺纹方式	
G64		切削方式	
G65	00	宏程序调用	G65 P__ L__;
G66	12	宏程序模态调用	
G67 *		宏程序模态调用取消	
G68	16	坐标旋转/三维坐标转换	G68 X__ Y__ R__;
G69 *		坐标旋转取消/三维坐标转换取消	

（续）

G 代码	组	功　能	编　程　格　式
G73	09	排屑钻孔循环	G73 X__ Y__ Z__ R__ Q__ F__ K__;
G74	09	左旋攻螺纹循环	G74 X__ Y__ Z__ R__ P__ F__ K__;
G76	09	精镗循环	G76 X__ Y__ Z__ R__ Q__ P__ F__ K__;
G80 *	09	固定循环取消/外部操作功能取消	
G81	09	钻孔循环或锪镗循环	G81 X__ Y__ Z__ R__ F__ K__;
G82	09	钻孔循环或反镗循环	G82 X__ Y__ Z__ R__ P__ F__ K__;
G83	09	排屑钻孔循环	G83 X__ Y__ Z__ R__ Q__ F__ K__;
G84	09	攻螺纹循环	G84 X__ Y__ Z__ R__ P__ F__ K__;
G85	09	镗孔循环	G85 X__ Y__ Z__ R__ F__ K__;
G86	09	镗孔循环	G86 X__ Y__ Z__ R__ F__ K__;
G87	09	背镗循环	G87 X__ Y__ Z__ R__ Q__ P__ F__ K__;
G88	09	镗孔循环	G88 X__ Y__ Z__ R__ P__ F__ K__;
G89	09	镗孔循环	G89 X__ Y__ Z__ R__ P__ F__ K__;
G90 *	03	绝对值编程	
G91	03	增量值编程	
G92	00	设定工件坐标系或最大主轴速度钳制	G92 X__ Y__ Z__;
G92.1	00	工件坐标系预置	
G94 *	05	每分进给	G94 F__;
G95	05	每转进给	G95 F__;
G96	13	恒表面速度控制	G96 S__;
G97 *	13	恒表面速度控制取消	G97 S__;
G98 *	10	固定循环返回到初始点	
G99	10	固定循环返回到 R 点	

注：1. 北京凯恩帝数控铣系统和广州数控铣系统常用的编程指令与 FANUC 数控铣系统相同，故不一一列举。
　　2. 表中带 * 的 G 指令为机床上电时功能生效的指令。

参 考 文 献

［1］ 张思弟. 数控加工编程技术［M］. 2版. 北京：化学工业出版社，2011.
［2］ 谷育红. 数控铣削加工技术［M］. 北京：北京理工大学出版社，2006.
［3］ 孙德茂. 数控机床铣削加工直接编程技术［M］. 2版. 北京：机械工业出版社，2013.
［4］ 韩鸿鸾，荣维芝. 数控机床的加工程序的编制［M］. 北京：机械工业出版社，2003.
［5］ 全国数控培训网络天津分中心. 数控编程［M］. 2版. 北京：机械工业出版社，2006.
［6］ 顾京. 数控机床加工程序编制［M］. 5版. 北京：机械工业出版社，2017.
［7］ 张铁城. 加工中心操作工（基础知识　中级技能）［M］. 北京：中国劳动社会保障出版社，2001.
［8］ 韩鸿鸾. 数控铣削工艺与编程一体化教程［M］. 北京：高等教育出版社，2009.